KB241853

비기닝 **폰갭**
Beginning PhoneGap

BEGINNING PHONEGAP: Mobile Web Framework for JavaScript and HTML5
by Rohit Ghatol, Yogesh Patel

Original English language edition published by Apress, Inc. USA
Copyright ⓒ 2012 by Apress.
Korean edition copyright ⓒ 2012 by FREELEC
All rights reserved.

비기닝 **폰갭**

Beginning PhoneGap

자바스크립트와 HTML5를 이용한 모바일 웹 프레임워크

프리렉

자바스크립트와 HTML5를 이용한 모바일 웹 프레임워크

비기닝 폰갭
Beginning PhoneGap

발행일 2012년 4월 27일 초판

지은이 Rohit Ghatol, Yogesh Patel
옮긴이 김대웅
발행인 최홍석

책임편집 한창훈
표지 디자인 이대범
내지 디자인 김혜정

발행처 주식회사 프리렉
출판등록 2000년 3월 7일   제 13-634호
주소 경기도 부천시 원미구 상동 532-12 나루빌딩 401호
전화 032-326-7282(代)
팩스 032-326-5866
홈페이지 www.freelec.co.kr
ISBN 978-89-6540-020-2

역자 서문

몇 년 전만 해도 거의 모든 사람이 피쳐폰을 사용했다. 하지만, 최근 모바일 시장은 완전히 바뀌었다. 디바이스 제조사들은 수많은 스마트폰을 만들어 내고 있고, 많은 사람이 스마트폰을 사용하고 있다. 가장 큰 변화는 모바일 소프트웨어에서 나타났다. iOS와 안드로이드를 필두로 블랙베리, 웹OS 등 수 많은 모바일 플랫폼이 모바일 시장에서 선두를 차지하기 불꽃 튀는 경쟁을 하고 있다. 또한, 플랫폼마다 모바일 애플리케이션을 공급할 수 있는 통로를 제공하면서 누구든 쉽게 모바일 애플리케이션 개발하여 사용자에게 공급할 수 있게 되었다. 이러한 모바일 소프트웨어 환경의 변화는 개발자에게 새로운 기회를 주는 동시에 새로운 고민거리도 안겨주었다.

플랫폼이 다양하다 보니, 개발자는 여러 플랫폼을 대상으로 애플리케이션을 개발해야만 한다. 다중 플랫폼 지원은 플랫폼 습득, 플랫폼별 개발, 플랫폼별 유지 보수 등 상당한 시간과 노력이 요구되는 작업이다. 이러한 문제를 해결하기 위한 여러 시도가 있으며, 폰갭은 그 중 시장에서 가장 많이 사용되고 있는 기술 중 하나이다.

이 책은 폰갭을 처음 접하는 개발자에게 다양한 플랫폼에서 폰갭을 어떻게 사용하는지를 알려주는 친절한 가이드 역할을 한다. 폰갭의 설치부터 폰갭 확장까지 뿐만 아니라, jQuery나 센차 터치와 같은 자바스크립트 라이브러리를 이용하여 좀 더 나은 UI를 구성하는 방법에 대해서도 이 책을 통해 배울 수 있다.

이 책은 폰갭을 주제로 집필된 책이기 때문에 HTML5, 자바스크립트, CSS와 같은 기술에 대해서는 자세히 다루고 있지 않다. 웹 기술에 대한 경험이 없는 독자라면 이러한 기술에 대한 입문서를 같이 볼 것을 권장한다. 모바일 플랫폼에 대한 경험이 없더라도 이 책의 예제를 따라가는 데는 큰 무리가 없을 것이다.

이 책의 번역을 믿고 맡겨주신 프리렉 출판사와 한창훈 님께 감사드린다. 이 책을 번역하는 동안 항상 저를 믿고 도와준 아내에게 고마움을 전한다. 마지막으로 이 모든 것을 허락하신 하나님께 이 책을 바친다.

2012년 4월 23일

김대웅

책 소개

이 책은 다양한 플랫폼에서 동작하는 모바일 애플리케이션 개발을 원하는 사람들을 위해 집필됐다. 폰갭을 소개하고 자세한 튜토리얼을 담고 있으며, 아래와 같은 내용을 담고 있다.

1. 어떤 자바스크립트 UI 프레임워크를 선택해야 하는가?
2. 자바스크립트 UI 프레임워크 소개와 폰갭과 통합 방법
3. 플러그인의 개념과 이를 이용한 OAuth 인증과 클라우드 푸시를 사용하는 방법
4. 커스텀 플러그인을 만드는 방법

이 책은 모바일 OS 파편화가 우리에게 미치는 영향에 대한 소개로 시작하며 파편화를 극복하는 방법과 한 번의 코딩으로 다양한 플랫폼에서 동작하는 방법에 대해 설명한다.

기본적인 폰갭의 개념을 알려주고 안드로이드에서 폰갭을 사용하는 방법을 설명하고 더불어 다른 모바일 플랫폼에서 폰갭을 사용하는 방법을 설명한다.

다음으로 폰갭에서 자바스크립트 UI 프레임워크를 사용하는 방법을 소개한 후, 상황에 맞게 자바스크립트 UI 프레임워크를 선택하는 판단 기준을 제공한다.

마지막으로 플러그인을 설명한다. 커뮤니티 플러그인을 이용해 폰갭 프레임워크를 확장하는 몇 가지 예를 보여주고 안드로이드, IOS, 블랙베리에서 플러그인을 개발하는 방법을 설명한다.

차례
CONTENTS

Chapter 01 다중 플랫폼 모바일 애플리케이션 개발의 이해   1

모바일 애플리케이션의 종류   3

웹서비스 이해   3

모바일 애플리케이션 개요   5

     모바일 애플리케이션 기능   5

     사용자 인터렉션   6

     위치 인식   8

     푸시 알림   8

다중 플랫폼 지원 애플리케이션 개발의 어려움   9

     OS 파편화   9

     다수의 팀/제품   11

     일관된 사용자 경험   11

     기능 파편화   12

     개발 환경 파편화   13

폰갭의 다중 플랫폼 지원 모바일 애플리케이션 전략   14

     공용 플랫폼으로서 브라우저   14

     모바일 애플리케이션 웹뷰   16

     디바이스 성능을 이용하기 위한 네이티브 훅   16

     HTML5와 CSS3: 애플리케이션 작성 표준   18

     단일 출처 정책 적용 안 됨   18

결론   20

Chapter 02 폰갭 시작하기   21

폰갭 아키텍처   22

안드로이드 플랫폼에서의 개발 환경 설정   23

     폰갭 안드로이드 프로젝트를 위한 필수 설치 항목   24

윈도우 환경 26
리눅스 환경 26
맥 OSX 인텔 환경 26

새로운 프로젝트 생성 32
HelloWorld 애플리케이션 작성 40
에뮬레이터에 설치 42
디바이스에 설치 44

폰갭 기능 둘러보기 48

폰갭 튜토리얼 49
에뮬레이터 예제 50
디바이스 정보 가져오기 50
디바이스 주소록 가져오기 53
SD 카드 목록 가져오기 62
에뮬레이터에 설치 63
파일 읽고 쓰기 65
LocalFileSystem 66
FileSystem 66
FileEntry 68
directoryEntry 68
프로그램 레이아웃 69
데이터베이스에 읽고 쓰기 76
셀룰러 디바이스와 Wi-Fi 네트워크 정보 가져오기 93

디바이스 예제 96
위치 정보 가져오기 96
가속 센서 정보 가져오기 99
지자기 센서 방위 가져오기 106
카메라를 이용한 사진 찍기 110

Chapter 03 개발 환경 설정 113

로컬 개발 환경 114

사전 준비 단계 114
폰갭 다운로드 114
Xcode4를 이용한 환경 설정 115
블랙베리 환경 설정 120
심비안 환경 설정 125
웹OS 개발 환경 설정 128

폰갭 빌드를 이용한 클라우드 개발 환경   130

    폰갭 빌드에 등록하기   130

    폰갭 빌드에 애플리케이션 등록하기   131

    안드로이드 빌드 환경 설정   133

    iOS 빌드 환경 설정   137

    블랙베리 개발 환경 설정   140

    폰갭 빌드 실행   142

결론   143

Chapter **04** jQuery 모바일을 이용한 폰갭   **145**

jQuery에 익숙해지기   146

    jQuery 초기화   147

    jQuery 셀렉터   148

        엘리먼트 기반 셀렉터   150

        ID 기반 셀렉터   150

        CSS 기반 셀렉터   150

        셀렉터의 조합   150

    jQuery DOM 조작   151

    jQuery Ajax 호출   153

jQuery 모바일에 익숙해지기   154

모바일 애플리케이션에 jQuery 모바일 포함하기   155

jQuery 모바일의 선언식 UI   156

    페이지와 다이얼로그   156

    툴바와 버튼   163

    서식 엘리먼트   165

    리스트 뷰   174

jQuery 모바일의 이벤트 처리   177

    일반 이벤트   177

    터치 이벤트   178

    방향 전환 이벤트   181

    스크롤 이벤트   183

    페이지 이벤트   184

폰갭과 jQuery 모바일의 통합   184

jQuery 모바일과 폰갭을 이용한 지역 검색   185
    폰갭과 jQuery의 부트스트랩   190
    필수 자바스크립트 라이브러리 설치   190
    지역 검색 레이아웃   191
    지역 장소 검색   193
    HTML 전체 레이아웃   195
    검색 결과 가져오기와 보여주기   202
    장소의 세부 정보 보여주기   205
    즐겨찾기에 장소 추가하고 삭제하기   208
    즐겨찾기 목록 불러오기   213
    검색 결과를 지도에 보여주기   215
    전체 소스 코드   216
    jQuery 모바일의 장점   234
    jQuery 모바일의 단점   235

결론   235

Chapter **05** 센차 터치와 폰갭 이용하기   237

왜 센차 터치를 사용하는가?   237
    센차 터치의 장점   238
    센차 터치의 단점   239

센차 터치 다운받기   239

센차 터치와 폰갭 연동   240

센차 터치를 이용한 지역 검색 애플리케이션 개발   241
    센차 터치 초기화   241
    레이아웃 만들기   243
    패널 간 이동   260
    장소 목록 가져오기   260
    상세 정보 가져오기   262
    데이터베이스에 즐겨찾기 저장하기와 가져오기   267

결론   289

Chapter **06** 폰갭과 GWT 이용하기   291

유저 인터페이스 개발에 GWT를 사용하는 이유   292

GWT 폰갭에 익숙해지기 292

폰갭 GWT 애플리케이션 만들기 293

    GWT 애플리케이션 만들기 293

    폰갭 안드로이드 애플리케이션 만들기 304

    GWT 폰갭 참고자료 311

Chapter 07 폰갭 에뮬레이터와 원격 디버깅 313

소개 313

크롬 폰갭 에뮬레이터 – 리플 314

    리플 설치 315

    폰갭을 위해 크롬 효과적으로 사용하기 318

        윈도우 319

        맥과 리눅스 319

    리플 사용 319

    리플에 맞도록 앱 수정 320

    특별 플래그로 크롬 구동시키기 323

    크롬에서 앱 실행 323

    리플 활성화 324

    리플 설정하기 325

    리플로 애플리케이션 테스트하기 325

원격 디버깅(http://debug.phonegap.com) 327

    원격 디버깅 설정 328

    폰갭 애플리케이션에 원격 디버깅 추가하기 328

    DOM 엘리먼트의 디버깅과 수정 330

    debug.phonegap.com의 문제점 334

    로컬 debug.phonegap.com 설치하기 335

결론 336

Chapter 08 폰갭 플러그인 사용하기 337

폰갭 플러그인 337

페이스북 인증과 친구 목록 가져오기 338

    안드로이드 환경 설정 338

    페이스북 연결 플러그인 초기화 342

모바일 푸시 알림을 위한 폰갭 C2DM 플러그인   348

   안드로이드 환경 설정   349

   플러그인을 폰갭 1.1.0에 맞도록 수정   355

   C2DM 서비스 가입   357

   폰갭에서 C2DM 발신자 계정 사용   357

   C2DM 가능 서비스를 위한 안드로이드 에뮬레이터   358

결론   363

Chapter 09 폰갭 확장하기   365

자바스크립트의 한계   366

해결책   366

구조   367

범위   367

안드로이드용 폰갭 확장   368

   플러그인의 네이티브 파트 정의   369

   플러그인의 자바스크립트 파트 정의   374

   플러그인 호출   377

   안드로이드 폰갭 플러그인 공유   381

아이폰용 폰갭 확장   381

   플러그인의 네이티브 파트 정의   383

   플러그인의 자바스크립트 파트 정의   388

   플러그인 호출   390

   아이폰용 폰갭 플러그인 공유   394

블랙베리용 폰갭 확장   394

   플러그인의 네이티브 파트 정의   395

   플러그인의 자바스크립트 파트 정의   401

   플러그인 호출   402

   블랙베리용 폰갭 플러그인 공유   406

결론   407

다중 플랫폼 모바일 애플리케이션 개발의 이해

Understanding Cross-Platform Mobile Application Development   **CHAPTER 01**

이 책은 모바일 애플리케이션 개발에 대한 내용을 담고 있다. 안드로이드, 아이폰, 블랙베리, 윈도우 폰 7, 웹OS와 같이 이미 많은 스마트폰 플랫폼이 존재하고, 더불어 삼성 바다, 미고와 같은 새로운 플랫폼이 계속해서 나오고 있다. 계속해서 불어나는 모바일 플랫폼의 수가 부담스러울 수 있지만, 이는 모바일 애플리케이션 개발자라면 반드시 극복해야 할 문제이다.

이러한 현상은 2000년대 다양한 데스크톱 플랫폼이 등장하던 시기와 유사하다. 마이크로소프트 윈도우, 애플 맥, 수많은 버전의 리눅스와 유닉스가 존재했고, 이렇게 다양한 플랫폼에서 동작하는 제품을 개발하는 것은 매우 어려웠다. 이러한 문제는 플랫폼을 추상화한 자체 C++ 프레임워크를 통하여 해결해 나갔으며, 자바가 제공하는 공용 개발 플랫폼을 통하여 한 번의 개발로 다양한 플랫폼을 지원할 수 있게 되었다.

2004년과 2008년 사이에는 다양한 웹브라우저로 인한 파편화 문제가 개발자 사이에서 불거졌다. 인터넷 익스플로러 6, 파이어폭스, 사파리, 크롬 등의 브라우저뿐만 아니라 다양한 브라우저들이 소개되었고, 이로 인한 파편화 문제는 더욱 심각해져 갔다.

하지만, 브라우저 파편화 문제는 태생적으로 기존 플랫폼 파편화와는 달랐다. 브라우저 파편화의 주요인은 World Wide Web Consortium(W3C) 표준을 따르지 않는 브라우저였다. 따라서 브라우저별로 코딩하거나 기능별로 코딩하여 문제를 해결할 수 있었다.

많은 자바스크립트 라이브러리 등장으로 다양한 브라우저를 지원하기 수월해졌고, 브라우저 또한 W3C 표준을 지키기 위한 노력을 통해 파편화 문제는 많은 부분 해결되었다. 이로써 브라우저는 이제 매우 강력한 플랫폼이 되었다.

이 책에서는 모바일 플랫폼의 파편화에 대한 주제를 다룰 것이다. 아직 모바일 플랫폼을 위한 규격이나 표준이 없는 상황이기 때문에 파편화가 상당히 심각하다.

2007년 애플과 구글이 각각 모바일 플랫폼을 발표하였고, 2008년에는 해당 플랫폼을 탑재한 스마트폰에서 모바일 애플리케이션을 다운로드할 수 있는 앱스토어를 출시하였다. 이때부터 모바일 애플리케이션의 시대가 개막되었고, 현재까지 급격한 성장세를 멈추지 않고 있다.

스마트폰 사용자들이 수가 급격히 늘어남을 물론이고 사용량 또한 많아지면서, 기업들이 새로운 스마트폰 플랫폼에 서비스와 콘텐츠를 공급하는 데 관심을 가지기 시작하였다.

아이폰, 안드로이드, 블랙베리, 웹OS, 심비안뿐만 아니라 삼성의 바다까지 추가된 이 많은 플랫폼에서 동작하는 제품을 개발하기는 쉬운 일이 아니다. 각각 플랫폼의 개발환경부터 많은 것들이 다르다. 아이폰은 맥 개발환경이 필요하고, 블랙베리는 윈도우 개발환경이 필요하다. 이번 장에서는 이러한 플랫폼별 차이에 대한 자세히 살펴보겠다.

모바일 애플리케이션을 처음 개발하는 독자를 위해, 모바일 애플리케이션 개발이 기존 웹 애플리케이션이나 데스크톱 애플리케이션 개발과 어떻게 다른지 알아보고, 다양한 플랫폼에서 애플리케이션 개발에 따른 어려움 또한 살펴보겠다.

모바일 애플리케이션의 종류

모바일 애플리케이션에는 다음과 같은 두 가지 종류가 있다.

1. 독립적으로 동작하는 모바일 애플리케이션

2. 웹 기반 모바일 애플리케이션

독립적으로 동작하는 애플리케이션은 알람, 전화 다이얼, 오프라인 게임 등을 말하며, 이메일, 캘린더, 트위터 클라이언트, 온라인 게임과 같이 웹서비스와 유기적으로 연결된 애플리케이션을 웹 기반 애플리케이션이라고 할 수 있다.

폰갭을 이용하여 독립적으로 동작하는 애플리케이션을 작성할 수 있지만, 폰갭은 웹 기반 모바일 애플리케이션을 작성하는 데 특화되어 있다.

웹서비스 이해

개발자 입장에서 인터넷 웹 애플리케이션을 개발한다는 것은 다음 두 가지 중 하나를 의미한다.

1. 브라우저를 통해 서비스를 제공하는 웹 애플리케이션(사용자를 위한 인터페이스)

2. RESTful 웹서비스처럼 특정 프로토콜을 통해 이용하는 웹 애플리케이션(프로그램을 위한 인터페이스)

구글, 페이스북, 트위터, 링크드인, 마이스페이스, 플리커, 피카사 등과 같은 유명한 서비스들은 대부분 RESTful 인터페이스를 제공한다. 이런 서비스 목록을 제공하는 사이트도 존재하며, www.programmableweb.com을 방문하면 프로그램 가능한 인터페이스를 제공하는 서비스 목록을 확인할 수 있다.

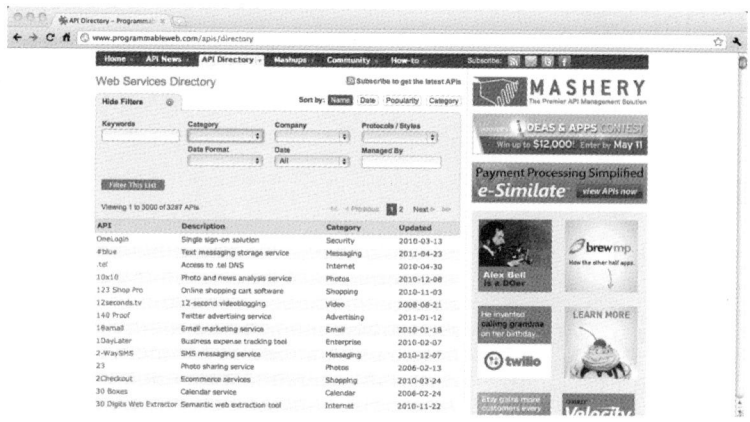

그림 1-1 프로그램 가능한 웹 API 목록

다양한 플랫폼에서 동작하는 모바일 애플리케이션을 개발하려는 회사는 대부분 자사의 웹서비스가 있거나 다른 웹서비스에 종속적인 회사이다. 폰갭 애플리케이션은 대부분 모바일 디바이스의 기능을 활용한 웹 애플리케이션이기 때문에, 독립적으로 동작하는 애플리케이션을 개발하는 데 이용하기보다는 웹서비스를 이용하는 모바일 애플리케이션을 개발하는 데 이용하는 것이 효율적이다. 카메라 기능을 이용하는 플리커 웹 애플리케이션, GPS를 이용한 구글 맵스 애플리케이션, GPS와 연락처를 이용한 포스퀘어 애플리케이션 등이 웹서비스 기반 폰갭 애플리케이션의 대표적인 예다.

폰갭 기반의 애플리케이션 대부분이 자바스크립트를 이용하여 웹서비스에 접근하기 때문에, 폰갭 개발자는 반드시 웹서비스에 대해 이해하고 있어야 한다.

이 책을 읽고 폰갭 애플리케이션을 개발하고자 한다면, ProgrammableWeb.com에서 웹서비스 하나를 선정하여 클라이언트 폰갭 애플리케이션을 작성해 보는 것이 큰 도움이 될 것이다. 이 책에서는 AlternativeTo.Net이라는 서비스를 예로 들어 설명한다.

모바일 애플리케이션 개요

대부분 모바일 플랫폼보다는 웹과 같은 다른 플랫폼에서 개발한 경험이 더 많을 것이다. 이 책은 우선 모바일 애플리케이션의 특성과 이에 따른 어려움을 알아본다. 이를 통해 모바일 애플리케이션 개발의 진정한 의미를 파악할 수 있다.

모바일 애플리케이션 기능

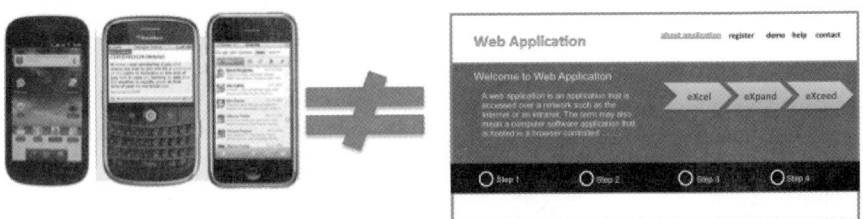

그림 1-2 모바일 애플리케이션은 웹 애플리케이션이 아니다

모바일 애플리케이션을 개발할 때 먼저 염두에 두어야 하는 것은 웹 애플리케이션이 아니라는 것이다. 이 두 플랫폼의 차이는 기능의 특성이나 개수에서 기인한다(그림 1-3).

- 모바일 애플리케이션은 기능이 많지 않다.

- 대부분 모바일 애플리케이션은 웹 애플리케이션과는 다른 모습을 하고 있을 것이라고 생각한다. 우선, 일반적으로 웹 애플리케이션은 메뉴, 툴바, 위젯 등을 모두 담을 수 있는 큰 화면을 대상으로 하고 있는 반면에, 모바일 애플리케이션에서는 이와는 다른 사이즈의 화면을 대상으로 한다.

- 스마트폰의 사이즈 제한으로 인해 대쉬보드 타입의 홈스크린이 많다.

- 스마트폰 사용자는 원하는 작업을 수행하기 위해 여러 단계의 내비게이션을 거쳐야 한다는 것을 인지하고 있다.

- 스마트폰 사용자와 웹 사용자의 사용 의도는 다르다. 스마트폰 사용자는 이동 중에 애플리케이션을 이용하기 때문에 최소한의 노력으로 최대한의 결과를 기대하지만, 웹 사용자는 좀 더 많은 시간을 웹 애플리케이션에 할애할 수 있기 때문에 다른 기대를 가지고 애플리케이션을 사용한다.

앞서 언급한 차이 때문에 스마트폰에서는 가장 효율적이거나 자주 사용되는 기능들이 부각된다. 스마트폰에서는 모든 기능이 제공되지 않더라도 중요한 기능이 가장 접근하기 쉬운 곳에 배치된다.

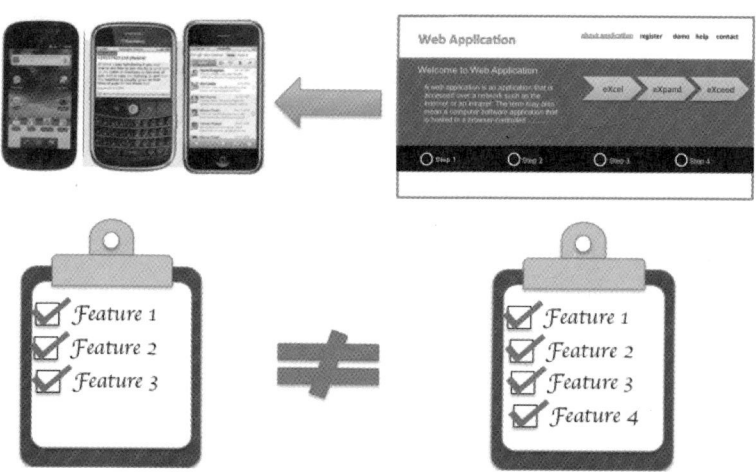

그림 1-3 모바일 애플리케이션의 기능과 웹 애플리케이션의 기능은 다르다

사용자 인터렉션

기존 애플리케이션의 사용자 인터렉션과 모바일 애플리케이션의 사용자 인터렉션에는 상당한 차이가 있다(그림 1-4).

모바일 애플리케이션은 터치 스크린, 가속(accelerometer) 센서, 지자기(compass) 센서 등을 고려한 사용자 인터렉션을 생각하며 개발해야 한다.

레이싱 게임의 경우, 가속 센서를 이용하여 폰의 기울기로 자동차를 조작한다. 사용자의 방향과 무관하게 항상 북쪽을 가리키는 지도 애플리케이션은 지자기 센서를 이용한 것이다.

이와 같은 새로운 인터렉션 방식이 사용자 경험을 향상시키기도 하지만, 키보드가 없는 스마트폰은 키보드를 자주 사용하는 사용자에게는 불편함을 주어 사용자 경험을 저해하기도 한다. 이러한 사항들은 모바일 애플리케이션의 요구 사항을 작성할 때에 반드시 고려해야 한다.

스마트폰의 디스플레이 모드는 가로 모드와 세로 모드로 나뉜다. 모바일 애플리케이션의 요구 사항을 작성할 때에는 각 디스플레이 모드별 모습, 느낌, 동작 방식을 반드시 기술하여야 한다.

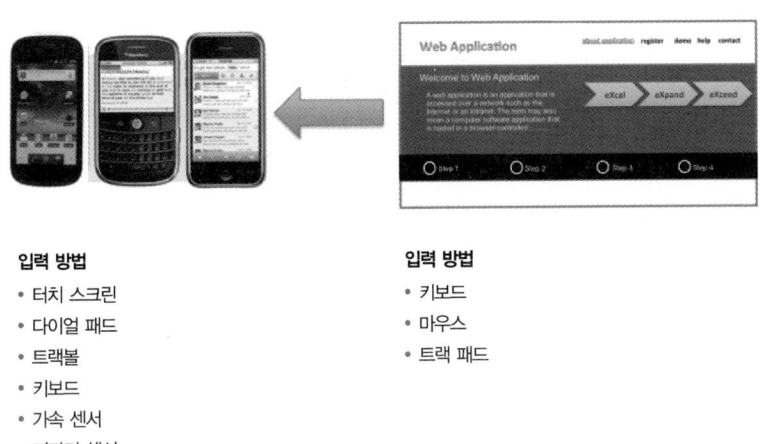

입력 방법
* 터치 스크린
* 다이얼 패드
* 트랙볼
* 키보드
* 가속 센서
* 지자기 센서

입력 방법
* 키보드
* 마우스
* 트랙 패드

그림 1-4 스마트폰과 웹 애플리케이션은 다른 사용자 인터페이스를 가지고 있다

위치 인식

위치 인식은 스마트폰이 등장하면서 자연스럽게 대두된 기능이다. 구글 맵스, 지역 검색, 포스퀘어 등 많은 모바일 애플리케이션에서 스마트폰의 정확한 GPS를 이용하고 있다. 웹 애플리케이션에서도 위치 인식을 이용하지만, 정확도가 상대적으로 떨어진다(그림 1-5).

부정확한 위치 인식

정확한 위치 인식

그림 1-5 웹 애플리케이션과 스마트폰 애플리케이션의 위치 인식 정확도 비교

푸시 알림

사용자는 새로운 이메일이나 메시지가 도착하는 등의 중요한 이벤트가 발생했을 때, 이를 애플리케이션이 알려주길 원한다. 스마트폰은 항상 사용자가 지니고 있기 때문에 이런 알림을 주기에 가장 적합한 플랫폼이다.

이메일이나 메시지 같은 알림 이외에도 다양한 서비스에서 알림을 이용할 수 있다. 업무 관리 애플리케이션을 예로 들어보자. 사용자가 할당된 업무를 확인하기 위해 항상 서비스에 연결되어 있는 것보다는 업무가 할당될 때에 애플리케이션에 알림을 보내는 것이 훨씬 효율적이다.

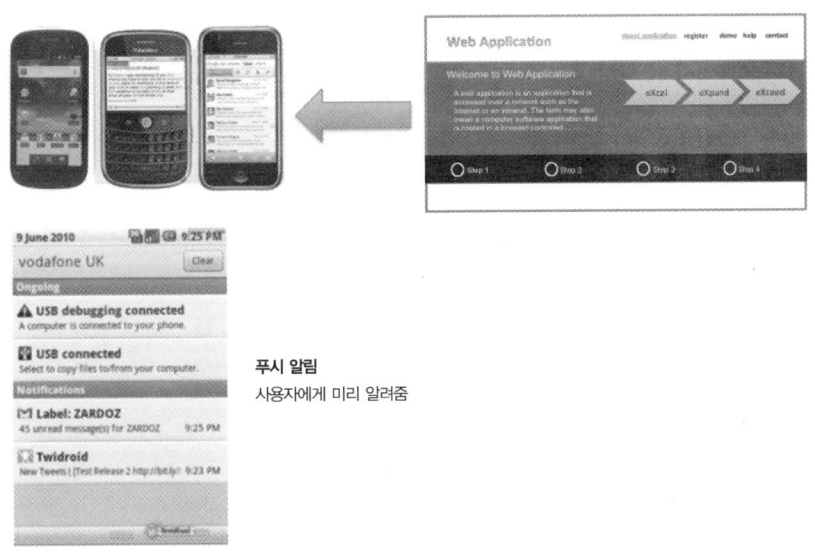

푸시 알림
사용자에게 미리 알려줌

그림 1-6 스마트폰의 푸시 알림 기능(지속적 알림)

다중 플랫폼 지원 애플리케이션 개발의 어려움

모바일 애플리케이션 개발이 흥미롭기 하지만, 계속해서 늘어만 가는 모바일 플랫폼의 수 때문에 개발에 많은 어려움이 있다. 이번에는 이러한 어려움에 대해 살펴보자.

OS 파편화

OS 파편화는 모바일 플랫폼 수가 증가함에 따라 더욱 심화되고 있다(그림 1-7). 모바일 플랫폼은 블랙베리와 심비안에서 시작되었고, 강력한 아이폰과 안드로이드 플랫폼으로 이어졌다. 모바일 플랫폼의 증가는 여기서 멈추지 않았다. HP에서는 웹OS를 내놓았으며, 마이크로소프트에서는 윈도우 7을 출시하였다. 그리고 이제 삼성에서는 바다를 소개하였다.

기업들은 새로운 자사 제품의 존재감을 알리기 위해서 모든 모바일 플랫폼을 대상으로
제품을 개발해야 한다.

그림 1-7 늘어나는 모바일 OS로 인한 파편화

아이폰, 안드로이드, 블랙베리 등을 대상으로 모바일 애플리케이션을 개발할 때, 각기
다른 OS를 위해 다음 사항을 고려해야 한다.

- 먼저, 각기 다른 플랫폼의 개발 환경을 구축해야 한다.

- 다음으로, 각 OS별 전문 지식이 필요하다. 모바일 개발자에게 새로운 전문 지식을 쌓는 시간
  은 길어질 수도 있다.

- 모바일 플랫폼별로 서로 다른 프로그래밍 언어가 사용된다.

- 각 모바일 플랫폼별로 지원하는 기능에 익숙해져야 한다(그림 1-10).

표 1-1에 모바일 애플리케이션 개발에 필요한 사항을 플랫폼별로 정리해 놓았다.

과거에도 이러한 OS 파편화가 있었다. 윈도우, 리눅스, 맥의 데스크톱 파편화는 자바로
해결되었고, 브라우저 파편화는 jQuery와 같은 자바스크립트 프레임워크, YUI, 구글 웹
툴킷 등으로 해결되었다.

모바일 OS 파편화는 이전의 어떤 파편화보다도 심각하며 다양한 OS를 대상으로 하고 있다. 이로 인해 모든 모바일 플랫폼을 대상으로한 모바일 애플리케이션 개발에는 상당한 기술적 어려움이 따른다.

다수의 팀/제품

모바일 플랫폼별로 팀을 할당하여 개발하게 되면 다양한 문제에 직면하게 된다. 팀이 추가될 때마다 프로젝트의 위험도가 올라가고, 프로젝트 관리팀의 책임이 더 커지게 된다(그림 1-8). 모바일 플랫폼별로 기능 또한 모두 다르기 때문에 플랫폼별로 자세한 요구사항 명세서를 따로 작성해야 한다.

결론적으로, 여러 팀을 추가하면 협업 비용을 증가하고, 개별 제품의 증가는 관리팀과 개발팀 모두의 일을 증가시킨다.

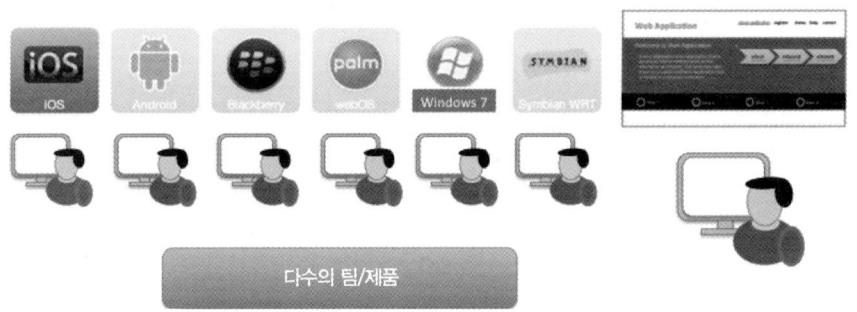

그림 1-8 모바일 OS별로 여러 팀을 운용하는 것은 새로운 문제를 야기한다

일관된 사용자 경험

다양한 모바일 플랫폼 간에 애플리케이션이 일관성을 유지하려면 모든 플랫폼 간에 일관된 사용자 경험을 제공해야 한다(그림 1-9). 일관된 사용자 경험의 제공은 사용자가 플랫폼을 변경하거나, 두 개 이상의 디바이스를 동시에 사용할 수 있다는 사실과도 관련이 있다. 예를 들어, 안드로이드 스마트폰과 iPad를 모두 가진 사용자가 집과 사무실에서는 iPad를 사용하고 이동 중에는 안드로이드 스마트폰을 사용할 수 있다.

앞의 예는 모바일 플랫폼 간에 유사한 사용자 경험을 제공해야 하는 다양한 이유 중 하나이다. 물론 디바이스 간 기능과 성능 차이 때문에 발생하는 사용자 경험의 차이는 항상 존재한다.

그림 1-9 플랫폼 간 일관된 사용자 경험 제공

기능 파편화

플랫폼별로 디바이스의 기능과 성능은 다양하다(그림 1-10). 일부 안드로이드 디바이스와 아이폰은 방향을 알려주는 지자기 센서가 내장되어 있어 내비게이션 애플리케이션이 지도의 방향을 사용자의 방향에 맞춰서 보여줄 수 있지만, 다른 지자기 센서가 내장되지 않은 스마트폰은 이러한 기능을 제공할 수 없다.

애플리케이션의 일부 기능은 특정 디바이스에서 동작하지 않을 수 있다. 애플리케이션은 이러한 사실을 고려하여 구현되어야 한다.

	iOS iPhone / iPhone 3G	iOS iPhone 3GS and newer	Android	BlackBerry OS 4.6-7	BlackBerry OS 5.x	BlackBerry OS 6.0+	palm	Windows	SYMBIAN
ACCELEROMETER	✓	✓	✓	✗	✓	✓	✓	✓	✓
CAMERA	✓	✓	✓	✗	✓	✓	✗	✗	✓
COMPASS	✗	✓	✓	✗	✗	✗	✗	✗	✗
CONTACTS	✓	✓	△	✗	✓	✓	✗	✓	✓
FILE	✗	✗	✓	✗	✓	✓	△	✗	✗
GEO LOCATION	✓	✓	✓	✓	✓	✓	✓	✓	✓
MEDIA (AUDIO RECORDING)	△	△	✓	✗	✗	✗	✗	△	✗
NOTIFICATION (SOUND)	✓	✓	✓	✓	✓	✓	✓	✓	✗
NOTIFICATION (VIBRATION)	✓	✓	✓	✓	✓	✓	✗	✓	✓
STORAGE	✓	✓	△	✗	△	✓	✓	✗	✗

기능 파편화

그림 1-10 모바일 OS별 기능 파편화

개발 환경 파편화

개발 환경은 중요한 파편화 문제이다. 다음 플랫폼을 대상으로 개발하려면 윈도우(윈도우 7 권장)와 맥(레오파드 권장)처럼 최소한 두 개 OS가 필요하다.

1. iOS

2. 안드로이드

3. 블랙베리

4. 웹OS

5. 심비안

6. 윈도우 7

이에 더해, Xcode나 이클립스 등의 다양한 IDE와 자바, C++, Objctive C 등과 같은 프로그래밍 언어를 사용해야 한다. 표 1-1은 다양한 모바일 플랫폼 지원을 위한 개발 환경 요구 사항을 보여준다.

표 1-1 개발 요구 사항

모바일 OS	운영체제	소프트웨어/IDE	프로그래밍 언어
iOS	맥	Xcode	Objective C
안드로이드	윈도우/맥/리눅스	이클립스/자바/안드로이드	자바 개발 툴 (ADT)
블랙베리	주로 윈도우	이클립스/JDE, 자바	자바
심비안	윈도우/맥/리눅스	Carbide.c++	C++
웹OS	윈도우/맥/리눅스	이클립스/웹OS 플러그인	HTML/자바스크립트/C++
윈도우 폰 7	주로 윈도우	비주얼 스튜디오 2010	C#, .NET, Silverlight or WPF

폰갭의 다중 플랫폼 지원 모바일 애플리케이션 전략

폰갭은 모든 모바일 플랫폼 간의 공통적인 요소가 있기에 만들어질 수 있었다. 이러한 공통 요소가 없었다면 폰갭은 태어나지 못했다.

공용 플랫폼으로서 브라우저

몇 년 전까지만 해도 브라우저는 파편화가 심했다. 당시에는 브라우저마다 W3C의 표준을 서로 다른 기준으로 따르고 있었다. 표준 준수에 있어서는 파이어폭스와 사파리가 가장 적극적이었지만, 다른 브라우저들은 그렇지 않았다.

그로부터 많은 것이 변했고, 이제 대부분 브라우저가 표준을 준수하고 있다(모바일 플랫폼에서는 더 잘 준수한다). 이러한 사실은 대다수의 최신 모바일 플랫폼이 webkit 기반의 브라우저를 채택하고 있기 때문이기도 하다.

데스크톱과 모바일의 새로운 브라우저는 HTML5/CSS3와 같은 새로운 표준을 따르기 시작했다. 이러한 추세로 인해 브라우저에는 더 많은 기능이 추가되었고, 파편화는 줄어들었다(그림 1-11).

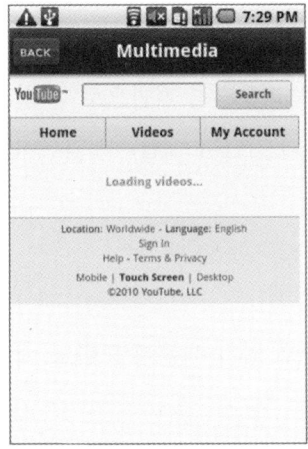 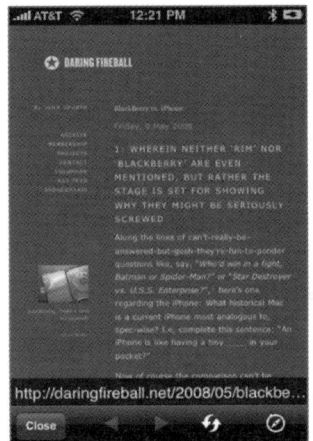

그림 1-11 모바일 브라우저

모바일 플랫폼별 브라우저를 소개한 표 1-2를 보면, 윈도우 7 디바이스를 제외한 모든 모바일 플랫폼에서 webkit를 기반으로 한 브라우저를 채택한 것을 알 수 있다. 윈도우 7은 자체 브라우저를 탑재하고 있지만 앞서 소개한 모든 브라우저는 HTML5/CSS3 표준을 따르고 있으며, 시간이 지날수록 표준 준수는 더욱 나아질 것이다.

표 1-2 모바일 브라우저

모바일 OS	브라우저
안드로이드	Webkit 기반
아이폰	Webkit 기반
블랙베리 6.0 이상	Webkit 기반

다음 페이지 ➡

모바일 OS	브라우저
윈도우 폰 7	IE 7 기반
웹OS	Webkit 기반
바다	Webkit 기반

폰갭은 HTML5/CSS3 기반 애플리케이션 개발을 위해 최신 브라우저를 기반으로 한다. 모든 폰갭 애플리케이션은 브라우저가 내장된, HTML5/CSS3 기반의 애플리케이션이라고 볼 수 있다.

모바일 애플리케이션 웹뷰

모든 모바일 플랫폼에서 애플리케이션에 브라우저를 내장할 수 있기 때문에 모바일 애플리케이션의 화면에서 HTML 페이지를 보여줄 수 있다.

이러한 내장 브라우저를 일반적으로 웹뷰라고 부르며, 웹뷰를 이용하여 애플리케이션의 화면을 구성할 수 있다.

애플리케이션에서 회사 정보를 보여주는 "about us"라는 화면을 만든다고 가정해 보자. 이 화면에 표시할 회사 정보가 자주 바뀔 경우, 최신 정보를 보여 주는 것이 이 화면의 요구 사항이 될 것이다. 이 요구 사항을 충족하려면 회사 정보를 하드코딩하기보다는, 웹뷰를 통해 회사의 "about us" 웹페이지(가급적 모바일 버전의 웹페이지)를 보여주는 것이 나을 것이다. 웹뷰는 디바이스에 저장된 HTML 페이지 또한 표시할 수 있으며, 고정된 웹페이지가 아닌 웹서비스와 연동된 Ajax 기반의 웹페이지 또한 보여줄 수 있다.

디바이스 성능을 이용하기 위한 네이티브 훅

모바일 애플리케이션에 브라우저를 내장할 수 있다는 사실에 더해, 이제 모바일 디바이스의 기능을 내장 브라우저를 통해 사용하는 방법을 알아보자.

플리커 API를 이용해 모바일 애플리케이션을 개발하게 되면 플리커에 로그인하고 갤러리를 표시하거나 사진을 받아올 수 있다.

이러한 기능은 웹 애플리케이션으로 쉽게 구현할 수 있다. 하지만, 모바일 애플리케이션이 될 경우, 모바일 디바이스가 일반적으로 가지는 카메라를 이용해서 사진을 찍고 그 사진을 플리커에 업로드하는 기능을 더 생각해 볼 수 있다.

이러한 기능을 추가하려면 내장 브라우저가 카메라를 이용해 사진을 찍고, 찍은 바이너리 데이터를 반환할 수 있는 자바스크립트 API를 제공할 수 있어야 한다(그림 1-12).

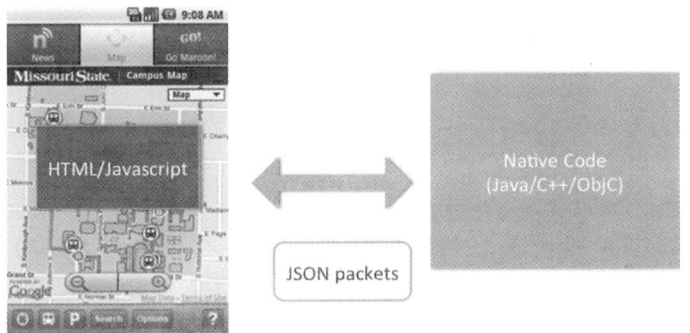

그림 1-12 자바스크립트와 네이티브 사이의 통신

모든 모바일 플랫폼의 웹뷰에서 자바스크립트에 네이티브 모듈을 제공할 수 있고, 이를 통해 자바스크립트 코드와 자바/C++/Objective C 등의 코드와 상호 호출을 지원할 수 있다.

구글 맵을 보여주는 HTML 페이지가 웹뷰에서 나타나고, 모바일 디바이스의 GPS를 통해 지도의 위치를 보여주는 애플리케이션을 생각해보자. 이 애플리케이션을 개발하려면 모바일 디바이스의 GPS 위치 정보를 얻어올 수 있는 네이티브 컴포넌트가 필요하다.

이 네이티브 컴포넌트를 웹뷰를 통해 제공할 수 있는 코드를 작성하게 되면, 웹뷰의 자바스크립트가 이 코드를 통해 GPS의 위치 정보를 받아올 수 있다. 애플리케이션은 이

위치 정보를 기반으로 지도의 위치를 조정할 수 있게 되는 것이다. 이 일련의 과정이 폰 갭 프레임워크를 구성하는 가장 중요한 원리이다.

HTML5와 CSS3: 애플리케이션 작성 표준

HTML5와 CSS3는 웹 애플리케이션을 더욱 인터렉티브하고 다양한 기능을 사용할 수 있도록 하는 최신 웹 기술이다.

HTML5에는 견고한 멀티미디어 지원을 위한 마크업뿐만 아니라 백그라운드 작업을 위한 웹워커, 오프라인 지원, 데이터베이스 지원 등 다양한 기능을 지원하는 마크업 또한 추가되었다.

CSS3는 풍부한 사용자 인터페이스를 위한 새로운 표준이다. 버튼, 간단한 둥근 모서리, 그러데이션 등을 위해서 디자이너가 필요한 시대는 지나갔다. CSS를 이용하면 빠르고 신속하게 훌륭한 결과물을 얻을 수 있다.

애니메이션도 지원함으로써 CSS3 웹사이트는 이제 플래시로 만든 웹사이트와 견줄만하다. 더불어 간단한 수정만으로 기존 웹사이트를 모바일 웹사이트로 손쉽게 바꿀 수 있고, 다른 CSS 파일을 이용하면 출력을 위한 미리 보기도 가능하다.

모바일 브라우저가 W3C 표준을 조기에 수용하였다는 것은 잘 알려진 사실이다. 이는 모바일 디바이스가 HTML5/CSS3 애플리케이션을 위한 완벽한 플랫폼이라는 것을 보여준다.

단일 출처 정책 적용 안 됨

이전에 Ajax 기반 애플리케이션을 개발해봤다면 abc.com에서 운용되는 웹 애플리케이션은 xyz.com에서 운용되는 웹서비스에 Ajax 호출을 할 수 없다. myphotobook.com에서 운용되는 Ajax 애플리케이션은 flickr.com에 Ajax 호출을 할 수 없다는 것이다.

이를 단일 출처 정책라 부르며 http://en.wikipedia.org/wiki/Same_origin_policy에서 더 자세한 내용을 확인할 수 있다.

폰갭 애플리케이션에는 이러한 문제가 적용되지 않는다. 폰갭 애플리케이션은 필요한 HTML, 자바스크립트, CSS 파일의 묶음이지만, abc.com과 같은 도메인이 필요치 않다. 이를 통해 폰갭은 다양한 사이트에 자유롭게 Ajax 호출을 할 수 있으므로 쉽게 메시업을 개발할 수 있는 플랫폼이 되었다.

폰갭에서는 단 몇 줄의 자바스크립트 코드만으로 페이스북, 트위터, 플리커를 모두 하나의 메시업으로 통합시킬 수 있다.

이 점 때문에 폰갭은 programmableweb.com의 웹서비스를 기반으로 하는 모바일 애플리케이션을 만들기 위한 이상적인 플랫폼이다. 그림 1-13에 단일 출처 정책의 한계를 도식화하였다.

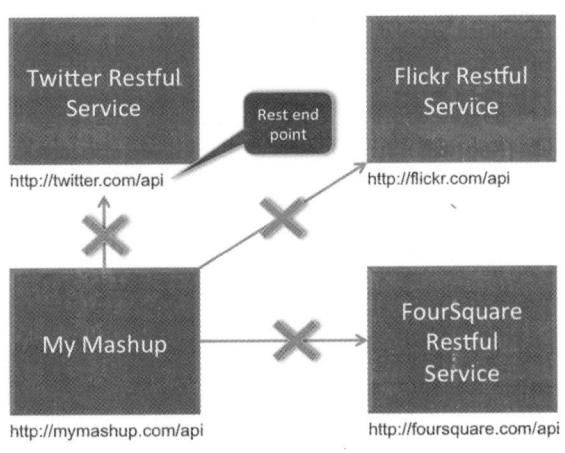

그림 1-13 단일 출처 정책

결론

폰갭은 모바일 애플리케이션 개발을 위해 HTML5, 자바스크립트, CSS3를 이용한다. 이 기술들은 웹 표준 기술들이다. 폰갭을 이용하면, 네이티브 언어에 대한 별다른 지식 없이도 대다수 모바일 플랫폼을 대상으로 한 모바일 애플리케이션의 개발을 시작할 수 있다.

폰갭이 모바일 디바이스의 일반적인 기능을 사용할 수 있는 방법을 제공하고, 필요하다면 플러그인(plug-in) 프레임워크를 통해 언제든 새로운 기능을 추가할 수도 있다. 폰갭은 다중 모바일 플랫폼 애플리케이션 개발을 위해 계속 성장하고 있다.

폰갭 시작하기

Getting Started with PhoneGap

CHAPTER 02

폰갭은 웹 애플리케이션 기술을 통해 네이티브 애플리케이션을 개발하기 위한 HTML5 프레임워크이다. 개발자는 기존에 알고 있던 HTML, CSS, 자바스크립트를 이용해서 스마트폰과 태블릿 애플리케이션을 개발할 수 있기 때문에, 아이폰 애플리케이션 개발을 위해 Objective-C를 알아야 하는 등 다른 언어를 특별히 배울 필요가 없다.

폰갭 애플리케이션은 순수 HTML/자바스크립트 애플리케이션도 아니고, 네이티브 애플리케이션도 아닌 하이브리드 애플리케이션이다. 주로 UI 비롯한 애플리케이션 로직, 서버 통신과 같은 부분은 HTML/자바스크립트로 되어 있고, 모바일 디바이스(스마트폰 또는 태블릿)와 연결과 제어 부분은 해당 플랫폼의 네이티브 언어로 되어 있다. 폰갭은 자바스크립트와 네이티브 언어 사이의 연결고리로 동작함으로써, 자바스크립트 API를 통해 모바일 디바이스를 제어할 수 있도록 해준다.

폰갭은 카메라, GPS, 디바이스 정보 등 모바일 디바이스 기능에 접근할 수 있는 필수 자바스크립트 API를 제공한다. 이러한 API에 대해서는 4장에서 자세히 다룬다.

이번 장은 폰갭의 전체적인 아키텍처를 이해하는 데 도움이 되는 정보부터 시작해서, 이 정보를 폰갭 예제에 적용시켜 보겠다. 마지막으로, 폰갭을 이용한 간단한 HelloWorld 애플리케이션을 작성해 보도록 한다.

폰갭은 프레임워크이다. 폰갭은 어떤 IDE나 코딩을 위한 특별한 개발 환경을 제공하지 않는다. 안드로이드 플랫폼을 대상으로 폰갭 애플리케이션을 개발하려면 이클립스와 안 드로이드 SDK가 필요하며, 아이폰을 대상으로 할 경우에는 Xcode를 사용해야 한다.

폰갭 아키텍처

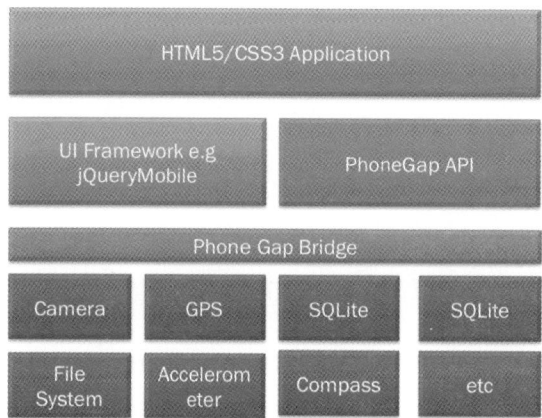

그림 2-1 폰갭 애플리케이션 아키텍처

폰갭 프레임워크는 HTML/자바스크립트 애플리케이션이 디바이스의 기능에 접근할 수 있도록 해주는 자바스크립트 라이브러리로 구성되어 있다. 또한 모바일 디바이스가 동작 하도록 하는 네이티브 컴포넌트가 포함되어 있다.

그림 2-1은 폰갭의 아키텍처를 보여준다. 폰갭 애플리케이션은 다음 두 가지를 반드시 포함해야 한다.

1. UI와 그 기능을 동작 시키는 자바스크립트 비즈니스 로직

2. 모바일 디바이스에 접근하여 제어하는 자바스크립트

페이스북 애플리케이션을 만든다면 로그인 페이지와 사진 갤러리를 다운로드하는 것이 주요한 기능이 될 것이다. 사진을 찍어서 페이스북에 업로드할 수 있는 모듈을 추가하고 자 한다면, 우선 폰갭 카메라 API를 통해 사진을 찍고, 페이스북 서버에 Ajax 호출를 통 해 찍은 사진을 업로드하면 된다.

앞의 설명을 보면, 폰갭 애플리케이션 개발은 모바일 디바이스 기능을 파악하는 것보다, 비즈니스 로직이나 UI를 작성하는 데 더 많은 시간고 노력을 기울여야 한다는 것을 알 수 있다. 이 책은 폰갭 API만을 설명하는 데 그치지 않고, 전체적인 HTML5/CSS3 모바 일 애플리케이션을 개발할 수 있는 가이드 역할을 한다.

안드로이드 플랫폼에서의 개발 환경 설정

폰갭 애플리케이션 작성하려면 먼저 모바일 개발 환경을 설정해야 한다. 안드로이드 개 발 환경은 폰갭의 거의 모든 기능을 지원하므로 안드로이드 개발 환경을 구축하는 것부 터 시작한다.

안드로이드 플랫폼에서 개발하려면 다음 항목을 내려받아 설치해야 한다.

1. JDK 1.6 이상

2. 이클립스 3.4 이상

3. 안드로이드 2.2 플랫폼과 해당 안드로이드 SDK

4. 이클립스용 안드로이드 ADT 플러그인

5. 안드로이드 2.2용 안드로이드 AVD

6. 안드로이드용 폰갭 SDK 1.1.0

안드로이드는 자바로 개발해야 하기 때문에 JDK 1.6 이상과 이클립스 3.4 이상이 필요하며, 안드로이드 SDK가 필요하다. 안드로이드 프로젝트를 만들고 실행하려면 안드로이드 플랫폼과 ADT라는 안드로이드 플러그인을 다운로드해야 한다.

이클립스, 안드로이드 SDK, 안드로이드 ADT가 모두 준비되었다면, AVD(Android Virtual Device)라는 안드로이드 에뮬레이터 환경을 만들어야 한다. 안드로이드에서 폰갭을 개발하기 위해서는 안드로이드 2.2가 대상이 되어야 하기 때문에(이 책은 안드로이드 2.2, API 8, 리비전 3의 SDK 플랫폼을 대상으로 한다), 해당 플랫폼의 AVD가 필요하다.

다음의 과정을 통해 안드로이드 프로젝트를 생성하고, 폰갭 라이브러리를 추가하는 방법을 설명한다.

폰갭 안드로이드 프로젝트를 위한 필수 설치 항목

1. 이클립스 3.4 설치

2. 안드로이드 SDK 설치

3. 이클립스에 안드로이드 ADT 설치

4. 에뮬레이터를 위한 AVD 생성

5. 폰갭 라이브러리 설치

Step 1: 이클립스 설정

이번 단계는 자바 SDK 1.6이 이미 설치되어 있다는 가정하에 진행한다. www.eclipse.org/downloads/에서 이클립스를 다운로드한다(그림 2-2). JDT(Java Development Environment)가 지원되는 버전 3.4 이상의 자바용 이클립스 IDE를 선택한다.

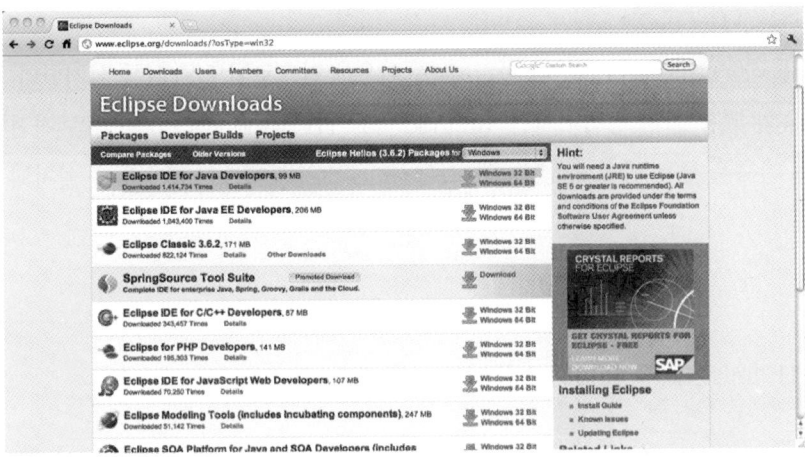

그림 2-2 이클립스 다운로드 페이지

Step 2: 안드로이드 SDK 설치

안드로이드 개발 환경 설정은 플랫폼(윈도우, 리눅스, 맥)마다 조금씩 다르기 때문에 안드로이드 SDK는 플랫폼별로 설명한다. developer.android.com/sdk/index.html에서 안드로이드 SDK를 다운로드한다(그림 2-3).

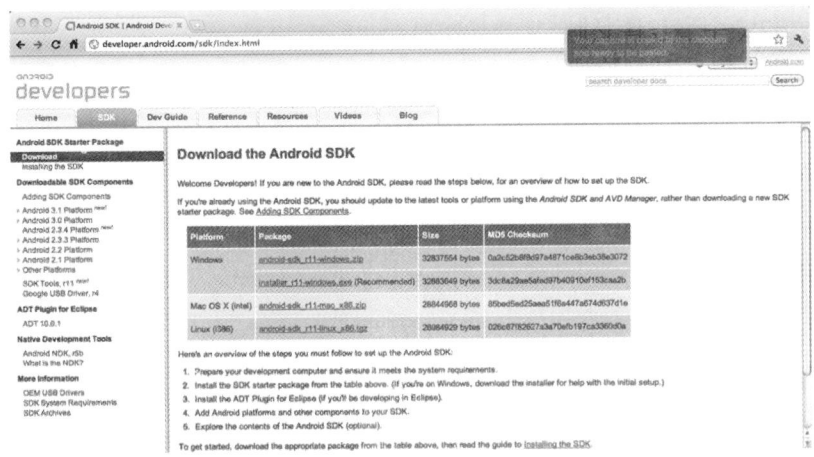

그림 2-3 안드로이드 SDK 다운로드 페이지

윈도우 환경

안드로이드 인스톨러(installer_r11-windows.exe)를 이용해 안드로이드 SDK를 설치한다. 이 방법은 윈도우의 권장 설치 방법이지만, android-sdk_r11-windows.zip 파일을 직접 내려받아 폴더에 압축을 푸는 방법도 있다. 안드로이드 SDK는 c:\android_sdk에 설치되었다고 가정한다.

리눅스 환경

android-sdk_r11-linux.tgz를 내려받아 폴더에 압축을 푼다.

맥 OSX 인텔 환경

안드로이드 android-sdk_r11-mac_x86.zip 파일을 내려받아 폴더에 압축을 푼다.

설치한 안드로이드 SDK는 안드로이드 1.1부터 최신 안드로이드 3.0(허니컴)에 이르기까지 모든 안드로이드 플랫폼을 지원한다.

이 책은 안드로이드 2.2 API 8 리비전 3의 SDK 플랫폼을 대상으로 한다.

미리 설치된 안드로이드 버전이 없기 때문에, 다음 과정은 필요한 플랫폼 버전을 설치하는 것이다. 안드로이드를 설치한 위치(c:\android_sdk)로 가서 tools 폴더에 있는 Android라는 이름의 파일을 실행시킨다. 사용하는 네트워크의 대역폭에 제한이 있다면, 안드로이드 2.2 플랫폼(안드로이드 2.2 API 8 리비전 3)만 다운받으면 된다.

Android 파일을 실행시키면 그림 2-4와 같은 화면이 나온다. Available package를 선택한 후, Android Repository를 선택하여 설치를 클릭한다.

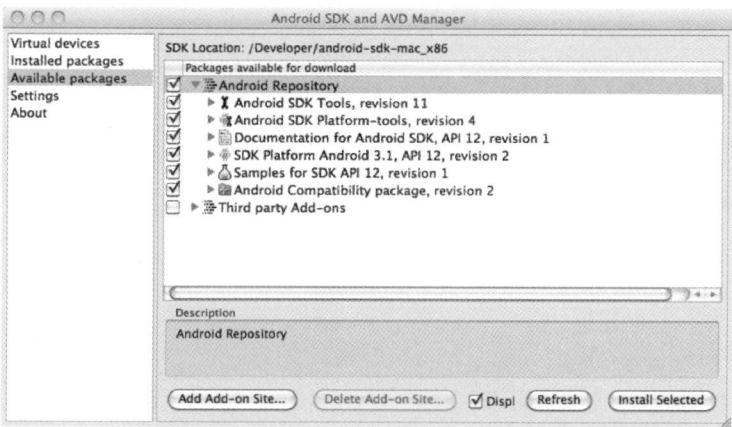

그림 2-4 설치 가능한 플랫폼 패키지

이제 안드로이드 플랫폼을 내려받았다. 가능하다면, 지금까지 출시된 모든 안드로이드 플랫폼을 대상으로 개발할 수 있도록, 다운로드할 수 있는 모든 패키지를 전부 다운로드 하는 것이 좋다. 이 책은 안드로이드 2.2 API 8 리비전 3의 SDK 플랫폼을 대상으로 한 다. 프로요(안드로이드 2.2)를 대상으로 한 애플리케이션을 작성하려면, 설치된 패키지 목록에 프로요가 나타나야 한다.

Step 3: 이클립스에 안드로이드 ADT 플러그인 설치

1 이클립스를 실행하고 Help –> Install New Software를 클릭하여 "Available Software" 대화상자를 띄운다.

2 그림 2-5에 보이는 텍스트 박스에 https://dl-ssl.google.com/android/eclipse를 입 력한다.

3 Developer Tools 설치 옵션이 보이면 모든 체크 박스에 체크를 한 후, 다음을 클릭 한다.

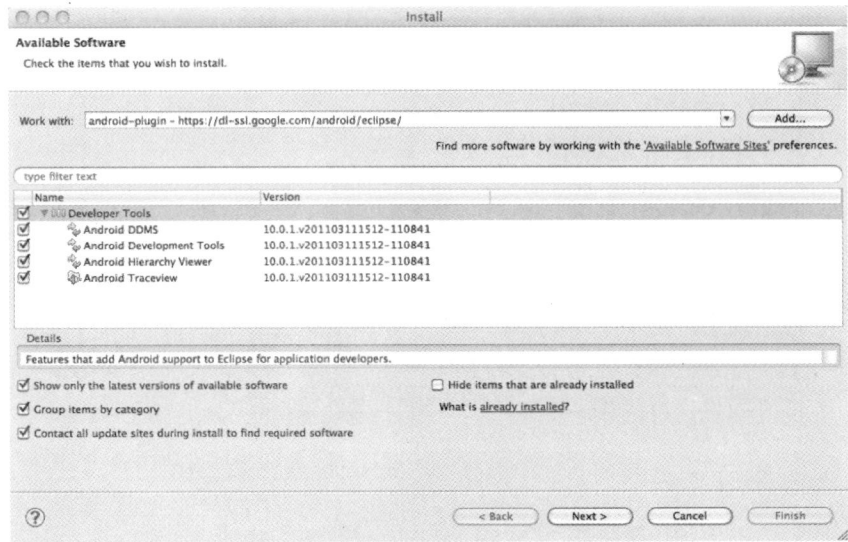

그림 2-5 이클립스에 안드로이드 ADT 설치

4 안드로이드 ADT 플러그인을 설치한 곳을 안드로이드 SDK 위치로 설정한다. Windows
   에서는 Windows -> Preferences를, 맥에서는 Eclipse -> Preferences를 클릭하여 이클
   립스의 Preferences 화면을 연다. 확인되지 않는 콘텐츠 경고가 발생한다면 무시한다.

5 Preferences 화면에서 그림 2-6과 같이 Android 옵션을 선택하여 확장한 후, SDK
   위치 텍스트 박스에 안드로이드 SDK 위치를 입력한 후, 적용을 클릭한다.

   안드로이드 SDK의 위치를 제대로 기입하였다면, 안드로이드 2.2를 포함한 안드로이
   드 플랫폼 나타난다.

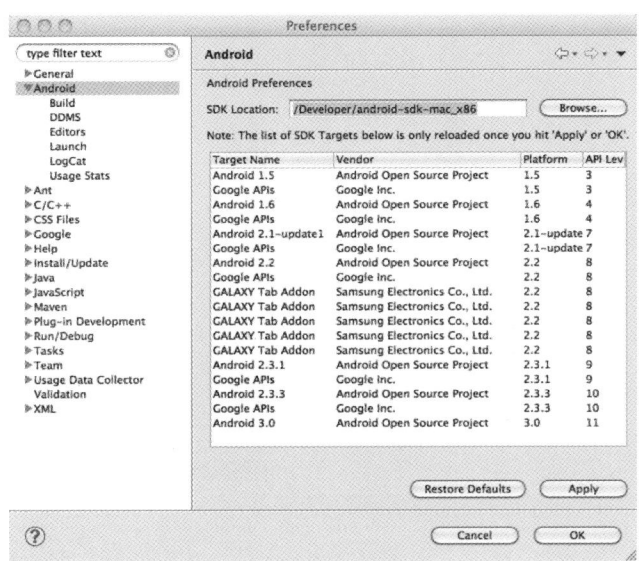

그림 2-6 안드로이드 Preferences 화면에 안드로이드 SDK의 위치 설정

Step 4: 안드로이드 2.2 플랫폼을 위한 안드로이드 AVD 생성

1 이클립스를 열어 안드로이드 폰갭을 위한 workspace를 생성한다. 다음 단계는 안드로이드 에뮬레이터를 만드는 작업이다. 안드로이드는 버전별로 여러 플랫폼이 있기 때문에, 대상으로 하는 플랫폼별로 안드로이드 가상 디바이스(AVD)를 만들어야 한다. 그림 2-7에서 이클립스 화면을 확인할 수 있다.

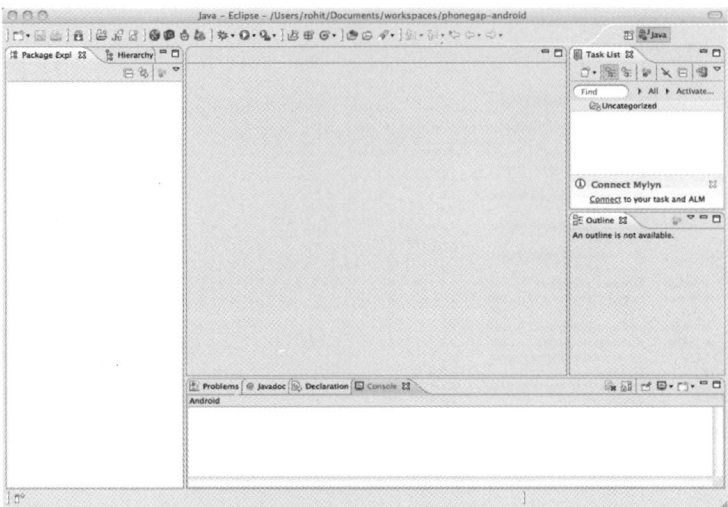

그림 2-7 ADT 플러그인이 설치된 이클립스

2 툴바의  버튼을 클릭하여 안드로이드 SDK와 AVD 관리자를 열고, 그림 2-8과 같
  이 가상 디바이스 옵션을 선택한다.

그림 2-8 안드로이드 SDK와 AVD 관리자

3 New 버튼을 클릭하여 새로운 AVD를 만든다. 안드로이드 2.2를 플랫폼으로 선택하고, SD 카드의 크기는 128MB로 한다. Skin Built-in은 HVGA로 선택한다. 모두 선택한 후, Create AVD 버튼을 클릭한다. AVD 화면은 그림 2-9를 참고한다.

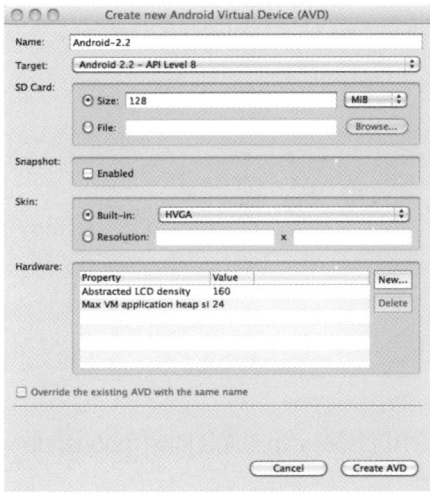

그림 2-9 안드로이드 에뮬레이터에서 구동시킬 새로운 안드로이드 가상 디바이스(AVD) 생성

생성된 AVD는 그림 2-10에서 확인할 수 있다.

그림 2-10 안드로이드 2.2의 AVD

Step 5: 폰갭 SDK 설치

4 http://phonegap.googlecode.com/files/phonegap-1.1.0.zip을 내려받아 압축을
해제하면, 그림 2-11과 같은 디렉터리 구조를 볼 수 있다.

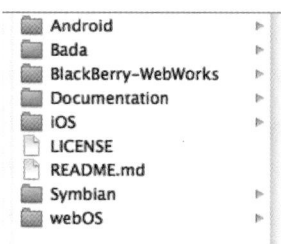

그림 2-11 폰갭 SDK 1.1.0 디렉터리 구조

5 안드로이드 디렉터리를 선택하면, 그림 2-12와 같이 phonegap-1.1.0.jar와 phonegap-
1.1.0.js 파일을 볼 수 있다.

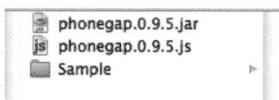

그림 2-12 폰갭 SDK의 안드로이드 폴더 구조

이제 안드로이드용 폰갭의 개발을 위한 안드로이드 설정을 마쳤다.

새로운 프로젝트 생성

이 책에서 다룰 첫 번째 애플리케이션은 HelloWorld이다. HelloWorld 폰갭 애플리케이
션은 폰갭 프레임워크가 로딩되는 시점에 HelloWorld를 화면에 보여주는 애플리케이션
이다.

Step 1 : 안드로이드 프로젝트 생성

이클립스를 열어 File -> New Project -> Android Project를 클릭하면 그림 2-13과 2-14와 같은 Android Project 대화상자가 나타난다. 대화상자에 입력할 내용은 다음과 같다.

1 프로젝트 이름에 PhoneGap-helloworld를 입력한다.

2 대상 플랫폼을 안드로이드 2.2로 선택한다.

3 애플리케이션 이름에 Helloworld를 입력한다. 이 이름은 사용자가 볼 수 있는 애플리케이션의 이름이다.

4 패키지 이름으로 org.examples.phonegap.sample을 입력한다. 안드로이드 마켓에서 애플리케이션은 패키지 이름으로 구별되기 때문에 동일한 패키지 이름을 가지는 애플리케이션이 존재해서는 안 된다.

5 액티비티 생성 체크 박스를 선택하고, 액티비티 이름에 helloworld를 입력한다. 액티비티는 안드로이드에서 화면에 해당하는 컴포넌트이고, 액티비티의 이름은 액티비티의 클래스 이름이 된다.

6 안드로이드 2.1이상의 플랫폼이 설치된 디바이스에서 이 애플리케이션을 검색하여 설치할 수 있도록 min SDK 버전에 7을 입력한다.

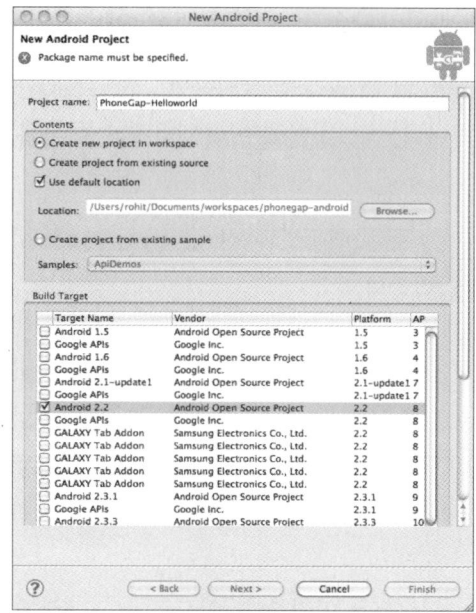

그림 2-13 안드로이드 프로젝트 생성

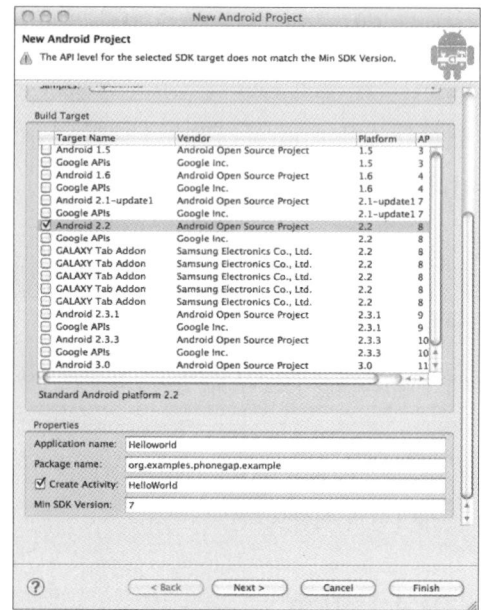

그림 2-14 안드로이드 프로젝트 생성

Step 2: 프로젝트에 폰갭 라이브러리 추가

안드로이드 프로젝트가 생성되면, 이제 폰갭 프레임워크를 안드로이드 프로젝트에 추가할 차례이다. 앞에서 언급한 것처럼 폰갭은 네이티브 컴포넌트, XML 플러그인, 자바스크립트 파일, 이렇게 세 개의 주요 컴포넌트로 이루어져 있다.

1 안드로이드에 네이티브 컴포넌트를 설치하기 위해서 안드로이드 프로젝트에 lib 폴더를 만든 후, PhoneGap jar를 복사한다(그림 2-15). Build Path -> Add to Build Path를 클릭하여, PhoneGap jar를 클래스 패스에 추가한다.

2 폰갭의 안드로이드 디렉터리에 있는 XML 디렉터리를 res 폴더에 복사한다.

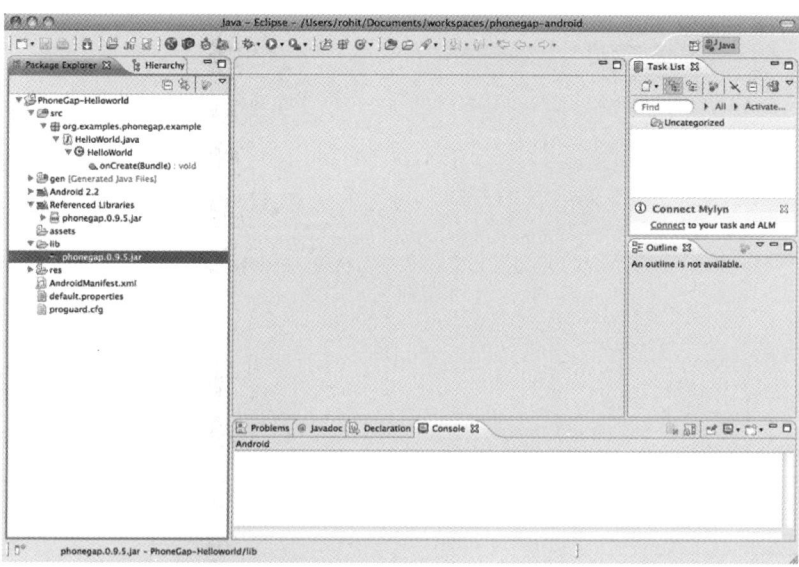

그림 2-15 안드로이드 프로젝트의 PhoneGap jar의 위치를 표시

3 안드로이드 프로젝트에 PhoneGap jar를 추가하고 나면, 이번에는 자바스크립트 파일을 추가해야 한다. 안드로이드 프로젝트의 assets 폴더에 www 폴더를 생성한다. assets 폴더는 안드로이드 애플리케이션에서 미디어 폴더와 같은 역할을 한다. www 폴더에는 모든 브라우저 기반 애플리케이션 파일이 들어갈 것이다. 폰갭 자바스크립트 파일을 www 폴더에 추가한다(그림 2-16).

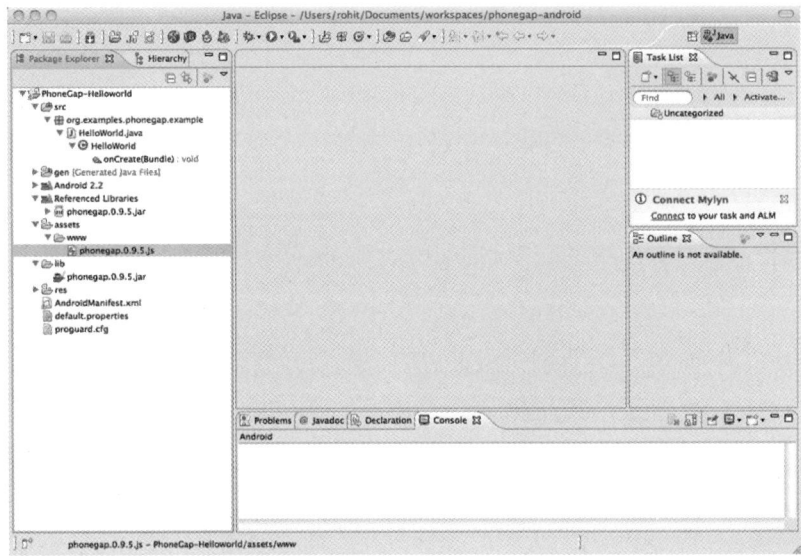

그림 2-16 안드로이드 프로젝트의 폰갭 자바스크립트 파일의 위치 표시

Step 3: 안드로이드 퍼미션 수정

안드로이드 애플리케이션의 가장 중요한 파일은 안드로이드 매니페스트 파일이다. 매니페스트 파일에는 안드로이드 마켓에서 식별자로 사용되는 패키지 이름과 같은 애플리케이션 상세 사항들이 기술되어 있다. 기술된 상세 사항 중 사용자에게 이 애플리케이션이 사용할 디바이스의 기능을 알려주는 퍼미션이라는 부분이 있다. 애플리케이션이 데이터를 받기 위해 인터넷을 이용한다면, 설치를 위해 해당 퍼미션을 획득해야 한다. 사용자가 이 애플리케이션을 설치할 때, 이 애플리케이션에 인터넷 사용 권한을 준다는 것이 안드로이드 마켓에 표시될 것이다.

폰갭을 사용하려면 다음 퍼미션을 추가해야 한다.

1 안드로이드 매니페스트 파일에 다음 퍼미션을 추가한다.

```
<uses-permission android:name="android.permission.CAMERA" />
<uses-permission android:name="android.permission.VIBRATE" />
<uses-permission android:name="android.permission.ACCESS_COARSE_LOCATION" />
<uses-permission android:name="android.permission.ACCESS_FINE_LOCATION" />
<uses-permission android:name=
                        "android.permission.ACCESS_LOCATION_EXTRA_COMMANDS" />
<uses-permission android:name="android.permission.READ_PHONE_STATE" />
<uses-permission android:name="android.permission.INTERNET" />
<uses-permission android:name="android.permission.RECEIVE_SMS" />
<uses-permission android:name="android.permission.RECORD_AUDIO" />
<uses-permission android:name="android.permission.MODIFY_AUDIO_SETTINGS" />
<uses-permission android:name="android.permission.READ_CONTACTS" />
<uses-permission android:name="android.permission.WRITE_CONTACTS" />
<uses-permission android:name="android.permission.WRITE_EXTERNAL_STORAGE" />
<uses-permission android:name="android.permission.ACCESS_NETWORK_STATE" />
```

2 다음과 같이 supports-screens 옵션도 매니페스트 파일에 추가한다.

```
<supports-screens
    android:largeScreens="true"
    android:normalScreens="true"
    android:smallScreens="true"
    android:resizeable="true"
    android:anyDensity="true" />
```

3 안드로이드 매니페스트의 액티비티에 android:configChanges=orignetation|
keyboardHidden을 추가한다. 이 옵션은 화면이 가로 모드에서 세로 모드 또는 그 반대
로 변경되었을 때, 액티비티가 소멸된 후, 다시 생성되는 과정을 거치지 않도록 해준다.

4 다음과 같이 두 번째 액티비티를 첫 번째 액티비티 다음에 추가한다.

```
<activity android:name="com.phonegap.DroidGap" android:label="
      @string/app_name" android:configChanges="orientation|keyboardHidden">
    <intent-filter> </intent-filter>
</activity>
```

안드로이드 매니페스트 파일의 수정을 모두 마치면, 다음과 같다.

```
<?xml version="1.0" encoding="utf-8"?>
<manifest xmlns:android="http://schemas.android.com/apk/res/android"
    package="org.examples.phonegap.helloworld" android:versionCode="1"
                                          android:versionName="1.0">
<supports-screens android:largeScreens="true"
        android:normalScreens="true" android:smallScreens="true"
        android:resizeable="true" android:anyDensity="true" />
<uses-permission android:name="android.permission.CAMERA" />
<uses-permission android:name="android.permission.VIBRATE" />
<uses-permission android:name="android.permission.ACCESS_COARSE_LOCATION" />
<uses-permission android:name="android.permission.ACCESS_FINE_LOCATION" />
<uses-permission android:name=
                    "android.permission.ACCESS_LOCATION_EXTRA_COMMANDS" />
<uses-permission android:name="android.permission.READ_PHONE_STATE" />
<uses-permission android:name="android.permission.INTERNET" />
<uses-permission android:name="android.permission.RECEIVE_SMS" />
<uses-permission android:name="android.permission.RECORD_AUDIO" />
<uses-permission android:name="android.permission.MODIFY_AUDIO_SETTINGS" />
<uses-permission android:name="android.permission.READ_CONTACTS" />
<uses-permission android:name="android.permission.WRITE_CONTACTS" />
<uses-permission android:name="android.permission.WRITE_EXTERNAL_STORAGE" />
<uses-permission android:name="android.permission.ACCESS_NETWORK_STATE" />
<uses-sdk android:minSdkVersion="7" />

<application android:icon="@drawable/icon" android:label="@string/app_name">
```

```
<activity android:name="HelloWorld" android:label="@string/app_name"
                            android:configChanges="orientation|keyboardHidden">
    <intent-filter>
        <action android:name="android.intent.action.MAIN" />
        <category android:name="android.intent.category.LAUNCHER" />
    </intent-filter>
</activity>
<activity android:name="com.phonegap.DroidGap" android:label=
        "@string/app_name" android:configChanges="orientation|keyboardHidden">
        <intent-filter>
        </intent-filter>
    </activity>
    </application>
</manifest>
```

Step 4 : 액티비티 수정

안드로이드에서 액티비티는 화면을 나타낸다. 안드로이드에서 폰갭을 이용하려면 화면
을 액티비티에서 DroidGap으로 바꿔야 한다. DroidGap은 HTML 페이지를 보여주는
특수한 액티비티이다. 그림 2-17에서 DroidGap을 상속받아 구현한 HelloWorld 클래스
를 확인할 수 있다.

NOTE

DroidGap은 안드로이드 assets에 있는 index.html 파일을 로드하기 위한 클래스이다.

```
package org.examples.phonegap.helloworld;

import android.os.Bundle;

import com.phonegap.DroidGap;

public class HelloWorld extends DroidGap {
    /** Called when the activity is first created. */
```

```java
@Override
public void onCreate(Bundle savedInstanceState) {
    super.onCreate(savedInstanceState);
    super.loadUrl("file:///android_asset/www/index.html");
}
}
```

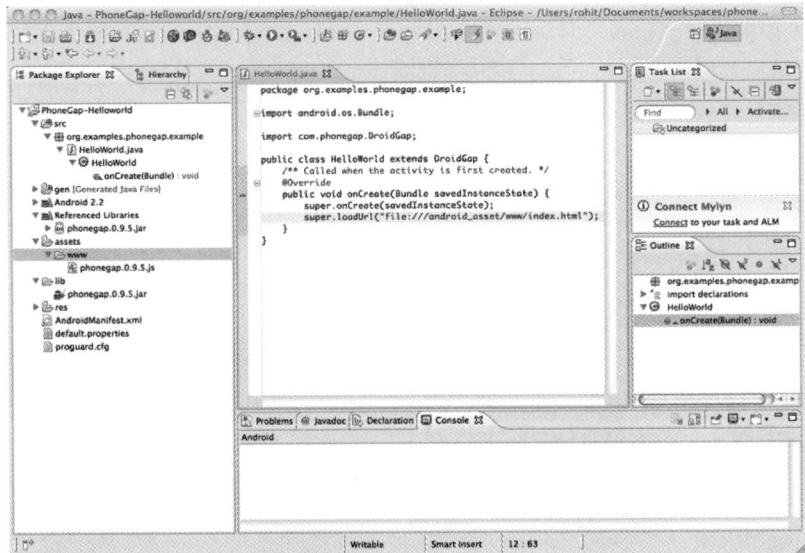

그림 2-17 DroidGap 클래스를 상속받은 액티비티

HelloWorld 애플리케이션 작성

폰갭 애플리케이션은 HTML/자바스크립트 애플리케이션이다. 다음은 index.html에 대한 설명이다(그림 2-18).

1 HTML 페이지에 폰갭 자바스크립트 라이브러리 버전 1.1.1을 추가한다.

2 body의 onload 이벤트에 init( ) 메서드를 추가한다.

3 init( )에서 deviceready 이벤트에 onDeviceReady 자바스크립트 콜백을 등록한다.

4 onDeviceReady 콜백에서 ID가 helloworld인 h1 엘리먼트의 내용을 "HelloWorld!
Loaded PhoneGap Framework!"로 변경한다.

전체 소스 코드는 아래와 같다.

```html
<!DOCTYPE HTML>
<html>
    <head>

    <title>PhoneGap</title>

    <script type="text/javascript" src="phonegap-1.1.0.js"></script>

    <script type="text/javascript">

        /** Called when phonegap javascript is loaded */
        function onDeviceReady(){
        document.getElementById("helloworld").innerHTML
                            ="HelloWorld! Loaded PhoneGap Framework!";
            }

        /** Called when browser load this page*/
        function init(){
            document.addEventListener("deviceready", onDeviceReady, false);
            }

    </script>
    </head>
    <body onLoad="init()">

        <h1 id="helloworld">...</h1>

    </body>
</html>
```

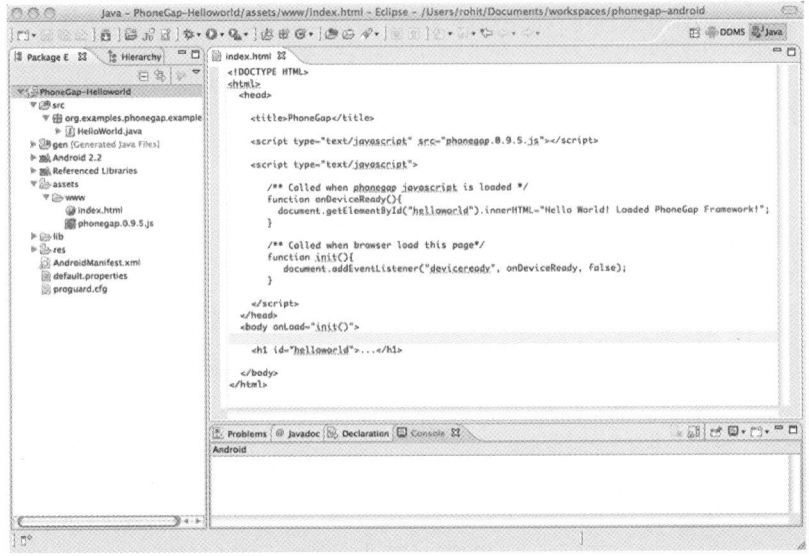

그림 2-18 폰갭 프로젝트의 index.html

이 장의 전체 소스는 https://bitbucket.org/rohitghatol/apress-phonegap/src/
67848b004644/android/PhoneGap-Helloworld에서 내려받을 수 있다.

에뮬레이터에 설치

안드로이드 애플리케이션을 실행하려면 PhoneGap-helloworld를 오른쪽 클릭한 후,
Run As를 선택하여 대화상자를 띄운다. 대화상자에서 Android Appliation을 선택
한다.

이전에 생성한 AVD와 함께 에뮬레이터가 실행되면, 애플리케이션이 로드되는 화면을
볼 수 있다. 애플리케이션이 실행되면 그림 2-19와 같이 화면에 …이 나타난다.

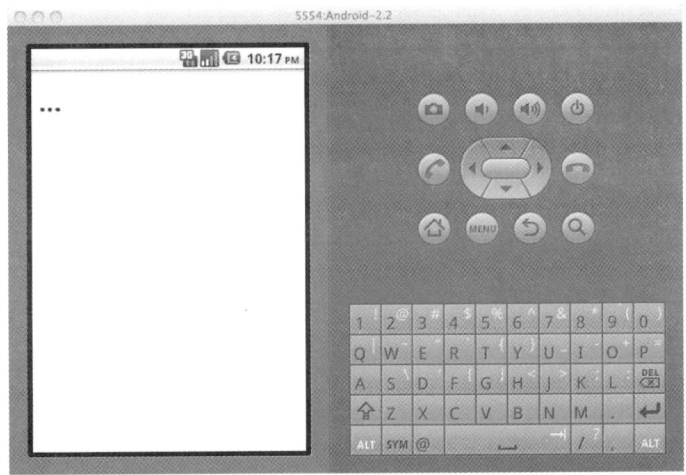

그림 2-19 폰갭 애플리케이션은 잠시 동안 ...을 화면에 보여주며 로드된다.

폰갭 프레임워크가 로드되면, 그림 2-20과 같이 애플리케이션이 메시지를 화면에 나타
나는 것을 확인할 수 있다.

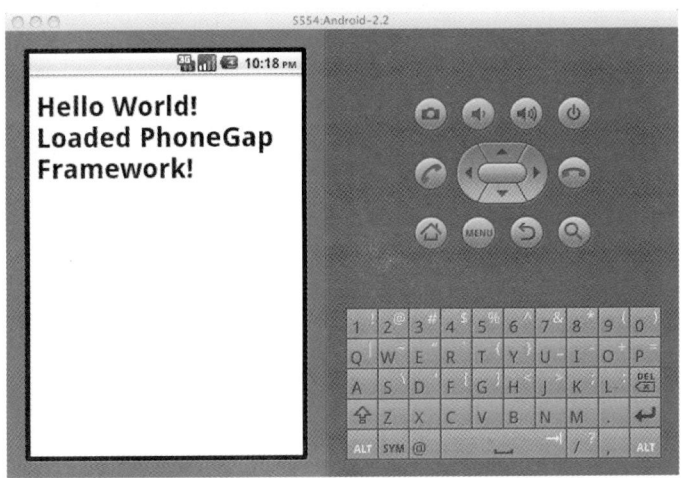

그림 2-20 폰갭 애플리케이션은 폰갭 프레임워크가 로드된 후, 메시지를 화면에 보여준다.

지금까지 에뮬레이터에서 애플리케이션을 어떻게 테스트하는지 살펴보았다. 하지만, 일부 기능은 에뮬레이터에서는 테스트할 수 없다. GPS, 카메라, 가속 센서, 지자기 센서, 실제 사용자의 인식 등은 실제 디바이스에서 테스트해야 한다.

디바이스에 설치

디바이스에 안드로이드 애플리케이션을 설치하는 과정은 두 단계로 이루어진다.

Step 1 : 디바이스 준비

1 디바이스의 잠금을 해제하고 메뉴키를 누르면 그림 2-21과 같은 화면이 보인다.

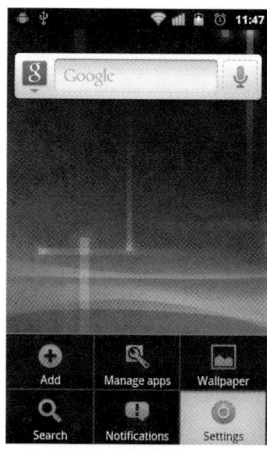

그림 2-21 안드로이드의 설정 메뉴로 진입

2 설정을 클릭하고, 그림 2-22의 화면이 보이면 Applications 항목을 선택한다.

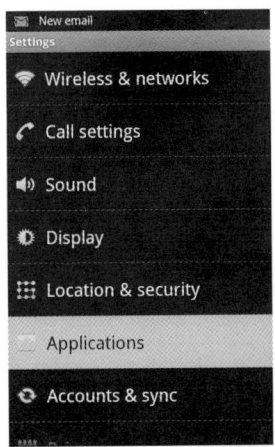

그림 2-22 Applications 설정 진입

3 이제 안드로이드 마켓 이외의 경로를 통해 애플리케이션을 설치할 수 있도록 해야 한
  다. 그림 2-23에 나와 있는 Unknown sources를 클릭한다.

그림 2-23 안드로이드 마켓 이외의 경로를 통해 애플리케이션을 설치할 수 있도록 Unknown sources를 클릭

4 Development 옵션을 선택하고(그림 2-24) USB debugging을 활성화시킨다(그림 2-25). USB debugging을 활성화시키면 PC나 맥에 안드로이드 디바이스를 USB로 연결시켜 이클립스에서 디바이스에서 실행 중인 애플리케이션을 디버깅할 수 있도록 해준다.

그림 2-24 Development 옵션 진입

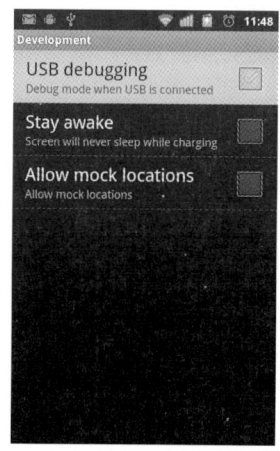

그림 2-25 USB debugging 활성화

이제 디바이스는 애플리케이션 설치를 위한 준비를 모두 마쳤다.

안드로이드 ADT에는 달빅 디버그 모니터링 서버(DDMS)가 포함되어 있다. DDMS는 안드로이드 애플리케이션을 설치하기 위한 디바이스와 에뮬레이터의 목록을 보여주거나, 디바이스나 에뮬레이터에 설치된 애플리케이션의 로그 메시지를 보여주고, 디바이스나 에뮬레이터의 파일 시스템을 볼 수 있는 기능 등을 제공한다.

Step 2: 애플리케이션 설치 시, 설치할 디바이스 선택

1 디바이스와 개발 컴퓨터를 USB로 연결한다. 이클립스를 실행시킨 후, DDMS perspective를 연다(Eclipse -> Windows -> Open Perspective -> DDMS). 그림 2-26의 화면이 나타난다. 이 화면은 개발 컴퓨터에 안드로이드 에뮬레이터 하나와 USB에 연결된 안드로이드 디바이스 하나가 있다는 것을 보여준다.

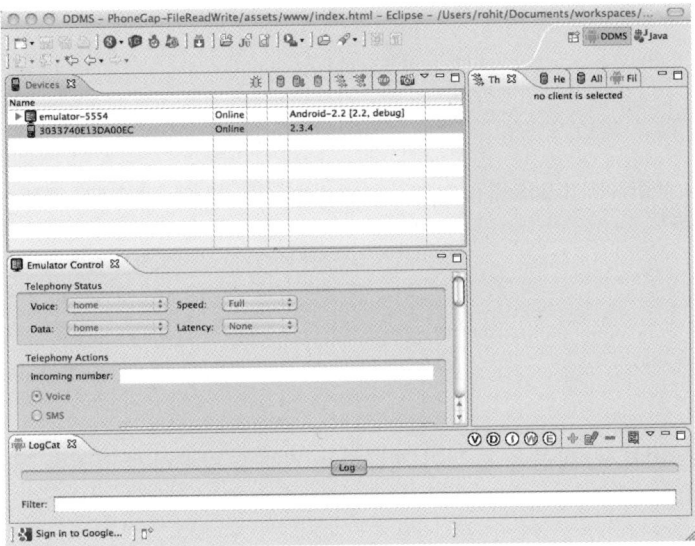

그림 2-26 DDMS가 실행 중인 에뮬레이터와 USB에 연결된 디바이스를 보여주고 있다.

2 안드로이드 애플리케이션의 Run As 항목을 클릭하면, 그림 2-27과 같은 화면이 나타난다. 이 화면은 에뮬레이터와 디바이스에서 애플리케이션을 실행시킬 수 있기 때문에 둘 중 어디에 애플리케이션을 설치할 것인지를 확인하기 위한 화면이다. 디바이스만 연결되어 있고 에뮬레이터는 실행 중이 아니라면 이 화면은 나타나지 않는다.

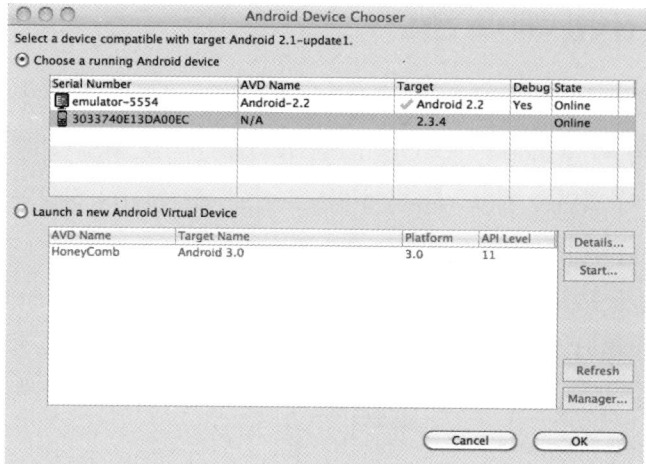

그림 2-27 둘 이상의 디바이스나 에뮬레이터가 있을 경우, DDMS는 애플리케이션을 어디에 설치할지를 결정할
수 있는 화면을 제공한다.

폰갭 기능 둘러보기

폰갭의 더 많은 기능들을 살펴보자. 다음은 폰갭이 제공하는 기능을 간략하게 정리한 것
이다.

1. 가속(Accelerometer) 센서 API는 디바이스의 기울임을 감지하여 그에 따른 동작을 수행할
   수 있도록 해준다. 이 기능은 수평계와 같은 애플리케이션(디바이스가 지면에 수평으로 놓여
   있는지 확인)을 개발할 때 사용된다. 이 API는 디바이스의 방향(기울임)을 확인할 수 있는 옵
   션과 디바이스의 방향(기울임)을 계속 받아 올 수 있는 옵션을 제공한다.

2. 카메라(Camera) API는 디바이스의 카메라를 통해 찍은 사진(페이스북이나 피카사 애플리케
   이션에서 유용)이나 사진 앨범에 있는 사진을 가져오는 기능을 제공한다.

3. 지자기(Compass) 센서 API는 애플리케이션이 디바이스의 방향(방위)을 알 수 있는 기능을
   제공한다. 이 기능은 지도나 내비게이션 애플리케이션에서 사용자의 방향이 변함에 따라 지도
   를 회전시켜서 보여줄 수 있도록 해주는 유용한 기능이다. 이 API에는 디바이스의 방향(방위)
   을 확인할 수 있는 기능과 디바이스의 방향(방위) 변화를 계속 받을 수 있는 기능을 제공한다.

4. 주소록(Contacts) API는 디바이스 주소록을 읽고 쓸 수 있는 기능을 제공한다. 여러 소셜 애플리케이션이 이 기능을 이용해 디바이스의 주소록과 소셜 채널의 주소록을 동기화시킨다.

5. 파일(File) API는 디바이스의 파일 시스템에 디렉터리와 파일을 읽고, 쓰고, 디렉터리와 파일의 목록을 볼 수 있는 기능을 제공한다. 애플리케이션은 이 API를 통해 디바이스의 파일을 쉽게 수정할 수 있다. 파일 탐색기와 같은 애플리케이션 역시 이 API를 이용하여 개발할 수 있다.

6. 위치정보(Geolocation) API는 디바이스의 지리적 위치를 확인할 수 있도록 해준다. 이 기능은 GPS 위치를 이용해 특정 위치에 체크인할 수 있는 포스퀘어와 같은 지도 기반 애플리케이션을 포함한 많은 애플리케이션에서 유용하게 사용할 수 있다. 애플리케이션은 원하는 시점에 디바이스의 위치 정보를 확인할 수도 있고, 디바이스의 위치 변화 정보를 계속 받아볼 수도 있다.

7. 미디어(Media) API는 디바이스의 미디어 센서와 미디어 애플리케이션을 제어할 수 있는 기능을 제공한다. 애플리케이션은 이 기능을 통해 오디오와 비디오를 재생/녹음(녹화)할 수 있다.

8. 네트워크(Network) API는 애플리케이션 네트워크 상태를 확인할 수 있도록 해준다. 애플리케이션은 단순히 네트워크 연결 여부뿐만 아니라 디바이스가 모바일 네트워크(2G/3G/4G)에 연결되어 있는지, Wi-Fi네트워크에 연결되어 있는지도 확인할 수 있다. 이러한 정보는 애플리케이션이 정보를 어느 시점에 받을지를 결정하는 데 도움을 준다.

9. 알림(Notification) API는 애플리케이션이 사용자에게 비프음, 진동, 화면 알람을 통해 이벤트가 발생하였다는 것을 알려줄 수 있도록 해준다.

10. 스토리지(Storage) API는 애플리케이션이 내장 SQL 데이터베이스를 사용할 수 있도록 해준다. 애플리케이션은 이 API를 통해 SQL문으로 데이터를 추가, 검색, 변경할 수 있다. 애플리케이션은 데이터베이스에 요청을 보내어, 저장된 e-mail 중 특정 e-mail을 검색할 수 있다.

폰갭 튜토리얼

일부 폰갭 튜토리얼은 안드로이드 에뮬레이터에서 실행될 수 없다. 따라서 튜토리얼을 다음 두 가지로 분류했다.

- 안드로이드 에뮬레이터에서 수행할 수 있는 튜토리얼

- 안드로이드 디바이스가 필요한 튜토리얼

에뮬레이터 예제

디바이스 정보 가져오기

폰갭에서는 프로그램적으로 디바이스 정보를 가져올 수 있다. 일단 폰갭 프레임워크가
로드되었는지 확인한 후, 자바스크립트를 통해 디바이스 정보를 받아올 수 있다. 제공되
는 모든 디바이스 정보는 표 2-1에서 확인할 수 있다.

표 2-1 디바이스 정보

자바스크립트 속성	설명
device.name	디바이스의 모델 이름을 가져옴
device.phonegap	디바이스에서 실행중인 폰갭의 버전을 가져옴
device.platform	디바이스의 운영체제 정보를 가져옴
device.version	디바이스의 운영체제 버전을 가져옴
device.uuid	디바이스의 고유번호(UUID)를 가져옴

다음 코드를 통해 디바이스 정보를 확인할 수 있다(그림 2-28).

```
<!DOCTYPE HTML>
<html>
  <head>

    <title>PhoneGap</title>

    <script type="text/javascript" src="phonegap-1.1.0.js"></script>

    <script type="text/javascript">

      /** Called when phonegap javascript is loaded */
      function onDeviceReady(){
```

```
            document.getElementById("deviceName").innerHTML
                = device.name;
            document.getElementById("version").innerHTML
                = device.phonegap;
            document.getElementById("mobilePlatform").innerHTML
                = device.platform;
            document.getElementById("platformVersion").innerHTML
                = device.version;
            document.getElementById("uuid").innerHTML
                = device.uuid;
        }

        /** Called when browser load this page*/
        function init(){
            document.addEventListener("deviceready", onDeviceReady, false);
        }

    </script>
</head>
<body onLoad="init()">
    <h1>Device Info</h1>
    <table border="1">
        <tr>
            <td>Device Name</td>
            <td id="deviceName"></td>
        </tr>
        <tr>
            <td>PhoneGap Version</td>
            <td id="version"></td>
        </tr>
        <tr>
            <td>Mobile Platform</td>
            <td id="mobilePlatform"></td>
        </tr>
```

```
    <tr>
        <td>Platform Version</td>
        <td id="platformVersion"></td>
    </tr>
    <tr>
        <td>UUID</td>
        <td id="uuid"></td>
    </tr>
    </table>
</body>
</html>
```

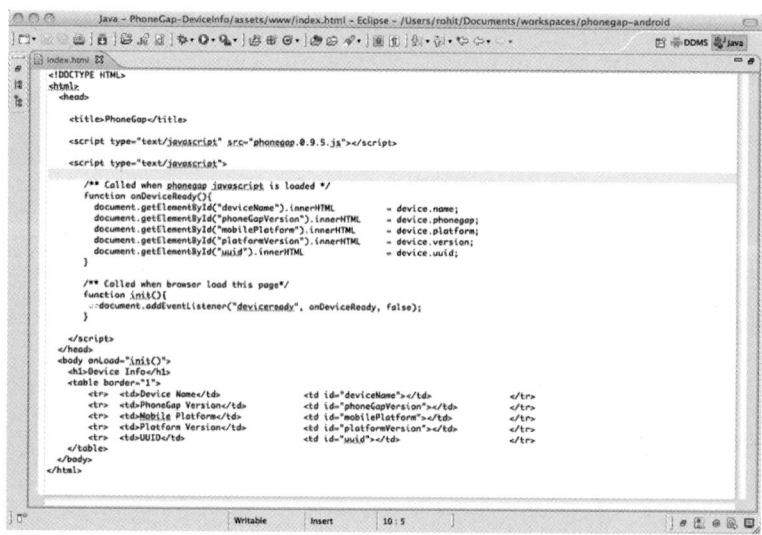

그림 2-28 폰갭 디바이스 정보 HTML 소스 코드

안드로이드 에뮬레이터에서 앞의 코드를 실행하면 그림 2-29와 같은 화면을 볼 수 있다.

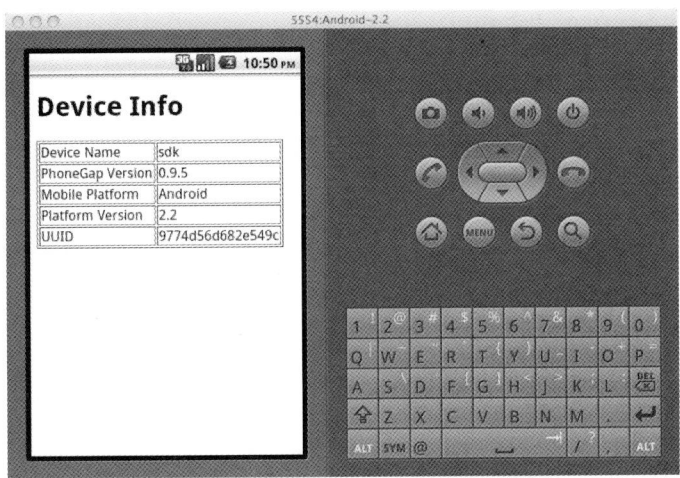

그림 2-29 에뮬레이터에서 폰갭 다비이스 정보 프로그램 실행

이 예제의 전체 소스는 https://bitbucket.org/rohitghatol/apress-phonegap/src/67848b004644/android/PhoneGap-DeviceInfo에서 내려받을 수 있다.

디바이스 API의 공식 문서는 http://docs.phonegap.com/en/1.1.0/phonegap_device_device.md.html#Device에서 확일할 수 있다.

디바이스 주소록 가져오기

이번에는 폰갭을 이용해 디바이스 주소록의 전화번호를 가져온다. 그전에 먼저 안드로이드 에뮬레이터에 주소록 정보를 입력한다.

1 그림 2–30에 보이는 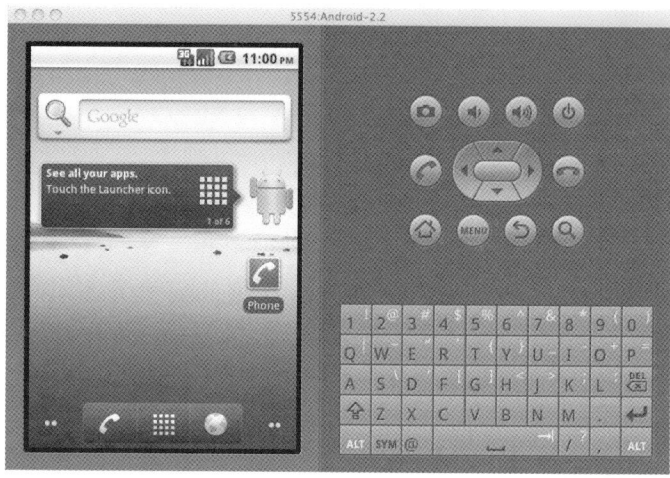 아이콘을 클릭한다.

그림 2-30 안드로이드 에뮬레이터에서 다이얼러 애플리케이션 클릭

2 다이얼러 애플리케이션이 실행된다. 이제 그림 2–31에 보이는 주소록 탭을 클릭한다.

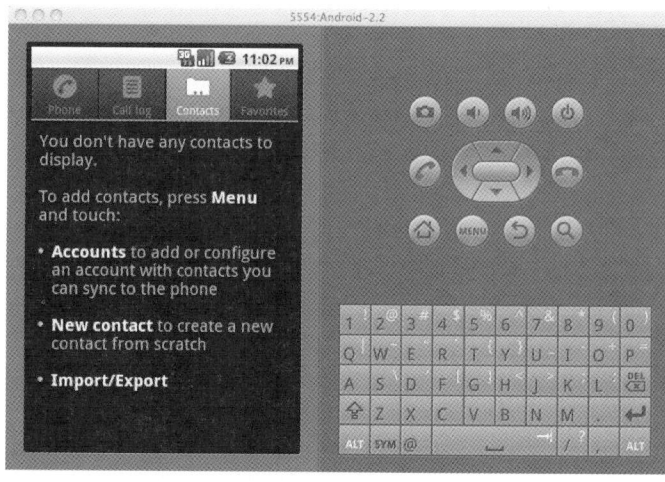

그림 2-31 다이얼러 애플리케이션에 주소록 추가

3 메뉴를 클릭하고, 새로운 주소록을 선택한다. 새로운 주소록에서 성, 이름, 전화번호
를 입력한다. 그림 2-32와 2-33을 참고한다.

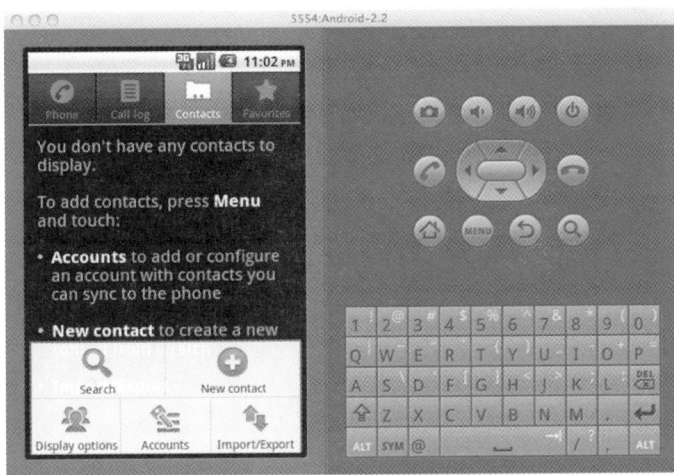

그림 2-32 메뉴 클릭 후, 새로운 주소록 클릭

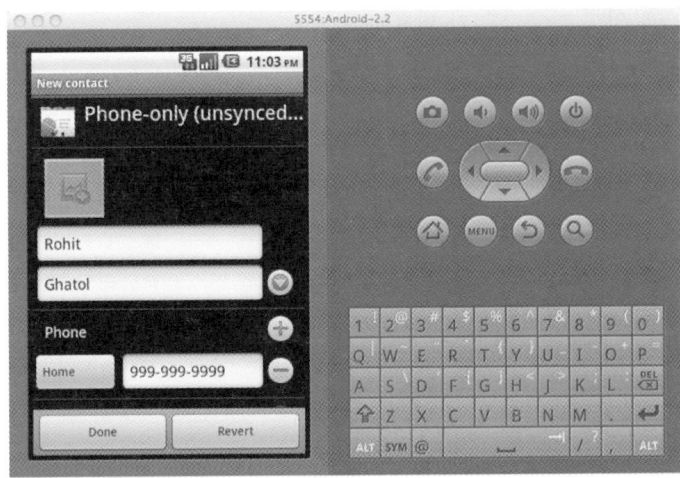

그림 2-33 주소록을 입력한 후, Done 클릭

4 필요한 정보를 입력한 후, 완료를 클릭하면, 주소록 목록에 입력한 항목이 나타난다 (그림 2-34).

그림 2-34 주소록 목록

폰갭에서 주소록 목록에 접근하려면 다음 API가 필요하다.

```
navigator.service.contacts.find(contactFields, contactSuccess, contactError, contactfindOptions);
```

표 2-2은 각 인자 값을 설명한다.

표 2-2 폰갭 주소록 API의 인자 값

인자 값	설명	예
contactField	필수 인자 값. 반환 받을 주소록 항목의 배열	`["name","phoneNumbers"]`
contactSuccess	주소록 배열을 인자 값으로 받는 자바스크립트 콜백	`function onSuccess(contacts){` `}`
contactError	오류를 인자 값으로 받는 자바스크립트 콜백	`function onError(error){` `}`

contactfindOptions	이름으로 정렬과 같은 옵션	`var options = new`
		`ContactFindOptions()`
		`options.filter="Bob";`

다음은 주소록 정보를 가져오기 위한 전체 과정이다.

1 ContactFindOptions 객체를 생성한다. options.filter를 ""으로 설정하여, 전체 주소
록을 가져올 수 있다. options.filter에 Bob을 설정하면, Bob이 포함된 주소록만을 가
져올 수 있다.

```
var options = new ContactFindOptions();
options.filter="";
```

2 이제 가져올 주소록의 항목을 설정한다. 주소록은 여러 항목으로 이루어져 있다. 가
져올 주소록 항목을 이름과 전화번호로만 설정하면, 두 항목만 가져오게 된다.

```
var fields = ["name","phoneNumbers"];
```

3 주소록 가져오기의 결과를 위한 콜백 메서드를 정의한다.

Navigator.service.contacts.find( ) 함수는 비동기 함수이기 때문에, 성공에 대한 콜백 메서드와 실패에 대한 콜백 메서드를 정의해 주어야 한다.

```
function onSuccess(contacts) {
    for(var index=0;index<contacts.length;index++){
        var contact= contacts[index];
        var contactName = contact.name.formatted;
    }
}
function onError(error) {
}
navigator.service.contacts.find(fields, onSuccess, onError, options);
```

4 안드로이드 Linkify를 이용해 전화를 걸어보자. 다음과 같이 HTML 리스트에 주소록 정보를 표시할 때,

```
<ul>
<li>Rohit Ghatol</li>
</ul>
```

주소록 정보에 링크를 추가하여 더 유용하게 만들 수 있다. 다음을 참고하자.

```
<ul>
<li>
<a href="tel://999-999-9999">Rohit Ghatol</a>
</li>
</ul>
```

사용자가 Rohit Ghatol을 클릭하면, 안드로이는 링크된 URL이 tel인 것을 확인하고 URL에 있는 번호에 전화를 걸기 위해 다이얼러 애플리케이션을 실행시킨다.

안드로이드 에뮬레이터에서 앞의 과정이 어떻게 보이는지 그림 2-36과 2-37을 통해 확인할 수 있다.

앞의 과정을 아래의 코드를 통해 확인해 보자(그림 2-35).

```html
<!DOCTYPE HTML>
<html>
 <head>
     <title>PhoneGap</title>
     <script type="text/javascript" src="phonegap-1.1.0.js"></script>
     <script type="text/javascript">
        /** Called when phonegap javascript is loaded */
        function onDeviceReady(){
                // 모든 주소록 가져오기
                var options = new ContactFindOptions();
                options.filter="";
                var fields = ["phoneNumbers", "name"];
                navigator.service.contacts.find(fields, onSuccess,
                                                   onError, options);
        }
        function onSuccess(contacts) {
           var ul = document.getElementById("list");
           for(var index=0;index<contacts.length;index++){
               var name = contacts[index].name.formatted;
               var phoneNumber = contacts[index].phoneNumbers[0].value;
               var li = document.createElement('li');
               li.innerHTML = "<a href=\"tel://"+phoneNumber+"\">
                                                   "+name+"</a>";
               ul.appendChild(li);
           }
        };
        function onError() {
           alert('onError!');
        };
```

```
        /** Called when browser load this page*/
        function init(){
            document.addEventListener("deviceready", onDeviceReady, false);
        }
    </script>
</head>
<body onLoad="init()">
  <h1>Contacts</h1>
  <ul id="list">
  </ul>
</body>
</html>
```

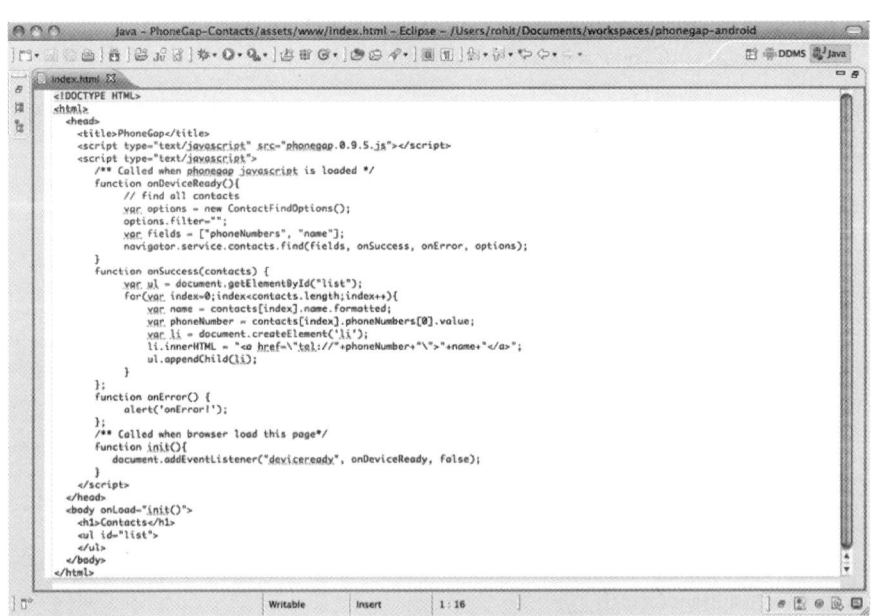

그림 2-35 폰갭 주소록 애플리케이션의 HTML/자바스크립트 소스 코드(index.html)

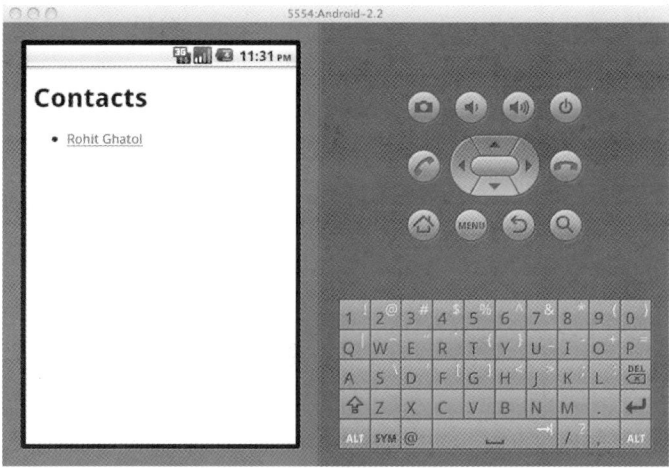

그림 2-36 주소록 목록

그림 2-37 목록의 이름을 클릭하면 다이얼러 애플리케이션에 실행된다.

이 예제의 전체 소스는 https://bitbucket.org/rohitghatol/apress-phonegap/src /67848b004644/android/PhoneGap-Contacts에서 내려받을 수 있다.

주소록 API의 공식 문서는 http://docs.phonegap.com/en/1.1.0/phonegap_contacts
_contacts.md.html#Contacts에서 볼 수 있다.

SD 카드 목록 가져오기

안드로이드 디바이스에서 SD 카드의 목록을 어떻게 가져오는지 살펴보자. 이번에는
W3C 표준과 폰갭 API를 조합하여 구현한다.

안드로이드에서 SD 카드의 목록을 가져오는 데는 다음 두 가지 단계가 필요하다.

1 file:///sdcard를 통해서 DirectoryEntry의 접근 권한을 획득한다.

2 DirectoryEntry의 접근 권한을 획득하게 되면, DirectoryEntry를 통해 Directory
  Reader를 생성할 수 있게 되고, 이를 통해 해당 디렉터리(SD 카드)의 내용을 가져올
  수 있게 된다.

첫 번째 단계에서 다음 함수를 호출한다.

```
window.resolveLocalFileSystemURI("file:///sdcard", onResolveSuccess, onError);
```

앞의 함수 호출의 결과로 다음 코드에서 볼 수 있는 onResolveSuccess 콜백 메서드가 호
출될 것이다. 인자 값으로 넘어온 FileEntry를 통해 DirectoryReader를 생성하여
readEntries 메서드를 호출할 수 있다.

```
function onResolveSuccess(fileEntry){
var directoryReader = fileEntry.createReader();
directoryReader.readEntries(onSuccess,onError);
}
```

file:///sdcard 경로를 확인하게 되면, 다음과 같은 onSuccess 메서드가 호출된다.

```
function onSuccess(entries) {
document.getElementById("loading").innerHTML="";
var ul = document.getElementById("file-listing");
for(var index=0;index<entries.length;index++){
var li = document.createElement('li');
li.innerHTML = entries[index].name;
ul.appendChild(li);
    }
```

에뮬레이터에 설치

다음은 에뮬레이터에 설치하기 위한 전체 코드이다.

```
<!DOCTYPE HTML>
<html>

  <head>
  <title>
     PhoneGap
  </title>
  <script type="text/javascript" src="phonegap-1.1.0.js">
  </script>
  <script type="text/javascript">
       /** Called when phonegap javascript is loaded */

  function onDeviceReady() {
     window.resolveLocalFileSystemURI("file:///sdcard",
        onResolveSuccess, onError);
  }

  function onResolveSuccess(fileEntry) {
     var directoryReader = fileEntry.createReader();
```

```
        directoryReader.readEntries(onSuccess, onError);
    }

    function onSuccess(entries) {
        document.getElementById("loading").innerHTML = "";
        var ul = document.getElementById("file-listing");
        for (var index = 0; index < entries.length; index++) {
            var li = document.createElement('li');
            li.innerHTML = entries[index].name;
            ul.appendChild(li);
        }
    }

    function onError(error) {
        alert('code: ' + error.code + '\n'
+ 'message: ' + error.message + '\n');
    }

    /** Called when browser load this page*/

    function init() {
        document.addEventListener("deviceready", onDeviceReady, false);
    }
    </script>
</head>

<body onLoad="init()">
    <h1>
        List SDCard Contents
    </h1>
    <ul id="file-listing">
    </ul>
    <div id="loading">
        Loading ..
    </div>
</body>

</html>
```

이 코드의 실행 결과는 그림 2-38에서 확인할 수 있다.

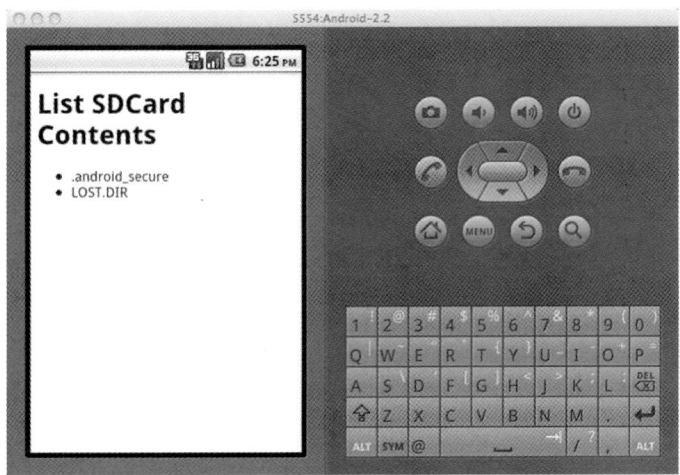

그림 2-38 SD 카드에 있는 파일 목록 보여주기

SD 카드의 목록을 가져오는 전체 소스는 https://bitbucket.org/rohitghatol /apress-phonegap/src/67848b004644/android/PhoneGap-DirectoryListing에서 내려받을 수 있다.

파일 API의 공식 문서는 http://docs.phonegap.com/en/1.1.0/phonegap_file _file.md.html#File에서 확인할 수 있다.

파일 읽고 쓰기

이번에는 폰갭 API를 이용해 파일 시스템을 다루는 방법을 알아보자.

NOTE

폰갭은 http://www.w3.org/TR/file-system-api/에 언급된 W3C의 파일 시스템 스펙을 구현하였다.

파일 시스템 API의 주요 개념에 언저 익숙해져 보자. 주요 개념은 다음과 같다.

1. LocalFileSystem

2. FileSystem

3. FileEntry

4. DirectoryEntry

LocalFileSystem

LocalFileSystem은 로컬 파일 시스템과 로컬 파일시스템에 있는 파일과 디렉터리에 접근할 수 있도록 해준다. FileSystems에는 다음 두 종류가 있다.

1. LocalFileSystem.PERSISTENT: 영구적인 파일 시스템에 저장되어 있는 데이터는 삭제 API 호출을 제외하고는 사용자의 명시적인 허가 없이 UA(User Agent)에 의해 지워져서는 안 된다.

2. LocalFileSystem.TEMPORARY: 임시 파일 시스템에 저장된 데이터는 애플리케이션이나 사용자의 개입 없이 UA(User Agent)의 재량에 따라 지워질 수 있다.

LocalFileSystems 메서드는 window 객체를 통해 다음과 같이 호출할 수 있다.

1. window.requestFileSystem( ) – 루트 파일 시스템에 접근하기 위해 사용된다.

2. window.resolveLocalFileSystemURI( ) – URI가 유효한 파일이나 디렉터리를 가리키고 있을 때 이를 통해 직접 해당 파일이나 디렉터리에 접근할 때 사용된다.

FileSystem

FileSystem은 파일 시스템을 나타내며, 다음의 두 멤버 변수를 가지고 있다.

1. name – PERSISTENT와 TEMPORARY 중 한 가지를 값으로 가진다. 애플리케이션이 종료되어도 파일을 유지하고 싶을 경우 PERSISTENT를 값으로 설정한다.

2. root – 파일 시스템의 루트 디렉터리(DirectoryEntry).

FileSystem에 접근하려면 다음의 API를 이용하여야 한다.

```
void requestFileSystem (
        short type,      // LocalFileSystem.PERSISTENT or
                         // LocalFileSystem.TEMPORARY
        long long size, // 임시 파일 시스템 크기
        FileSystemCallback successCallback,  // Success Callback
        optional ErrorCallback errorCallback);  // Failure Callback
```

fileSystem에 접근하는 코드의 일부는 다음과 같다.

```
window.requestFileSystem(LocalFileSystem.PERSISTENT
            ,0 //size
            ,function(fileSystem){ // success callbac
                    alert("Got FileSystem "+fileSystem);
            },
            function(err){ //failure callback
                    alert("Got Error requesting FileSystem");
            }
        );
```

파일이나 디렉터리를 나타내는 객체인 FileEntry나 DirectoryEntry에 접근하기 위해서
는 다음 API를 이용해야 한다.

```
void resolveLocalFileSystemURL (
    DOMString url,   // 파일 시스템의 파일이나 디렉터리의 url
        //filesystem
    EntryCallback successCallback,  //Success Callback
    optional ErrorCallback errorCallback); //FailureCallback
```

FileEntry

파일을 조작하기 위해서는 FileEntry 객체가 필요하다. FileEntry를 얻기 위한 방법에는 여러 가지가 있다. 파일의 URI를 알고 있다면, 이를 이용하여 해당 파일의 FileEntry를 다음과 같이 얻을 수 있다.

```
window.resolveLocalFileSystemURL(
    "file:///sdcard/read-write.txt",
    function(fileEntry){
    },
    function(err){
    }
    );
```

FileEntry와 관련된 객체에 접근하기 위해서는 다음의 두 메서드를 이용해야 한다.

  1. createWriter( ): 파일에 쓰기 위한 FileWriter 객체를 생성한다.

  2. file( ): 파일의 내용을 포함한 파일 멤버 변수를 가지고 있는 File 객체를 생성한다.

directoryEntry

디렉터리 내의 파일 목록을 나열하기 위해서나 DirectoryEntry 객체가 필요하다. DirectoryEntry 객체를 얻을 수 있는 다양한 방법이 있지만, 디렉터리의 URI를 알고 있다면, 다음과 같은 방법을 통해 해당 디렉터리의 DirectoryEntry를 얻어올 수 있다.

```
window.resolveLocalFileSystemURL(
    "file:///sdcard/mydir/",
    function(directoryEntry){
    },
    function(err){
    }
    );
```

DirectoryEntry와 관련된 객체에 접근하기 위해서는 getFile 메서드를 이용해야 한다. getFile( ) 메서드는 디렉터리 내에 있는 파일의 File 객체를 반환하거나 새로운 파일을 생성해 그 파일의 File 객체를 반환한다.

프로그램 레이아웃

파일 읽기, 쓰기를 위한 예제 프로그램은 간단하다. 이 프로그램은 TextArea를 이용해 파일의 내용을 읽거나, TextArea의 내용을 파일에 기록한다. Read 버튼을 이용해 read-write.txt 파일의 내용을 읽어오고, Write 버튼을 이용해 read-write.txt 파일에 내용을 기록한다.

예제 프로그램의 코드는 다음과 같다.

```html
<!DOCTYPE HTML>
<html>
    <head>
        <title>PhoneGap</title>
        <script type="text/javascript" src="phonegap-1.1.0.js">
        </script>
        <script type="text/javascript">
            var filename = "read-write.txt";
            var filePath = "file:///sdcard/read-write.txt";
            var textarea = document.getElementById("textarea");
            /** Called when phonegap javascript is loaded */
            function onDeviceReady(){
                var readButton = document.getElementById("read");
                var writeButton = document.getElementById("write");

                readButton.addEventListener("click", readFile, false);
                writeButton.addEventListener("click", saveFile, false);

            }

            function readFile(){
```

```
            //Contents shown below

        }

        function saveFile(){

            //Contents shown below

        }



        /** Called when browser load this page*/
        function init(){
                document.addEventListener("deviceready", onDeviceReady, false);
        }
    </script>
</head>
<body onLoad="init()">
    <h1>Read Write File</h1>
    <table>
        <tr>
            <td colspan="2">
                /sdcard/read-write.txt
            </td>
        </tr>
        <tr>
            <td colspan="2">
                <textarea id="textarea" rows="10" cols="30">
                </textarea>
            </td>
        </tr>
        <tr>
            <td>
```

```
                <button id="read">
                    Read
                </button>
            </td>
            <td>
                <button id="write">
                    Write
                </button>
            </td>
        </tr>
    </table>
</body>
</html>
```

프로그램의 실행 화면의 그림 2-39와 같다.

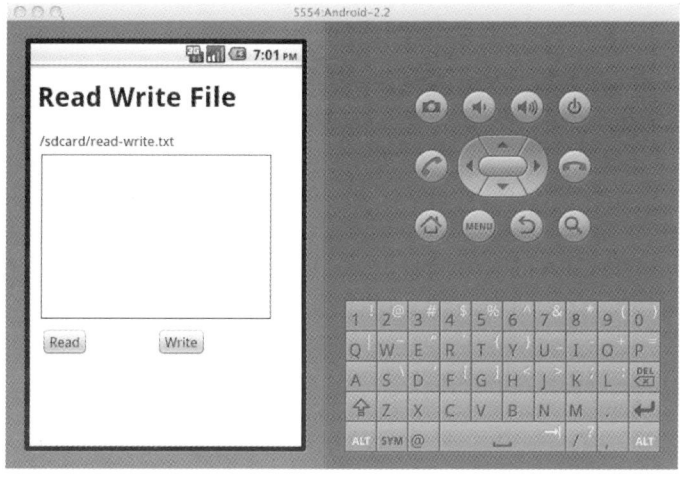

그림 2-39 파일 읽고 쓰기

이제 readFile( ) 메서드를 구현하여, 파일을 읽고 그 내용을 TextArea를 통해 화면에
출력해보자.

Step 1: file:///sdcard/read-write.txt URL을 확인.

Step 2: URL이 확인되면, fileEntry.file( ) 메서드를 이용해 파일을 읽어올 수 있는 객
체를 생성한다.

Step 3: URL이 확인되지 않았다면, 그림 2-40과 같이 사용자에게 파일을 읽기 전에 파
일을 생성해야 한다는 메시지를 보여준다.

```
function readFile(){

    window.resolveLocalFileSystemURI( // 읽을 파일 이름
        filePath,    //success callback
        function(fileEntry){
            fileEntry.file(
                function(file){
                    var fileReader = new FileReader();
                    fileReader.onloadend =
                    function(evt){
                    document.getElementById("textarea").value
                            = evt.target.result;
                    };
                    fileReader.readAsText(file);
                },
                function(error){
                        alert("Got error while reading "+filePath);
                })
        }, //error callback
        function(error){
            alert(filename + " not present, please add content and click
```

```
Save first");
        }
    );

}
```

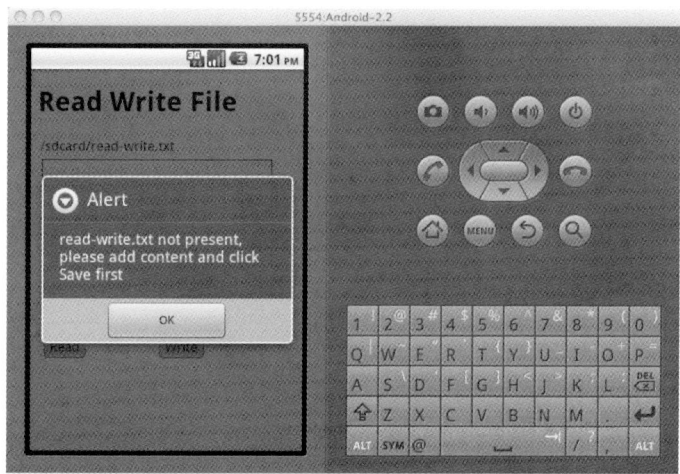

그림 2-40 파일에 쓴 적이 없기 때문에, 파일을 읽을 수 없음

writeFile( ) 메서드를 구현하여, file:///sdcard/read-write.txt 파일에 TextArea에 있
는 텍스트를 기록해보자.

Step 1: 파일 시스템의 루트를 얻어온다.

Step 2: 파일 시스템의 루트 DirectoryEntry에 read-write.txt 파일이 없다면, 파일을
생성한다.

Step 3: FileWriter 객체를 생성하여, TextArea의 텍스트를 파일에 기록한다.

파일 쓰기 소스 코드는 다음과 같다.

```
function saveFile() {

    window.requestFileSystem(
    LocalFileSystem.PERSISTENT, 0,
    //Success Callback

    function (fileSystem) {
        var sdcardEntry = fileSystem.root;
        sdcardEntry.getFile(
        filename,
        // 파일 생성을 나타내는 플래그
        {
                create: true
        },
        //Success callbacks?

        function (fileEntry) {
            fileEntry.createWriter(

            function (fileWriter) {
                fileWriter.onwrite = function (evt) {
                    alert("Write was successful!");
                    document.getElementById("textarea").value = "";
                };
                fileWriter.write(document.getElementById("textarea").value);
            },
            //Error callback

            function (error) {
                alert("Failed to get a file writer for " + filename);
            });
```

```
    },
    //Error Callback

    function (error) {
        alert("Got error while reading " + filename + " " + error);
    });

}, function (error) {
alert("Got Error while gaining access to file system");
});


}
```

사용자가 TextArea에 텍스트를 입력하고 Write 버튼을 클릭하면, 입력한 텍스트를 파일에 기록하고, 쓰기가 성공됐다는 메시지를 보여준다(그림 2-41). TextArea에 입력된 텍스트는 Write 버튼을 누르면 사라진다.

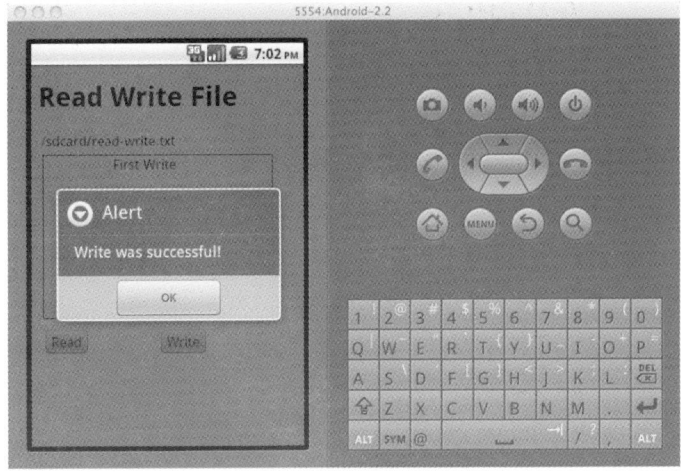

그림 2-41 쓰기 성공

Read 버튼을 눌러서 기록한 파일을 읽어보자. 이전에 기록한 내용이 TextArea에 보일 것이다. 읽기가 성공했을 때 TextArea가 어떻게 채워지는 그림 2-42를 통해 확인해 볼 수 있다.

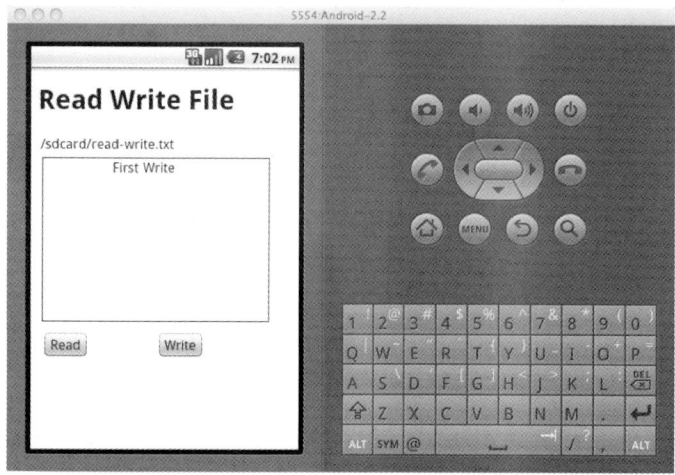

그림 2-42 읽기 성공

이 예제의 전체 소스는 https://bitbucket.org/rohitghatol/apress-phonegap/src /62c45e339662/android/PhoneGap-FileReadWrite에서 내려받을 수 있다.

파일 API의 공식 문서는 http://docs.phonegap.com/en/1.1.0/phonegap_file_file .md.html#File에서 확인할 수 있다.

데이터베이스에 읽고 쓰기

데이터베이스를 읽고, 쓰고, 수정하는 방법에 대해 살펴보자. 예제 프로그램은 주소록 (이름과 성)을 데이터베이스에 저장하고, 저장한 정보를 읽고, 지우는 기능을 수행할 것이다.

세 가지 데이터베이스 테이블을 이용할 것이다. 첫 번째 테이블은 헤더 칼럼을 위한 것이고, 두 번째 테이블은 실제 데이터를 위한 것이다. 마지막 세 번째 테이블은 주소록 추가가 허가된 사용자를 위한 테이블이다.

다음은 데이터베이스 읽기, 쓰기를 위한 index.html 코드이다.

```html
<!DOCTYPE HTML>
<html>
    <head>
        <title>PhoneGap DB</title>
        <script type="text/javascript" src="phonegap-1.1.0.js">
        </script>
        <script type="text/javascript">
            var firstNameBox = null;
            var lastNameBox = null;
            var db = null;
            var dataTable = null;
            /** Called when phonegap javascript is loaded*/
            function onDeviceReady(){
                //Contents will be shown below
                }
            /** Called when browser load this page*/
            function init(){
                document.addEventListener("deviceready",
                        onDeviceReady, false);
                }
        </script>
        <style>
            td {
                width: 100px;
            }

            input {
                width: 100px;
            }
        </style>
```

```html
        </head>
        <body onLoad="init()">
            <h3>Read Write DB</h3>
            <table border="1">
                <tr>
                    <td>
                        <b>First Name</b>
                    </td>
                    <td>
                        <b>Last Name</b>
                    </td>
                    <td>
                        <b>Action</b>
                    </td>
                </tr>
            </table>
            <table id="data-table">
            </table>
            <table>
                <tr>
                    <td>
                        <input id="firstName" type="text">
                        </input>
                    </td>
                    <td>
                        <input id="lastName" type="text">
                        </input>
                    </td>
                    <td>
                        <button id="add">
                            Add
                        </button>
                    </td>
                </tr>
            </table>
        </body>
    </html>
```

앞 프로그램을 실행시키면 그림 2-43과 같은 화면을 볼 수 있다.

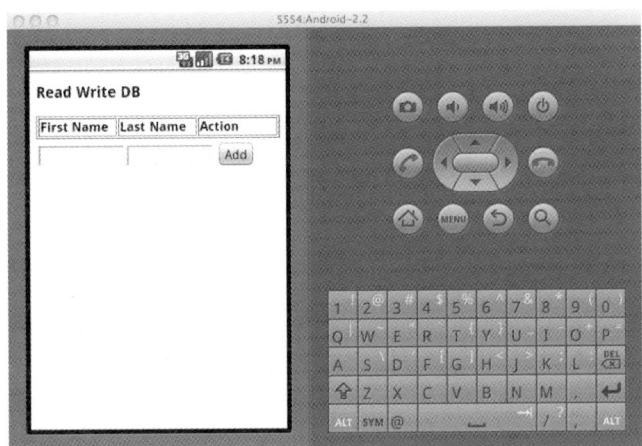

그림 2-43 데이터베이스에 읽기 쓰기

이제 데이터베이스에 읽고, 쓰고, 수정하기 위한 코드를 추가해보자. 첫 번째 단계는 데이터베이스 객체에 접근하는 것이다. 다음은 이와 관련된 코드이다.

```javascript
var firstNameBox = null;
var lastNameBox = null;
var db = null;
var dataTable = null;
/** Called when phonegap javascript is loaded */
function onDeviceReady(){
    var addButton = document.getElementById("add");
    firstNameBox = document.getElementById("firstName");
    lastNameBox = document.getElementById("lastName");
    dataTable = document.getElementById("data-table");

    db = window.openDatabase("contactDB", "1.0", "Contact
            Database", 1000000);
                // 이름, 버전, 디스플레이 이름, 크기

}
```

다음은 데이터베이스 객체를 생성하기 위한 API이다.

```
window.openDatabase(
        databaseName,
        versionNumber,
        displayName,
        sizeInBytes);
```

추가 버튼을 눌러서 데이터베이스의 주소록 테이블에 데이터를 하나 추가하는 과정을 설명하는 코드를 살펴보자(아래의 addButton.addEventListenery를 참고).

주소록 테이블에 데이터를 추가하기 위해서 데이타베이스 객체의 transaction( )을 이용한다.

```
db.transaction(
    function(tx){ //Function to execute the sql statements
        //   SQL문을 실행하기 위한 tx를 이용
    },
    function(err){ // Error callback
        //   에러를 확인하기 위해 err.code와 err.message 이용
    },
    function(){ //Success callback
        //   UI를 갱신하고, 메시지를 로그한다
    }
    );
```

버튼을 눌렀을 때 새로운 데이터를 추가하기 위해서 추가 버튼의 클릭 이벤트 리스너에 추가 기능을 구현해야 한다. 이에 대한 코드는 아래에서 확인할 수 있다.

```
addButton.addEventListener(
    "click",
    function(){

        db.transaction(
            // SQL문 함수
            function (tx){
                ensureTableExists(tx);
                var firstName = firstNameBox.value;
                var lastName = lastNameBox.value;

                var sql = 'INSERT INTO Contacts
                        ( firstName, lastName ) VALUES
                        ("' + firstName + '","' + lastName + '")';

                tx.executeSql(sql);

            },
            //error callback
            function (err){
                alert("error callback "+err.code);

            },
            //success callback
            function (){
            loadFromDB();
            }
        );


    },false);

function ensureTableExists(tx){
    tx.executeSql('CREATE TABLE IF NOT EXISTS Contacts (id
        INTEGER PRIMARY KEY, firstName,lastName)');

}
```

데이터베이스에 DB CRUD(Create, Read, Update, Delete) 작업을 수행하기 전에 데이터베이스 테이블이 있는지 확인하기 위한 ensureTableExists(tx)를 사용한다.

데이터베이스에 데이터를 추가하기 위해 SQL 트랜잭션에서 SQL 삽입문을 이용한다.

 NOTE

SQLite의 프라이머리 키는 자동으로 증가하기 때문에, 성과 이름만 입력하면 ID는 데이터베이스에서 증가시켜 준다.

데이터베이스에 성공적으로 데이터가 추가되면, 데이터베이스 테이블에서 HTML 테이블을 만들기 위한 loadFromDB( )를 호출한다.

주소록 추가 기능이 화면에서 어떻게 보이는지 그림 2-44에서 확인할 수 있다.

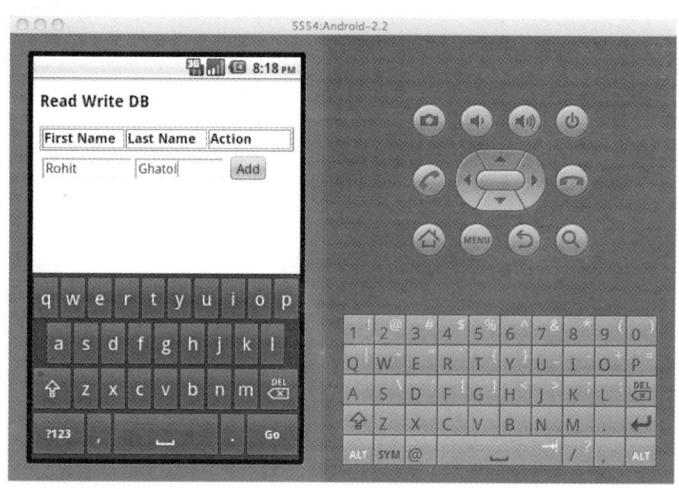

그림 2-44 주소록 추가

이제 loadFromDB( ) 메서드를 살펴보자. 일반적으로 사용하는 tx.executeSql을 사용하지만 조금 다른 결과를 얻기 위해서 아래의 tx.executeSql을 사용한다.

```
tx.executeSql(
    sqlStatement,
    options,
    successCallbackWithResultSet,
    errorCallback);
```

successCallbackWithResultSet은 다음의 두 가지를 인자 값으로 받는 함수이다.

1. tx

2. resultset

```
function loadFromDB(){

db.transaction(
    // SQL문 함수
    function (tx){
        ensureTableExists(tx);
        tx.executeSql('SELECT * FROM Contacts',
                    [],
                    //success callback
                    function(tx, results){
                        var htmlStr="";
                            for(var index=0;index<results.rows.length;index++){
                                var item = results.rows.item(index);

        htmlStr = htmlStr +"<tr><td>"+
            item.firstName+"</td><td>"
            +item.lastName
            +"</td><td><button
            onclick=\"deleteEntry('"
            +item.id+
            "');\">X</button></td></tr>";
```

```
                  }

                  dataTable.innerHTML=htmlStr;
            },
            //error callback
            function(err){
                alert("Unable to fetch result from Contacts Table");
        }
        );

      },
      //error callback
      function (err){
         alert("error callback "+err.code+" "+err.message);

      },
      //success callback
      function (){
         firstNameBox.value="";
         lastNameBox.value="";
      });

   }
```

이제 코드를 실행시키면 그림 2-45에서 보이는 것처럼 이전에 추가한 데이터를 HTML
테이블에서 확인할 수 있다.

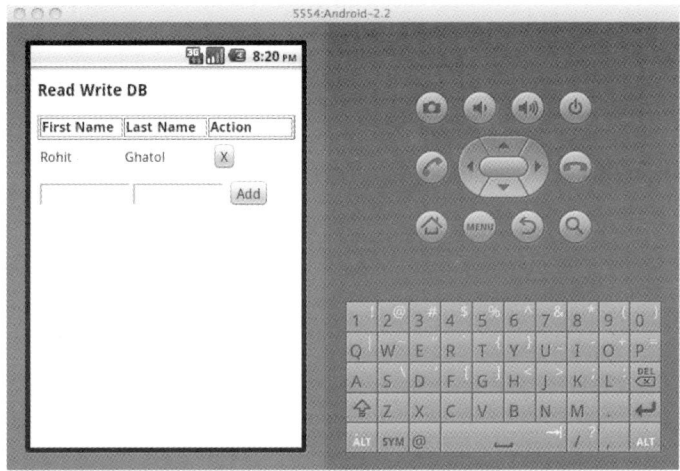

그림 2-45 데이터베이스에서 모든 데이터 읽기

마지막으로 할 일은 X 버튼을 클릭했을 때, 해당 데이터를 삭제하는 기능이다. HTML
테이블을 만들 때, HTML에 해당 버튼을 정의해보자.

```
<button onclick="deleteEntry('"+item.id+"');'>X</button>
```

그림 2-46에서 버튼이 HTML에서 어떻게 보이는지 확인한다.

사용자가 X 버튼을 클릭했을 때, 삭제할 데이터의 프라이머리 키를 전달하여 deleteEntry
함수를 호출한다. 이때, Delete SQL문을 사용하여 해당 데이터를 삭제한다.

```
function deleteEntry(id){
    db.transaction(
        // SQL문 함수
        function (tx){
            ensureTableExists(tx);

                tx.executeSql('Delete FROM Contacts where id='+id);
```

```
            },
            //error callback
            function (err){
                alert("error callback "+err.code+" "+err.message);


            },
            //success callback
            function (err){
                loadFromDB();
            }
        );



    }
```

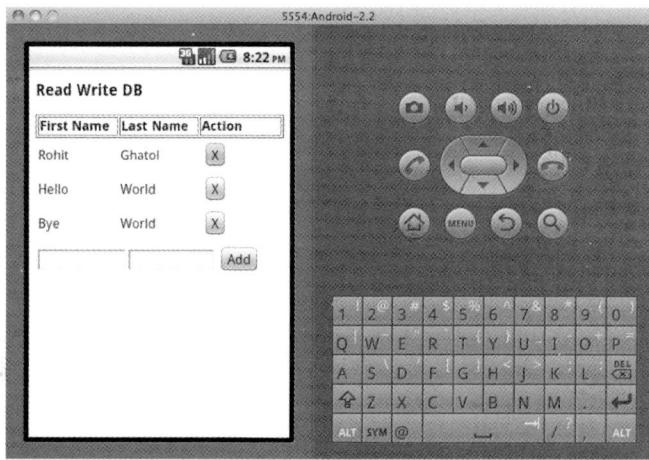

그림 2-46 데이터베이스에서 데이터 삭제

이제 사용자가 X 버튼을 눌러 데이터를 지웠을 때, loadFromDB( )가 호출되어 데이터
베이스 테이블로부터 HTML 테이블을 갱신할 것이다.

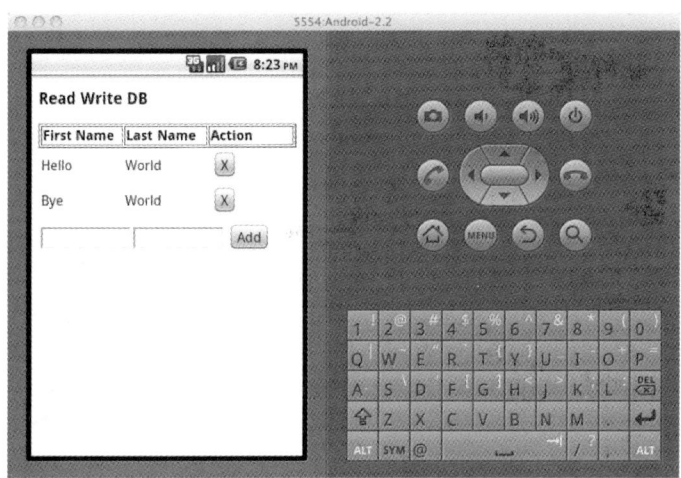

그림 2-47 데이터 삭제 반영

index.html의 전체 소스는 다음과 같다.

```html
<!DOCTYPE HTML>
<html>

  <head>
    <title>
       PhoneGap DB
    </title>
    <script type="text/javascript" src="phonegap-1.1.0.js">

    </script>
    <script type="text/javascript">
          var firstNameBox = null;
          var lastNameBox = null;
          var db = null;
```

```javascript
var dataTable = null; /** Called when phonegap javascript is loaded */

function onDeviceReady() {
    var addButton = document.getElementById("add");
    firstNameBox = document.getElementById("firstName");
    lastNameBox = document.getElementById("lastName");
    dataTable = document.getElementById("data-table");

    db = window.openDatabase("contactDB",
                "1.0",
                "Contact Database",
                1000000); //name,version,display name, size
    addButton.addEventListener("click", function() {

        db.transaction(
        // SQL문 함수

        function(tx) {
            ensureTableExists(tx);
            var firstName = firstNameBox.value;
            var lastName = lastNameBox.value;

            var sql = 'INSERT INTO Contacts (firstName, lastName) VALUES
                    ("' + firstName + '","' + lastName + '")';
            tx.executeSql(sql);

        },
        //error callback

        function(err) {
            alert("error callback " + err.code);

        },
        //success callback

        function(err) {
            //alert("success callback "+err.code);
            loadFromDB();
```

```
        });

    }, false);
    loadFromDB();

}

function loadFromDB() {

    db.transaction(
    // SQL문 함수

    function(tx) {
        ensureTableExists(tx);
        tx.executeSql('SELECT * FROM Contacts', [], function(tx, results) {
            var htmlStr = "";
            for (var index = 0; index < results.rows.length; index++) {
                var item = results.rows.item(index);
                htmlStr = htmlStr
                    + "<tr><td>"
                    + item.firstName
                    + "</td><td>"
                    + item.lastName
                    + "</td><td><button onclick=\"deleteEntry('"
                    + item.id
                    + "');\">X</button></td></tr>";

            }
            dataTable.innerHTML = htmlStr;
        }, function(err) {
            alert("Unable to fetch result from Contacts Table");
        });

    },
    //error callback

    function(err) {
```

```
                alert("error callback " + err.code + " " + err.message);

            },
            //success callback

            function() {
                firstNameBox.value = "";
                lastNameBox.value = "";

            });


    }

    function deleteEntry(id) {
        db.transaction(
        // SQL문 함수

        function(tx) {
            ensureTableExists(tx);
            tx.executeSql('Delete FROM Contacts where id=' + id);

        },
        //error callback

        function(err) {
        alert("error callback " + err.code + " " + err.message);

        },
        //success callback

        function(err) {
            //alert("success callback ");
            loadFromDB();

        });


    }

    function ensureTableExists(tx) {
```

```
        tx.executeSql('CREATE TABLE IF NOT EXISTS Contacts
                        (id INTEGER PRIMARY KEY, firstName,lastName)');

    } /** Called when browser load this page*/

    function init() {
        document.addEventListener("deviceready",
                                    onDeviceReady, false);

    }
    </script>
    <style>
        td { width: 100px; } input { width: 100px; }
    </style>
</head>

<body onLoad="init()">
    <h3>
        Read Write DB
    </h3>
    <table border="1">
        <tr>
            <td>
                <b>
                    First Name
                </b>
            </td>
            <td>
                <b>
                    Last Name
                </b>
            </td>
            <td>
                <b>
                    Action
                </b>
            </td>
```

```
          </tr>
      </table>
      <table id="data-table">
      </table>
      <table>
          <tr>
          <td>
            <input id="firstName" type="text">
            </input>
          </td>
          <td>
            <input id="lastName" type="text">
            </input>
          </td>
          <td>
            <button id="add">
                Add
            </button>
          </td>
          </tr>
      </table>
  </body>

</html>
```

이 예제 프로그램의 전체 소스는 https://bitbucket.org/rohitghatol/apress-phonegap /src/62c45e339662/android/PhoneGap-DB에서 내려받을 수 있다.

스토리지 API의 공식 문서는 http://docs.phonegap.com/en/1.1.0/phonegap_storage _storage.md.html#Storage에서 볼 수 있다.

셀룰러 디바이스와 Wi-Fi 네트워크 정보 가져오기

모바일 애플리케이션은 3G/4G 네트워크나 Wi-Fi 네트워크로 데이터를 가져오기 위해 서버에 접속한다. 제대로 개발된 애플리케이션은 3G/4G 네트워크로 연결되어 있을 때에는 특정 타입의 데이터만를 받아오고, Wi-Fi로 연결되었을 때에만 크기가 큰 데이터를 가져오도록 구분한다.

이번에는 폰갭에서 스마트폰에서 사용 중인 네트워크의 종류를 어떻게 알 수 있는지 살펴본다.

다음 API가 네트워크 종류를 구분하는 데 사용된다.

```
navigator.network.connection.type
```

이 API는 커넥션의 종류를 알려준다. 커넥션의 종류는 아래와 같다.

```
Connection.UNKNOWN = "unknown";
Connection.ETHERNET = "ethernet";
Connection.WIFI = "wifi";
Connection.CELL_2G = "2g";
Connection.CELL_3G = "3g";
Connection.CELL_4G = "4g";
Connection.NONE = "none";
```

index.html의 전체 소스 코드는 다음과 같다.

```
<!DOCTYPE HTML>
<html>
    <head>
        <title>PhoneGap DB</title>
```

```javascript
<script type="text/javascript" src="phonegap-1.1.0.js">
</script>
<script type="text/javascript">

    /** Called when phonegap javascript is loaded */
    function onDeviceReady(){
       fetchNetworkConnectionInfo();

    }

    function fetchNetworkConnectionInfo(){

       var networkType = navigator.network.connection.type;

       var networkTypes = {};

       networkTypes[Connection.NONE]     = 'No network connection';
       networkTypes[Connection.UNKNOWN]
          = 'Unable to identify Network Connection Type';
       networkTypes[Connection.CELL_2G]
          = 'Network Connection is of type 2G';
       networkTypes[Connection.CELL_3G]
          = 'Network Connection is of type 3G';
       networkTypes[Connection.CELL_4G]
          = 'Network Connection is of type 4G';
       networkTypes[Connection.WIFI]
          = 'Network Connection is of type WiFi';
       networkTypes[Connection.ETHERNET]
          = 'Network Connection is of type Ethernet';

       document.getElementById("network-status").innerHTML
          = networkTypes[networkType];            .

    }
```

```
    /** Called when browser load this page*/
    function init(){
        document.addEventListener("deviceready", onDeviceReady, false);
    }
  </script>
</head>
<body onLoad="init()">
  <h3>Phone Network Info</h3>
  <div id="network-status">
  </div>
</body>
</html>
```

소스 코드를 실행시키면 그림 2-48과 같이 사용 중인 네트워크를 보여준다.

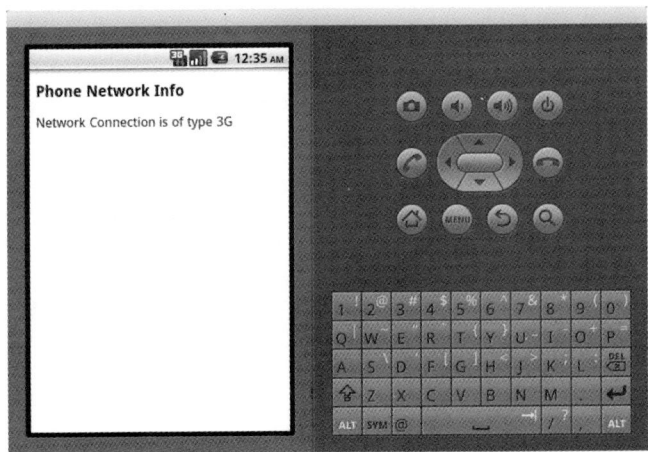

그림 2-48 네트워크 커넥션 타입이 3G임을 보여준다.

이 프로그램의 전체 소스는 https://bitbucket.org/rohitghatol/apress-phonegap/src/67848b004644/android/PhoneGap-Network에서 내려받을 수 있다.

커넥션 API의 공식 문서는http://docs.phonegap.com/en/1.1.0/phonegap_connection_connection.md.html#Connection에서 확인할 수 있다.

디바이스 예제

기능의 특성 때문에 다음 예제는 실제 안드로이드 디바이스에서만 실행할 수 있다. 안드로이드 에뮬레이터는 다음 기능을 지원하지 않는다.

위치 정보 가져오기

이 예제에서는 navigator.geolocation API를 이용해 디바이스의 위치 정보를 가져온다. 이 API는 비동기 API이기 때문에 위치 정보를 API에 요청한 후, API에 등록한 다음 두 콜백 중 하나를 통해 위치 정보를 전달받는다.

API는 다음과 같이 호출한다.

```
navigator.geolocation.getCurrentPosition(onSuccessCallback, onErrorCallback);
```

API는 GPS 좌표를 얻어올 수 있을 때 onSuccessCallback 함수를 호출하고, 그렇지 않은 경우 onErrorCallback을 호출한다.

onSuccessCallback은 position을 인자 값으로 받게 된다. position은 표 2-3에 표시된 것과 같은 위치 정보의 세부 사항을 포함하고 있다.

표 2-3 폰갭 위치 정보 API의 Position 객체

Position 객체	설명
position.coords.latitude	위도
position.coords.longitude	경도
position.coords.altitude	고도
position.coords.accuracy	위도, 경도의 정확도(m)
position.coords.altitudeAccuracy	고도의 정확도(m)
position.coords.heading	진북을 기준으로 시계 방향으로 측정한 현재의 방향
position.coords.speed	이동 속도(초속)
position.timestamp	GPS 위치의 생성 시간

전체 예제 코드는 다음과 같다.

```
<!DOCTYPE HTML>
<html>
   <head>
      <title>PhoneGap</title>
      <script type="text/javascript" src="phonegap-1.1.0.js"></script>
      <script type="text/javascript">
         /** Called when phonegap javascript is loaded */
         function onDeviceReady(){
            navigator.geolocation.getCurrentPosition(onSuccess, onError);
         }

         function onSuccess(position) {
            document.getElementById('latitude').innerHTML =
                                          position.coords.latitude;
            document.getElementById('longitude').innerHTML =
                                          position.coords.longitude;
            document.getElementById('altitude').innerHTML =
                                          position.coords.altitude;
```

```
                document.getElementById('timestamp').innerHTML =
                                            new Date(position.timestamp);
        }

        function onError(error) {
            alert('code: ' + error.code    + '\n' +
                  'message: ' + error.message + '\n');
        }

        /** Called when browser load this page*/
        function init(){
            document.addEventListener("deviceready", onDeviceReady, false);
        }
    </script>
</head>
<body onLoad="init()">
    <h1>GeoLocation</h1>
    <table border="1">
        <tr> <td>Latitue</td> <td id="latitude"></td> <tr>
        <tr> <td>Longitude</td>  <td id="longitude"></td>    <tr>
        <tr> <td>Altitude</td>   <td id="altitude"></td>     <tr>
        <tr> <td>Timestamp</td> <td id="timestamp"></td>    <tr>
    </table>
    </ul>
</body>
</html>
```

코드의 실행 결과는 그림 2-49와 같다.

그림 2-49 폰갭 위치 정보의 예제 실행

이 예제의 전체 소스는 https://bitbucket.org/rohitghatol/apress-phonegap/src/67848b004644/android/PhoneGap-GeoLocation에서 내려받을 수 있다.

위치 정보 API의 공식 문서는 http://docs.phonegap.com/en/1.1.0/phonegap_geolocation_geolocation.md.html#Geolocation에서 확인할 수 있다.

가속 센서 정보 가져오기

이번에는 디바이스의 가속 센서 정보를 확인해보도록 하자. 스마트폰은 사용자의 운동 방향을 x, y, z 축을 기준으로 제공한다.

API는 아래와 같이 호출된다.

```
navigator.accelerometer.watchAcceleration(onSuccessCallback, onErrorCallback,
accelerometerOptions);
```

이 API는 가속 센서를 계속 모니터링하면서, navigator.accelerometer.clearwatch( )
가 호출되기 전까지 미리 지정된 시간 간격으로 onSuccessCallback을 호출한다. 시간
간격은 {"frequency":"3000"}과 같은 형식으로 accelerometerOptions에 정의된다. 시간
간격의 단위는 1000분의 1초이다. 시간 간격이 accelerometerOptions에 정의되어 있지
않을 경우 10초로 지정된다.

이전 예제에서와 마찬가지로 가속 센서 정보를 가져오는 데 문제가 있을 경우 onError
Callback이 호출된다.

onSuccessCallback은 acceleration을 인자 값으로 가지는데 acceleration은 표 2-4에
설명된 것과 같이 디바이스 동작에 대한 자세한 정보를 포함한다.

표 2-4 Acceleration 객체 설명

Acceleration 객체	설명
x	X축 움직임. 값은 0~1 사이
y	Y축 움직임. 값은 0~1 사이
z	Z축 움직임. 값은 0~1 사이
timestamp	움직임의 생성 시간

전체 예제 코드는 다음과 같다.

```html
<!DOCTYPE HTML>
<html>
    <head>
        <title>PhoneGap</title>
        <script type="text/javascript" src="phonegap-1.1.0.js"></script>
        <script type="text/javascript">
            /** Called when phonegap javascript is loaded */
                function onDeviceReady(){
                    var options = { frequency: 1000 }; // Update every 1 seconds
```

```
            navigator.accelerometer.watchAcceleration(onSuccess,
                                           onError,options);
        }

        function onSuccess(acceleration) {
            document.getElementById('x').innerHTML = acceleration.x;
            document.getElementById('y').innerHTML = acceleration.y;
            document.getElementById('z').innerHTML = acceleration.z;
            document.getElementById('timestamp').innerHTML
                                        = acceleration.timestamp;
        }

    function onError(error) {
        alert('code: ' + error.code+ '\n' +
            'message: ' + error.message + '\n');
        }

        /** Called when browser load this page*/
        function init(){
            document.addEventListener("deviceready", onDeviceReady, false);
        }
    </script>
</head>
<body onLoad="init()">
    <h1>Accelerometer</h1>
    <table border="1">
        <tr>  <td>X</td>  <td id="x"></td>              <tr>
        <tr>  <td>Y</td>  <td id="y"></td>              <tr>
        <tr>  <td>Z</td>  <td id="z"></td>              <tr>
        <tr>  <td>Timestamp</td>?? <td id="timestamp"></td>   <tr>
    </table>
    </ul>
</body>
</html>
```

코드의 실행 결과는 그림 2-50과 같다.

그림 2-50 폰갭 가속 센서 예제

이미지를 이용한 예제는 그림 2-51에서 확인할 수 있다. 가속 센서는 디바이스를 표면
에 수평하게 놓음으로써 수평을 측정하는 데 이용할 수도 있다.

이 예제에 사용된 이미지는 http://code.google.com/p/begingingphonegap/downloads/list
에서 찾을 수 있다.

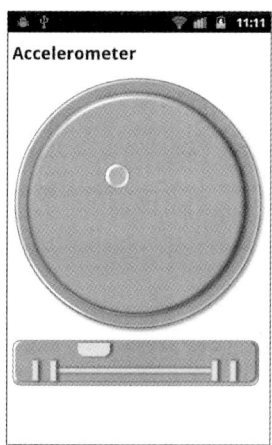

그림 2-51 폰갭 가속 센서 API를 이용한 버블 애플리케이션

예제에서 사용된 네 개의 이미지는 둥근 모양의 버블부터 타원 모양의 버블까지 다양하다. 전체 코드는 다음과 같다.

```html
<!DOCTYPE HTML>
<html>
    <head>
        <title>PhoneGap</title>
        <script type="text/javascript" src="phonegap-1.1.0.js"></script>
        <script type="text/javascript">
            /** Called when phonegap javascript is loaded */
            function onDeviceReady(){
                var options = { frequency: 0100 }; // Update every 1 seconds
                navigator.accelerometer.watchAcceleration(onSuccess,
                                                        onError,options);
            }

            function onSuccess(acceleration) {
                    moveX(acceleration);
                    moveXY(acceleration);
```

```
    }

    function moveXY(acceleration){

            var xyBase = document.getElementById("x-y-base");
            var circle = document.getElementById("circle");
            var position = getPos(xyBase);
            var adjustX = 20;
            var adjustY = 20;
            var radius = 160;
            var left = position.x;
            var top = position.y;
            var width = xyBase.clientWidth;
            var height = xyBase.clientHeight;

            var centerX = left + width/2 - adjustX;
            var centerY = top + height/2 - adjustY;
            centerY = centerY - (radius * acceleration.y *- 1.2) /10;
            centerX = centerX - (radius * acceleration.x * -1.2) /10;

            circle.style.left=centerX+"px";
            circle.style.top=centerY+"px";

    }
    function moveX(acceleration){
        //FIXME Move local variables to make them global
        var xBase = document.getElementById("x-base");
        var oval = document.getElementById("oval");
        var basePosition = getPos(xBase);

        var ovalLeft = basePosition.x + (xBase.clientWidth/2) ?
                (xBase.clientWidth * acceleration.x * -1)/10;

        if( ( ovalLeft + oval.clientWidth )>
                (xBase.clientWidth+basePosition.x) ){
            ovalLeft = xBase.clientWidth + basePosition.x ?
                oval.clientWidth;
```

```
        }
        if (ovalLeft < basePosition.x){
            ovalLeft = basePosition.x;
        }
        oval.style.left=ovalLeft+"px";
    }

    function onError(error) {
        alert('code: ' + error.code+ '\n' +
              'message: ' + error.message + '\n');
    }

    /** Called when browser load this page*/
    function init(){
        document.addEventListener("deviceready", onDeviceReady, false);
    }
    function getPos(el) {
            var position = {};
            if (document.getBoxObjectFor) {
                    var bo = document.getBoxObjectFor(el);
                    position.x = bo.x;
                    position.y = bo.y;
            }
            else {
                var rect = el.getBoundingClientRect();
                position.x = rect.left;
                position.y = rect.top;
            }
            return position;
        }
    </script>
</head>
<body onLoad="init()">
    <h1>Accelerometer</h1>
```

```
            <div id="horizontal-bubble">
                <img id="circle" src="accelerometer-circle-bubble.png"
                                            style="position:absolute"></img>
                <img id="x-y-base" src="x-y-accelerator-base.png"></img>
            </div>

            <div id="vertical-bubble">
                <img id="x-base" src="z-accelerator-base.png"></img>
                <img id="oval" src="accelerometer-circle-oval.png"
                                    style="position:absolute;left:0px"></img>
            </div>

        </body>
    </html>
```

이 예제의 전체 소스 코드는 https://bitbucket.org/rohitghatol/apress-phonegap
/src/67848b004644/android/PhoneGap-Accelerometer-Image에서 내려받을 수 있
다.

가속 센서 API의 공식 문서는 http://docs.phonegap.com/en/1.1.0/phonegap
_accelerometer_accelerometer.md.html#Accelerometer에서 확인할 수 있다.

지자기 센서 방위 가져오기
가속 센서와 비슷한 기능을 가진 지자기 센서 애플리케이션으로 넘어가 보자. 지자기 센
서는 디바이스의 방향을 진북을 기준으로 시계방향으로 제공한다.

이 예제의 이미지는 http://code.google.com/p/beginingphonegap/에서 확인할 수 있다.

API는 다음과 같이 호출한다.

```
navigator.compass.watchHeading (onSuccessCallback, onErrorCallback,compassOptions);
```

API는 디바이스의 방향을 모니터링하면서, navigator.compass.clearwatch( )가 호출되기 전까지 일정 시간 간격으로 onSuccessCallback을 호출한다. 시간 간격은 {"frequency":"3000"}의 형태로 compassOptions에 정의된다. 시간 간격은 1000분의 1초 단위이며, compassOptions에 시간 간격이 정의되지 않을 경우 시간 간격은 0.1초가 된다.

지자기 센서의 정보를 가져오는 데 실패할 경우 onErrorCallback이 호출된다.

onSuccessCallback은 heading을 인자 값으로 전달받는다. heading은 0과 360 사이의 값으로, 진북으로부터 시계 방향으로 측정된 값이다.

이 예제는 나침반을 시각적으로 보여주기 위해 CSS3를 사용하였다. 그림 2-52에서 볼 수 있는 나침반의 바늘을 사용하였다.

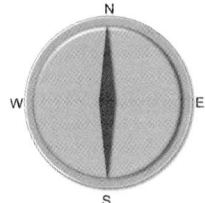

그림 2-52 폰갭 예제에서 사용된 나침반 이미지

먼저 navigator.compass.watchHeading( ) 메서드에 onSuccess를 등록한다. onSuccess가 호출되면 CSS3 회전 변형을 이용하여 나침반의 방향을 바꾼다. 이 애플리케이션의 전체 index.html은 아래와 같다.

```
<!DOCTYPE HTML>
<html>
   <head>
      <title>PhoneGap</title>
      <script type="text/javascript" src="phonegap-1.1.0.js"></script>
```

```html
<script type="text/javascript">
    /** Called when phonegap javascript is loaded */
        function onDeviceReady(){
            var button = document.getElementById("capture");
            var compassOptions = { frequency: 1000 };
            navigator.compass.watchHeading(onSuccess, onError,
                                                compassOptions);
        };

        function onSuccess(heading) {
        var image = document.getElementById('compass');
        var headingDiv = document.getElementById('compassHeading');
        headingDiv.innerHTML = heading;
        var reverseHeading = 360 - heading;
        image.style.webkitTransform = "rotate("+reverseHeading+"deg)";
    }

    function onError(error) {
        alert('code: '   + error.code + '\n' +'message: ' + error.message + '\n');
    }

    /** Called when browser load this page*/
        function init(){
            document.addEventListener("deviceready", onDeviceReady, false);
        }
    </script>
</head>
<body onLoad="init()">
    <h1>Compass</h1>
    <table>
        <tr>
            <td>Compass Heading</td>
            <td>
                    <div id="compassHeading">....</div>
            </td>
```

```
        <td>Degrees</td>
    </tr>
</table>

<img id="compass" src="compass.png"
style="width:400px;height:400px;margin-left:auto;margin-
                        right:auto;auto;display:block"></img>

</body>
</html>
```

이 애플리케이션의 실행 화면은 그림 2–53과 같다.

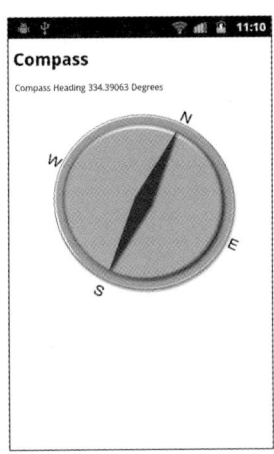

그림 2-53 폰갭 나침반 애플리케이션

그림 2–53에 보이는 이미지는 http://beginingphonegap.googlecode.com/files /compass.png에서 내려받을 수 있다.

이 예제의 전체 소스 코드는 https://bitbucket.org/rohitghatol/apress–phonegap /src /67848b004644/android/PhoneGap–Compass에서 내려받을 수 있다.

지자기 센서 API의 공식 문서는 http://docs.phonegap.com/en/1.1.0/phonegap
_compass_compass.md.html#Compass에서 확인할 수 있다.

카메라를 이용한 사진 찍기

이번에는 카메라를 이용해 사진을 찍어보자. 이 기능은 HTML 기반 애플리케이션을 매
우 돋보이게 할 수 있는 좋은 기능이다. 이 기능을 어떻게 이용하는지 살펴보자.

API는 다음과 같이 호출한다.

```
navigator.camera.getPicture (onSuccessCallback, onErrorCallback,cameraOptions);
```

cameraOptions에는 많은 옵션이 있지만, 일단 화질 옵션을 이용해보자. cameraOptions
은 {"quality":75}와 같을 것이다.

앞의 cameraOptions를 이용해 API를 호출하면, onSuccess( )가 base64로 인코딩된
바이너리 이미지를 인자 값으로 호출될 것이다.

이 카메라 애플리케이션의 전체 코드는 다음과 같다.

```
<!DOCTYPE HTML>
<html>
    <head>
        <title>PhoneGap</title>
        <script type="text/javascript" src="phonegap-1.1.0.js"></script>
        <script type="text/javascript">
            /** Called when phonegap javascript is loaded */
    function onDeviceReady(){
        var button = document.getElementById("capture");
    button.addEventListener("click",captureImage,false);
            }
function captureImage(){
```

```
        var cameraOptions = { quality: 50 };
    navigator.camera.getPicture( onSuccess, onError, cameraOptions );
};

function onSuccess(imageData) {
    var image = document.getElementById('cameraImage');
    image.src = "data:image/jpeg;base64," + imageData;
            }

function onError(error) {
                alert('code: ' + error.code + '\n' +'message: ' +
                                            error.message + '\n');
}

/** Called when browser load this page*/
function init(){
        document.addEventListener("deviceready", onDeviceReady, false);
}
    </script>
  </head>
  <body onLoad="init()">
    <h1>Camera</h1>
    <button id="capture" >Capture Image</button>

    <img id="cameraImage"></img>

  </body>
</html>
```

이 코드를 실행하면 그림 2-54, 2-55와 같은 화면을 볼 수 있다.

그림 2-54 사진 찍기 버튼을 제공하는 폰갭
카메라 애플리케이션

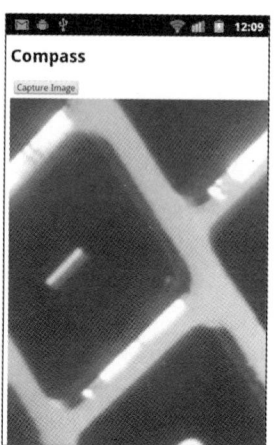

그림 2-55 사진을 찍은 후의 폰갭 카메라 애플리케이션

이 예제의 전체 소스 코드는 https://bitbucket.org/rohitghatol/apress-phonegap/src /67848b004644/android/PhoneGap-Camera에서 내려받을 수 있다.

카메라 API의 공식 문서는 http://docs.phonegap.com/en/1.1.0/phonegap_camera _camera.md.html#Camera에서 확인할 수 있다.

개발 환경 설정

Setting the Environment   **CHAPTER 03**

폰갭 개발 환경은 다음 두 단계로 설정할 수 있다.

- 개발 머신에 로컬 개발 환경 설정

- 폰갭 빌드를 이용한 클라우드 개발 환경

로컬 개발 환경 설정은 개발자가 폰갭 애플리케이션을 개발하고자 하는 각 모바일 플랫폼의 개발 환경을 설정하는 것을 포함한다. 이번 장에서는 개발 환경 설정을 자세히 다룬다. 이 책을 읽는 독자들이 폰갭 애플리케이션을 각 모바일 플랫폼에서 실행시키는 데 다른 문서가 필요 없길 바란다.

반면 폰갭 빌드라는 클라우드 개발 환경은 로컬 개발 환경 없이 폰갭 애플리케이션을 개발할 수 있다. 개발자는 애플리케이션의 폰갭 부분인 HTML, 자바스크립트, CSS만을 개발하면 된다. 폰갭 빌드는 개발된 코드를 기반으로 각 모바일 플랫폼에 맞는 바이너리를 만들어 개발자가 다운받을 수 있도록 해준다. 이번 장에서 이 과정을 자세히 다룬다.

로컬 개발 환경

로컬 개발 환경 설정은 2장에서 다룬 안드로이드 개발 환경 설정과 유사하다. 이번 장에서 아래의 모바일 플랫폼을 위한 폰갭 개발 환경을 설정하는 방법에 대해서 알아보겠다.

1. iOS

2. 블랙베리

3. 심비안

4. 웹OS

iOS는 맥과 Xcode를 이용해야만 개발할 수 있고, 블랙베리의 권장 개발 OS는 윈도우이다.

사전 준비 단계

플랫폼별 개발 환경 설정을 살펴보기 전에, 모든 플랫폼에 공통으로 적용되는 부분을 먼저 알아본다.

폰갭 다운로드

폰갭 SDK는 www.phonegap.com에서 내려받을 수 있다. 이 책은 폰갭 1.1.0을 기준으로 설명한다. 폰갭 SDK를 내려받아 압축을 풀면 그림 3-1과 같은 디렉터리 구조가 나타난다.

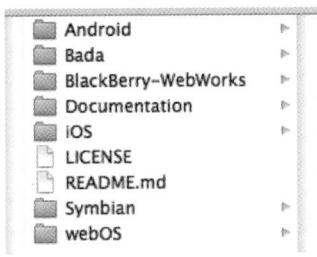

그림 3-1 폰갭 SDK 디렉터리 구조

폰갭 SDK에는 폰갭이 지원하는 플랫폼별 디렉터리가 있다. 각 디렉터리는 로컬 개발 환경 설정을 도와주는 툴과 소스 코드가 포함되어 있다.

Xcode4를 이용한 환경 설정

iOS를 위한 애플리케이션을 개발하려면 인텔 기반의 맥 OS X 스노우 레오파드(10.6)가 필요하다.

폰갭 애플리케이션을 디바이스에서 테스트하려면 다음 두 가지가 필요하다.

1. iPhone, iPad, iPod Touch와 같은 애플 디바이스

2. iOS 개발자 계정과 인증서

다음의 과정을 통해 설치를 진행한다.

1 Xcode와 폰갭을 설치한다. Xcode는 애플 개발자 포털(http://developer.apple.com/xcode/index.php)에서 내려받을 수 있다. 다운받으려면 애플 개발자 계정이 필요하다. 다른 방법으로는 약 $5 정도를 지급하고 iTunes에서 Xcode4를 구매할 수 있다.

2 폰갭 SDK의 압축을 푼 디렉터리에서 iOS 디렉터리로 들어간 후, 폰갭 인스톨러를 실행시켜 설치한다.

3 폰갭 프로젝트를 생성한다. Xcode를 실행시켜, 새로운 프로젝트 생성을 선택하면, 아래와 같은 다이얼로그 박스가 나타난다. "PhoneGap Based Application" 옵션을 선택한 후 다음 버튼을 클릭한다(그림 3-2).

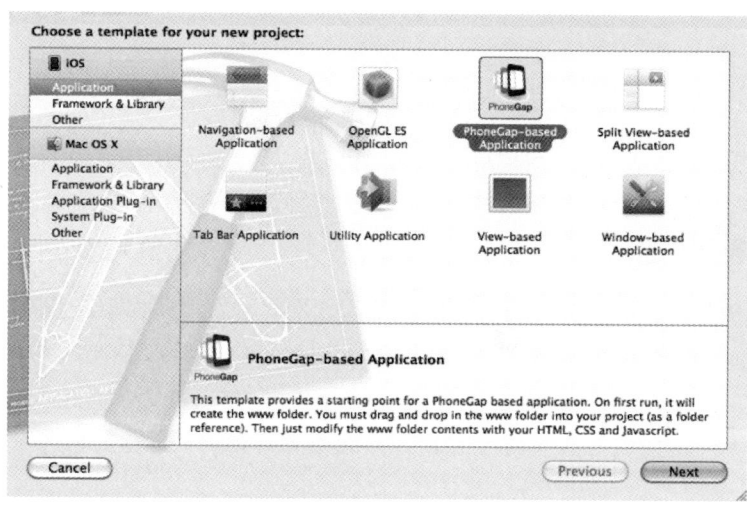

그림 3-2 새로운 iOS 폰갭 프로젝트 생성

4 다음 화면(그림 3-3)의 프로젝트 생성 위저드에서 제품 이름과 회사 고유 식별자를 입력한 후, 다음을 클릭한다.

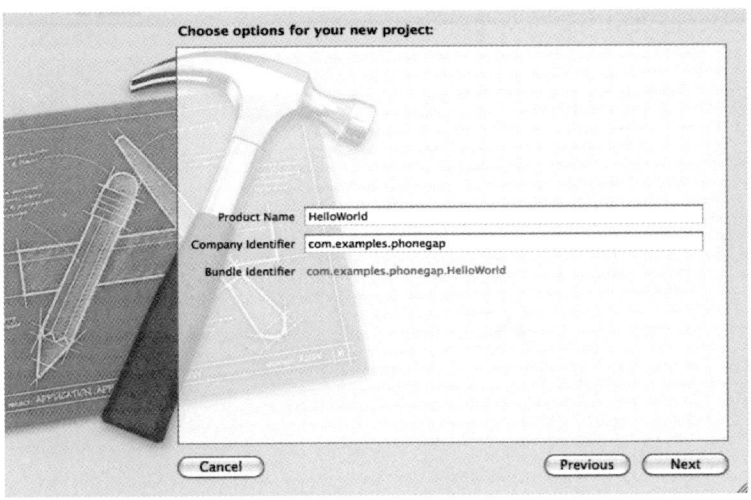

그림 3-3 새로운 iOS 폰갭 프로젝트 생성

5 적당한 프로젝트 디렉터리를 선택한 후, 생성 버튼을 클릭한다. Xcode는 프로젝트의 git 저장소를 선택할 수 있는 옵션을 제공한다. 이 옵션은 그림 3-4에서 볼 수 있는 소스 컨트롤 체크 박스를 클릭하여 선택할 수 있다.

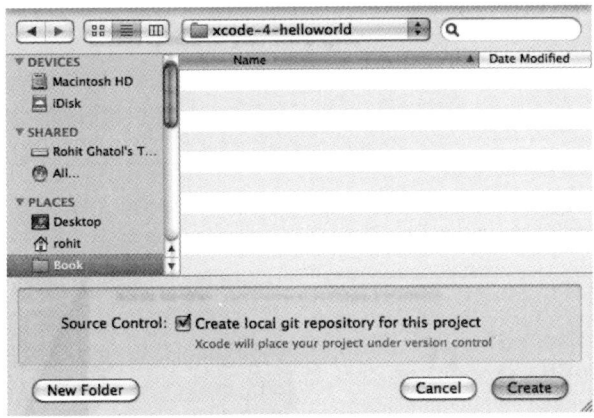

그림 3-4 새로운 iOS 프로젝트 생성

이제 Xcode에서 HelloWorld 프로젝트가 생성되었다.

1 폰갭의 HTML과 자바스크립트 추가

생성된 프로젝트에는 www 디렉터리가 없다. www 디렉터리를 만들려면, Xcode의
왼쪽 상단의 실행 버튼을 클릭하여, 에뮬레이터를 실행시킨다. 아직 HTML 파일을 생
성하지 않았기 때문에, "index.html을 찾을 수 없습니다"라는 에뮬레이터의 에러는 무
시한다.

2 파인더에서 프로젝트 열기(그림 3-5).

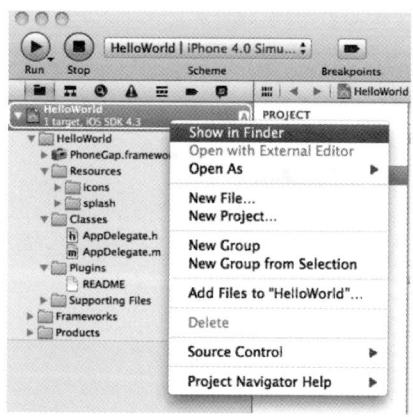

그림 3-5 iOS 프로젝트를 폰갭에 맞게 수정

프로젝트 디렉터리 옆에 www 디렉터리가 나타난다. 이 디렉터리를 Xcode 프로젝트에
복사해야 한다.

1 Xcode에 www 디렉터리를 복사하면, Xcode가 몇 가지 옵션을 제시한다. 추가된 디
렉터리의 디렉터리 레퍼런스 생성을 선택하고, 마침 버튼을 클릭한다. 이제 Xcode에
서 그림 3-6과 같은 프로젝트 구조가 나타난다.

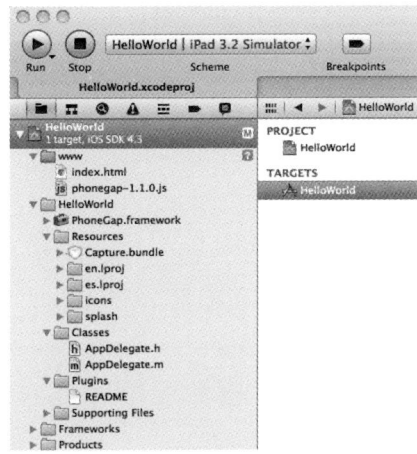

그림 3-6 iOS 프로젝트의 폰갭 www 디렉터리

2 폰갭 애플리케이션 작성

이제 index.html 파일을 수정하여 폰갭 애플리케이션을 작성할 수 있다. index.html 파일을 수정하기 위해서 www 디렉터리를 열고, index.html 파일을 편집기에서 열어 내용을 수정한다. index.html에 관련된 자바스크립트나 CSS 파일을 명시할 수도 있다.

3 에뮬레이터에 프로젝트를 설치해 보자. 왼쪽 상단 메뉴를 통해 에뮬레이터 버전이 사용 중인 SDK로 선택되어 있는지 확인하자.

4 Xcode 프로젝트 헤더의 실행 버튼을 눌러서 프로젝트를 빌드하고 에뮬레이터에서 실행시킨다(그림 3-7).

그림 3-7 iOS에서 실행 중인 폰갭 샘플 애플리케이션

5 디바이스에 설치

폰갭 애플리케이션을 실제 디바이스에서 실행하려면 HelloWorld-info.plist를 열어서 BundleIdentifier를 수정해야 한다. 애플 개발자로 등록되어야만, BundleIdentifier를 얻을 수 있다.

6 왼쪽 상단 메뉴에서 디바이스 버전이 사용 중인 SDK 버전인지를 확인한다. Xcode 프로젝트 헤더의 실행 버튼을 눌러서 프로젝트를 빌드하고 디바이스에서 실행시켜 보자.

블랙베리 환경 설정

블랙베리에서 개발하려면 인텔 기반의 컴퓨터와 윈도우 XP(32bit) 또는 윈도우 7(32bit 또는 64bit)이 필요하다. 더불어 아래의 것들이 필요하다.

1. 자바 SE 6 JDK 32-bit

2. 아파치 ant

3. 블랙베리 webworks SDK v2.0 이상

4. 자바 IDE 환경

5. 블랙베리 Developer Zone 계정

6. J2SDK 6(32bit) 설치

J2SDK는 http://www.oracle.com/technetwork/java/javasebusiness/downloads/java-archive-downloads-javase6-419409.html에서 내려받을 수 있다. J2SDK 인스톨러를 실행시켜 설치한다. PATH 환경 변수에 설치_디렉터리/J2SDK/bin을 추가한다.

이제 다음 설치 과정을 실행해야 한다.

1 아파치 ant 설치

아파치 ant 패키지는 http://ant.apache.org/bindownload.cgi에서 내려받을 수 있다. 아파치 ant 패키지는 압축 파일이기 때문에 압축을 풀고, 압축_푼_디렉터리/apache-ant-1.8.2/bin을 PATH 환경 변수에 추가한다.

2 블랙베리 SDK 설치

스마트폰용 블랙베리 Webworks SDK를 https://bdsc.webapps.blackberry.com/html5/download/sdk에서 내려받는다. 블랙베리 인스톨러를 실행시켜 설치한다. 보통 블랙베리 Webwork SDK는 C:\BBWP 디렉터리에 설치한다. 원하는 경우 경로를 수정할 수 있지만, 해당 경로를 기억하여 이후의 과정에서 사용해야 한다. 이 장에서는 기본 경로인 C:\BBWP를 설치 경로로 사용하기 때문에, 기본 경로에 설치할 것을 권장한다.

3 새로운 폰갭 프로젝트 생성

폰갭 프레임워크는 블랙베리 폰갭 애플리케이션을 생성하기 위해 ant 스크립트를 제
공한다.

- 폰갭의 블랙베리 디렉터리로 이동

- 콘솔 창에서 ant create –Dproject.path=C:\Dev\Sample 커맨드라인 실행

앞의 커맨드라인이 실행되지 않는다면 https://github.com/callback/callback-
blackberry/downloads에서 폰갭의 블랙베리 콜백을 내려받아 폰갭의 블랙베리
Webworks 디렉터리에 압축을 푼다.

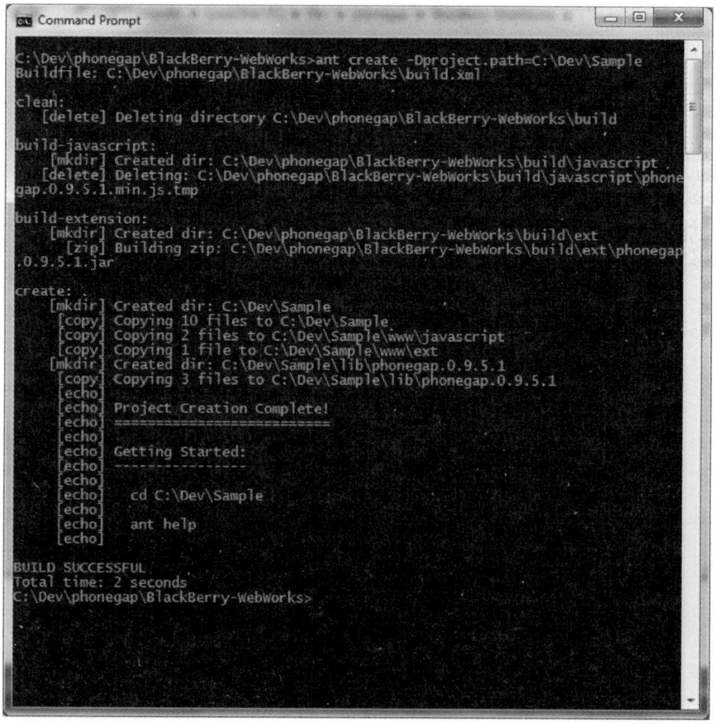

그림 3-8 블랙베리 폰갭 프로젝트 생성

스크립트가 실행되면 그림 3-9와 같이 프로젝트 디렉터리가 생성된다. www 디렉터리에
HTML 파일과 폰갭 자바스크립트 파일이 이미 포함되어 있다.

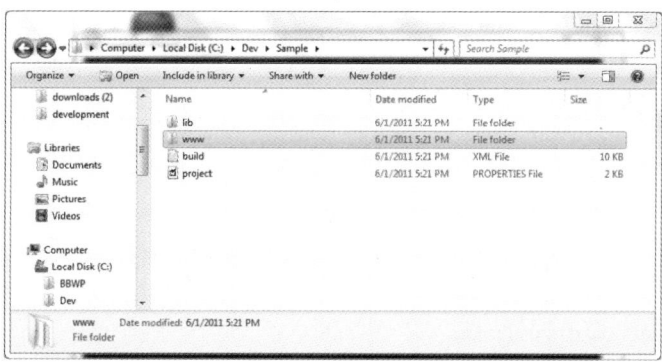

그림 3-9 블랙베리 폰갭 프로젝트 디렉터리 구조

project.properties의 bbwp.dir 값을 C:\\BBWP로 수정해야 한다. 세 번째 단계에서 블랙
베리 설치 디렉터리를 수정하였다면, bbwp.dir의 값을 해당 디렉터리로 수정해야 한다.

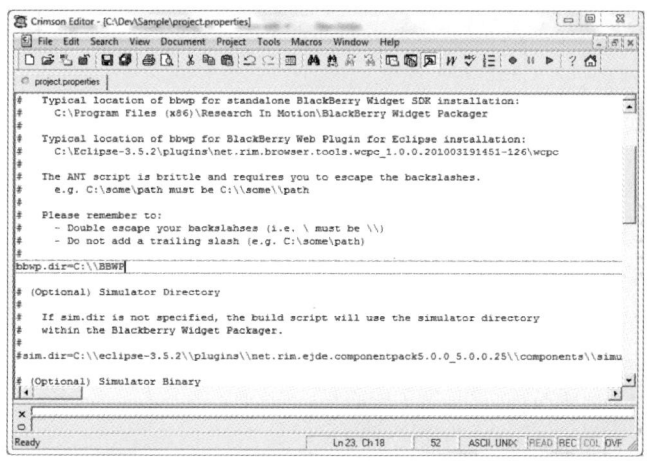

그림 3-10 project.properties가 블랙베리 Webworks SDK를 가리키도록 설정

4 폰갭 애플리케이션 작성

index.html을 수정하는 것으로 폰갭 애플리케이션을 간단하게 작성할 수 있다. 에디터에서 www 디렉터리의 index.html을 열어서 수정할 수 있다. 원하는 CSS 파일과 자바스크립트 파일을 추가한다.

5 에뮬레이터에 설치

블랙베리 에뮬레이터에 애플리케이션을 설치하려면 다음의 과정이 필요하다.

- 다음과 같이 ant target을 실행하여 블랙베리 에뮬레이터를 실행시킨다.

  ```
  C:\Dev\Sample>ant load-simulator
  ```

- 에뮬레이터에서 블랙베리 버튼을 클릭한다.

- 다운로드 디렉터리를 선택한다.

다운로드 디렉터리에 보이는 폰갭 샘플 애플리케이션을 선택해 실행시킨다(그림 3-11).

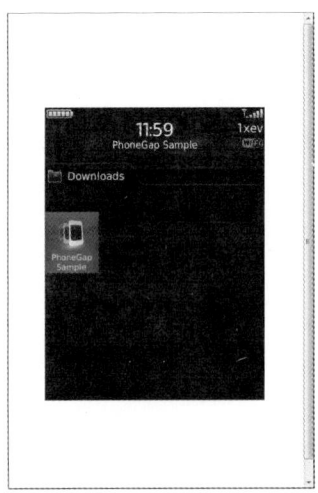

그림 3-11 블랙베리 에뮬레이터의 다운로드 디렉터리에서 폰갭 애플리케이션 실행

5 디바이스에 설치

디바이스에 폰갭 애플리케이션을 설치하려면 RIM에서 제공하는 서명 키가 필요하다. 서명 키는 https://www.blackberry.com/SignedKeys에서 받을 수 있다. 프로젝트 디렉터리로 이동한 후, 다음 ant 커맨드라인을 콘솔 창에 입력한다.

```
C:\Dev\Sample>ant load-device
```

심비안 환경 설정

심비안에서 개발하려면 인텔 기반의 컴퓨터와 윈도우 OS가 필요하다. 폰갭 공식 문서에는 모든 OS에서 심비안 애플리케이션을 개발할 수 있다고 하지만, 심비안 에뮬레이터에서 폰갭 애플리케이션을 테스트하려면 윈도우에서 노키아 심비안 s60 SDK를 이용하기를 권장한다.

아래의 과정을 따라 설치를 진행한다.

1 Cygwin 설치

심비안 개발 환경을 하려면 윈도우에 Cygwin을 설치해야 한다. http://cygwin.com/install.html에서 Cygwin.exe를 내려받아 설치한다. Cygwin을 설치할 때, zip 패키지와 make 패키지는 반드시 설치한다.

2 심비안 s60 SDK 설치

http://www.forum.nokia.com/info/sw.nokia.com/id/ec866fab-4b76-49f6-b5a5-af0631419e9c/S60_All_in_One_SDKs.html에서 심비안 s60 SDK을 내려받는다. SDK의 크기가 800MB가 넘고 설치 공간은 3GB 이상이 필요하기 때문에 설치하는 데 30분 이상 걸린다.

3 새로운 폰갭 프로젝트 생성

폰갭 디렉터리에는 심비안이라는 이름의 디렉터리가 있다. 이 디렉터리는 템플릿 프로젝트 디렉터리이다. 새로운 심비안용 폰갭 프로젝트를 생성하려면 이 디렉터리를 원하는 위치에 복사하기만 하면 된다. 그림 3-12에서 디렉터리의 내용을 확인할 수 있다.

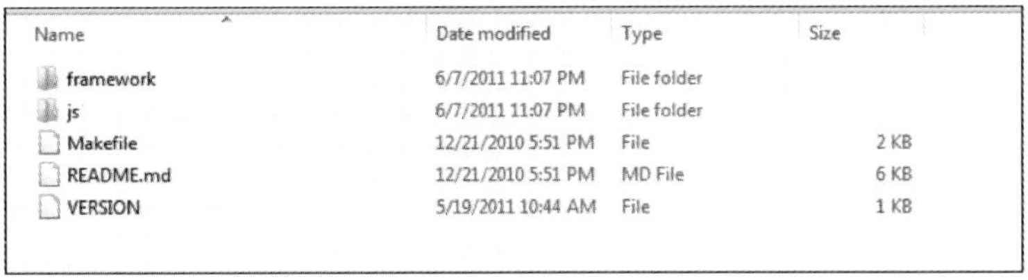

Name	Date modified	Type	Size
framework	6/7/2011 11:07 PM	File folder	
js	6/7/2011 11:07 PM	File folder	
Makefile	12/21/2010 5:51 PM	File	2 KB
README.md	12/21/2010 5:51 PM	MD File	6 KB
VERSION	5/19/2011 10:44 AM	File	1 KB

그림 3-12 새로운 폰갭 프로젝트 생성

4 폰갭 애플리케이션 작성

원하는 에디터에서 www 디렉터리에 있는 index.html 파일을 열어 수정하고, 필요한 CSS와 자바스크립트를 포함시킨다.

5 에뮬레이터에 설치

심비안용 폰갭은 프로젝트를 빌드하기 위해 makefile을 사용한다. 맥이나 리눅스의 터미널에서 간단히 make를 실행하여 빌드를 수행할 수 있다. 윈도우에서는 빌드를 하기 위해 Cygwin이 필요하다. 터미널이나 Cygwin에서 make를 실행시키면, wgz 파일이 생성된다. 그림 3-13에서 확인할 수 있다.

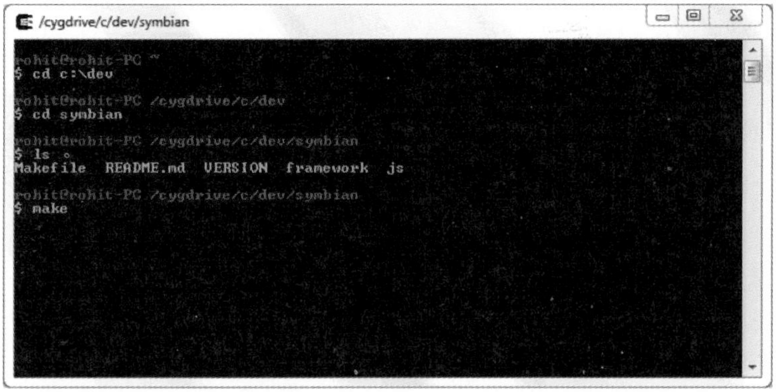

그림 3-13 심비안 프로젝트 빌드

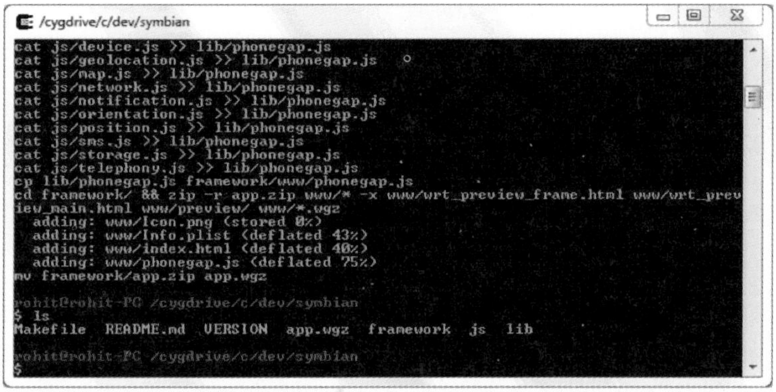

그림 3-14 심비안 프로젝트 빌드

app.wgz 파일을 심비안 에뮬레이터에 설치하려면 에뮬레이터의 파일 옵션을 이용해 app.wgz 파일을 불러와야 한다. 파일을 불러올 때, 사용자에게 설치 여부를 묻는다. "예"를 선택하면 애플리케이션이 설치된다.

애플리케이션을 설치한 후, 심비안 에뮬레이터의 아래쪽 가운데 버튼을 눌러 설치된 전체 애플리케이션의 목록을 확인한다. 해당 스크린에서 애플리케이션을 실행시킨다.

애플리케이션을 실행시키면, 애플리케이션을 실행시키는 데 필요한 퍼미션의 허가 여부를 사용자에게 묻는다. 애플리케이션이 필요한 기능을 사용하려면 필요한 퍼미션을 허가해 주어야 한다.

6 디바이스에 설치
디바이스에 심비안용 폰갭 프로젝트를 설치하기 위해서는 블루투스나 이메일을 이용하여야 한다. 이를 이용해 app.wgz를 디바이스에 설치하여 애플리케이션을 실행시킨다.

웹OS 개발 환경 설정

윈도우, 맥, 리눅스에서 웹OS용 폰갭 애플리케이션을 개발할 수 있다. 개발하려면 다음의 것들이 필요하다.

1. 자바 SE 6 JDK 32bit

2. 버전 3.0에서 3.2의 가상 머신

3. 웹OS SDK 버전 3.0.4

이제 아래의 단계를 따라 설치를 진행한다.

1 자바 SE 6 JDK 32bit 설치
J2SDK는 www.oracle.com/technetwork/java/javasebusiness/downloads/java-archive-downloads-javase6-419409.html에서 내려받는다. J2SDK를 실행해 설치를 완료한다. 환경 변수에 설치_디렉터리/J2SDK/bin을 추가한다.

2 Virtual Box 설치
버전 3.0에서 3.2의 Virtual Box를 www.virtualbox.org/wiki/Download_Old _Builds_4_0에서 내려받는다. 내려받은 파일을 실행해 설치를 완료한다.

3 웹OS SDK 설치

웹OS SDK를 https://developer.palm.com/content/resources/develop/sdk_pdk _download.html에서 내려받는다. 내려받은 파일을 실행해 설치를 완료한다.

4 윈도우에 Cygwin 설치

윈도우에서 개발한다면 웹OS에 폰갭 애플리케이션을 설치하기 위해 Cygwin을 설치 해야 한다. 심비안 개발 환경 설정을 참고하여 설치를 진행한다.

5 새로운 폰갭 프로젝트 생성

폰갭 디렉터리에 웹OS 템플릿 프로젝트가 있는 웹OS 디렉터리가 있다. 원하는 곳에 템플릿 프로젝트를 복사하여 새로운 프로젝트를 생성한다.

6 폰갭 애플리케이션 작성

원하는 에디터에서 www 디렉터리의 index.html을 열어 내용을 수정하고 필요한 CSS와 자바스크립트를 포함시킨다.

7 에뮬레이터에 설치

프로젝트를 설치하기 전에, 웹OS 에뮬레이터가 실행 중인지 확인한다. 에뮬레이터가 실행 중이지 않다면, 애플리케이션 디렉터리나 시작 메뉴에서 palm-emulator를 실 행시킨다.

프로젝트 디렉터리에서 make를 실행시켜 최종 자바스크립트 파일을 생성한다. 웹OS 모바일 앱 패키지로 프로젝트를 패키징한 후, 웹OS 에뮬레이터에 설치한다.

8 디바이스에 설치

폰갭 프로젝트를 디바이스에 설치하기 전에, 디바이스의 '개발자 모드'를 활성화 시킨 후, 개발 머신에 연결한다. Cygwin 터미널의 프로젝트 디렉터리에서 make를 실행 한다.

폰갭 빌드를 이용한 클라우드 개발 환경

지금까지 여러 모바일 플랫폼에서 각기 다른 폰갭 개발 환경을 설정하는 방법을 살펴보았다. 폰갭이 다양한 모바일 플랫폼에 따라 애플리케이션을 작성하여야 하는 어려움은 해결해 주었지만, 모바일 플랫폼별로 개발 환경을 설정해야 하는 것은 여전히 길고, 지루한 작업이다.

이러한 어려움을 해결하기 위해, 폰갭에서는 폰갭 빌드를 발표하였다. 폰갭 빌드는 클라우드 빌드 서비스로, 개발자가 폰갭 빌드에 폰갭 애플리케이션 코드를 제출하면, 아래 모바일 플랫폼용 애플리케이션으로 빌드를 대신해준다.

1. iOS

2. 안드로이드

3. 블랙베리

4. 웹OS

5. 심비안

폰갭 빌드의 계정을 만들고, 애플리케이션을 빌드하는 방법에 대해 알아보자.

폰갭 빌드에 등록하기

1 우선 폰갭 빌드 베타 계정을 만들어야 한다. http://build.phonegap.com에 가면 자세한 설명이 나와있다.

2 계정을 만들면, 베타 코드를 포함한 이메일이 전송된다. 이 베타 코드는 폰갭 등록 페이지에서 사용된다.

폰갭 빌드가 애플리케이션 빌드를 대신 해주지만, 애플리케이션을 앱스토어, 안드로이드 마켓, 블랙베리 마켓에 올려야 하기 때문에, 빌드된 애플리케이션의 소유권은 개발자에게 있어야 한다.

개발자가 소유권을 가진다는 것은, 소유권을 애플리케이션에 각인시키기 위해 인증서로 애플리케이션에 서명을 한다는 뜻이다. iOS와 같은 플랫폼에서는 애플로부터 인증서를 받기 위해 개발자 계정이 필요하다.

폰갭 빌드는 애플리케이션 빌드를 위해 다음 플랫폼의 인증서가 필요하다.

1. iOS

2. 안드로이드

3. 블랙베리

이제 각 플랫폼별로 인증서를 어떻게 만들고, 폰갭 빌드에 제공하는지 알아보자.

폰갭 빌드에 애플리케이션 등록하기

폰갭 빌드를 이용하는 첫 번째 단계는 애플리케이션을 등록하는 것이다. 폰갭 빌드에 애플리케이션을 등록하는 방법에는 세 가지가 있다.

1 폰갭 서버에 새로운 git 저장소를 만들고, 그 저장소에 코드를 업로드한다.

2 기존의 git 저장소에서 코드를 가져온다.

3 폰갭 애플리케이션 아카이브를 업로드한다.

우선, 폰갭 git 저장소에서 폰갭 시작 프로젝트를 가져오는 두 번째 방식을 이용해보자 (그림 3-15).

그림 3-15 폰갭 저장소에서 폰갭 시작 코드를 가져오기

이제 your apps에 해당 애플리케이션이 보일 것이다. 모든 플랫폼에는 그림 3-16과 같은 다운로드 아이콘이 있다. 플랫폼 아이콘을 클릭하면 해당 플랫폼용 애플리케이션 바이너리를 다운로드할 수 있다. 모든 바이너리 파일은 폰갭 빌드 서버에 의해 빌드된 것이기 때문에 iOS, 안드로이드, 블랙베리, 심비안, 웹OS 개발환경을 따로 설정할 필요가 없다.

그림 3-16 폰갭 시작 프로젝트 빌드 다운로드 화면

그림 3-16에서 볼 수 있는 것처럼, iOS 빌드에는 경고 표시가 있다. iOS 빌드를 위해서는 개발자 인증서와 개발자 계정과 연결된 프로비저닝 프로파일(provisioning profile)

이 필요하다. iOS 디바이스에서 애플리케이션을 테스트하기 위해서는 프로비저닝 프로 파일을 등록해야 한다.

안드로이드, iOS, 블랙베리 플랫폼에서 디바이스에 설치하거나 각 플랫폼 앱스토어에 올리 려면 폰갭 빌드에 일종의 개발자 전용 키를 제공해야 한다.

안드로이드 빌드 환경 설정

안드로이드 애플리케이션은 안드로이드 마켓에 올라가기 전에 키스토어로 서명된다. 안 드로이드에는 애플리케이션을 인증하기 위한 중앙 인증 기관이 존재하지 않는다. 애플 리케이션 버전 1이 xyz 개발 키스토어로 서명되었다면, 다음 버전또한 같은 키스토어로 서명되어야 한다. 그렇지 않을 경우, 안드로이드 마켓 등록되지 않는다.

아래의 단계는 폰갭 빌드를 이용해 안드로이드 마켓에 올릴 애플리케이션을 빌드하기 위한 설정 단계이다.

1. 개인 키스토어 생성

2. 개인 키스토어를 폰갭 빌드에 올림

3. 폰갭 빌드 실행

1 개인 키스토어 생성

개인 키스토어의 생성을 위해 http://developer.android.com/guide/publishing/app-signing.html#cert에 나와 있는 안드로이드 애플리케이션 퍼블리싱 가이드라인을 먼저 이해해야 한다. 개인 키스토어를 생성하는 데 필요한 단계를 알아보자.

개인 키스토어 생성하기 위해서는 개발 머신에 자바 JDK 1.6이상이 설치되어 있어야 한 다. 터미널을 열어 다음 커맨드를 실행하여 설치 여부를 확인할 수 있다.

```
$> keytool
```

앞 커맨드의 결과로 일종의 도움말이 나온다면, 설치가 되어 있는 것이다. keytool이라는 이름의 커맨드가 없다고 나온다면 java bin 디렉터리가 path 환경 변수에 추가되어 있는지 확인한다.

개인 키스토어를 생성하기 위해서는 다음의 단계를 밟아야 한다.

```
$> keytool -genkey -v -keystore my-release-key.keystore
```

패스워드를 물어볼 것이다. 패스워드를 입력하고 이를 적어 놓는다.

```
$>Enter keystore password: welcome
```

패스워드를 다시 입력하라고 물어본다.

```
$>Re-enter new password: welcome
```

다음과 같이 개인 키스토어에 저장할 개인 정보를 물어본다.

```
$>What is your first and last name?
    [Unknown]: Rohit Ghatol
$>What is the name of your organizational unit?
    [Unknown]: Engineering
$>What is the name of your organization?
    [Unknown]: QuickOffice
$>What is the name of your City or Locality?
    [Unknown]: Pune
$>What is the name of your State or Province?
    [Unknown]: Maharahstra
$>What is the two-letter country code for this unit?
    [Unknown]: IN
```

지금까지 입력한 정보가 맞는지 물어본다.

```
$>Is CN=Rohit Ghatol, OU=Engineering, O=QuickOffice, L=Pune, ST=Maharahstra,
C=IN correct?
[no]: yes
```

 NOTE

개인 서명 인증서를 생성하기 위해 패스워드를 물어본다. 이전 패스워드와 같은 패스워드를 사용하고자 한다면 엔터를 입력하면 된다.

```
$>Generating 1,024 bit DSA key pair and self-signed certificate (SHA1withDSA)
with a validity of 90 days
        for: CN=Rohit Ghatol, OU=Engineering, O=QuickOffice, L=Pune,
        ST=Maharahstra, C=IN
$>Enter key password for <mykey>
        (RETURN if same as keystore password):
[Storing my-release-key.keystore]
```

생성된 개인 키스토어의 이름은 my-release-key.keystore이다.

2 폰갭 빌드에 개인 키스토어 올리기

폰갭 빌드에서 애플리케이션 항목으로 이동하여 편집 버튼을 누르면 그림 3-17과 같은 화면이 나타난다.

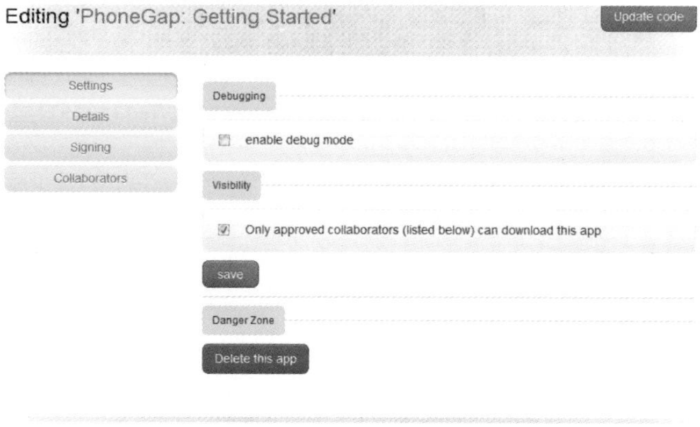

그림 3-17 폰갭 빌드의 애플리케이션 수정 화면

서명으로 이동하여, 안드로이드 키스토어 정보를 폰갭 빌드에 업로드한다(그림 3-18).

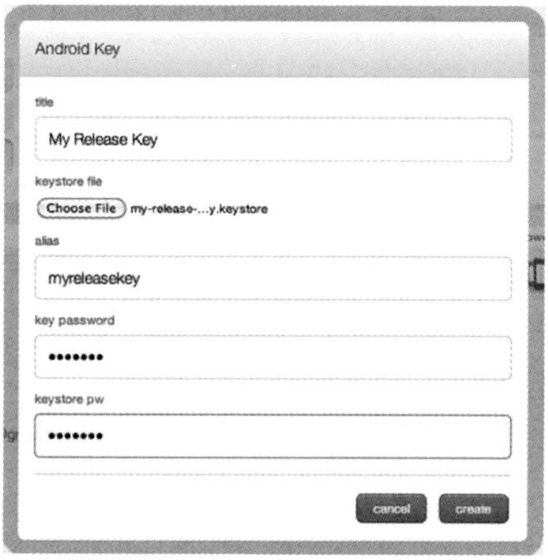

그림 3-18 안드로이드 릴리즈 키스토어 상세 정보 입력

업로드 화면에서 키스토어의 타이틀을 입력한다. 폰갭 빌드에서는 여러 키스토어를 업
로드하고 애플리케이션 빌드 시에 필요한 키스토어를 타이틀을 이용해 선택한다.

다음으로 키스토어 파일을 업로드하고, 별명을 붙여준다. 패스워드에는 키스토와 개인 인증서를 생성할 때 사용했던 패스워드를 입력한다(이 예제에서는 welcome을 사용하였음).

3 폰갭 빌드 실행

마지막으로 생성 버튼을 클릭하면, 폰갭 빌드가 해당 키스토어를 저장할 것이다.

이제 그림 3-19에서 보이는 것처럼 my release key 키스토어가 안드로이드 빌더에 사용되었다는 화면이 나타난다.

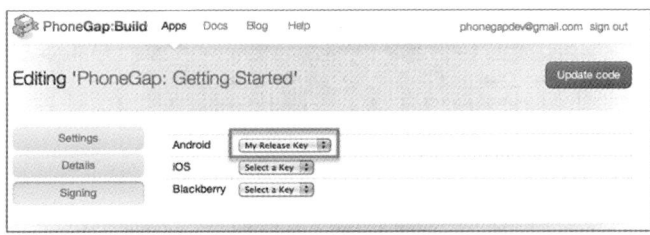

그림 3-19 폰갭 애플리케이션을 위해 등록된 안드로이드 키스토어

iOS 빌드 환경 설정

빌드 환경을 설정하기 전에 폰갭에서 iOS 빌드를 하기 위한 전제 조건을 살펴보자.

1 애플 개발자 프로그램(http://developer.apple.com/programs/ios/)이나 애플 기업 개발자 프로그램(http://developer.apple.com/programs/ios/enterprise/) 중 자신에게 맞는 프로그램의 애플 개발자 계정을 선택한다.

2 개발자 인증서와 프로비저닝 프로파일을 얻기 위한 Xcode가 설치된 맥 머신이 있어야 한다. 인증서와 프로파일을 얻은 후에는 어떤 OS에서든 폰갭 빌드를 이용할 수 있다.

다음 과정은 아래와 같다.

1. iOS 키 얻기

2. 폰갭 빌드에 iOS 키를 제공한다.

1 iOS 키 얻기

애플 개발자 개정을 Xcode에 어떻게 설정하는지는 http://tiny.cc/appleprov에 자세히 설명되어 있다.

앞의 사이트를 따라서 에뮬레이터(가능하면 이미 프로비저닝 프로파일이 추가된 iOS 디바이스)에 샘플 아이폰 애플리케이션을 설치할 수 있는지 확인한다.

이제 Xcode에서 개발자 인증서와 프로비저닝 프로바일을 내보내서 폰갭 빌드에 업로드한다.

2 폰갭 빌드에 iOS 키 제공하기

iOS 개발 환경을 설정한 후에, 개발자 인증서와 모바일 프로비저닝 프로파일을 추출하여 폰갭 빌드에 업로드해야 한다.

우선 맥 키체인 엑세스에서 개발자 인증서를 추출한다. 키체인 엑세스를 연 다음, 개발자 인증서의 위치를 확인한 후 내보내기 한다. 내보내기 중에 내보낼 위치와 패스워드를 물어본다. 패스워드는 인증서를 폰갭 빌드 사이트에 업로드할 때 필요하기 때문에 기억해 놓자.

다음으로 프로비저닝 프로파일을 추출할 차례이다. 프로비저닝 프로파일은 Xcode에 있다. Xcode를 열어 윈도우 -> organizer를 실행시킨 후 team provisioning profile을 내보낸다. 프로비저닝 프로파일은 애플리케이션을 테스트하기 위한 개발 디바이스로 등록한다는 것을 애플에 알려주는 역할을 한다. 폰갭 빌드는 애플리케이션에 서명을 하기 위해 이 프로파일이 필요하다(ipa).

이제 개발자 인증서와 프로비저닝 프로파일이 모두 iOS-Keys 디렉터리에 있다.

그림 3-20 개발자 인증서와 프로비저닝 프로파일이 있는 디렉터리

폰갭 빌드에 이 키를 업로드해보자. 애플리케이션 편집 화면에 다시 들어가서 서명 메뉴로 간다. 키 선택 아래에 있는 iOS의 키 추가를 클릭한다.

그림 3-21 iOS 키 추가 화면

iOS 인증서와 프로비저닝 프로파일이 있는 화면이 나타난다. 키를 모두 업로드하고, 개발자 인증서를 내보내기할 때 사용한 패스워드를 입력한다.

그림 3-22 폰갭 빌드에 개발자 인증서와 프로비저닝 프로파일 업로드

폰갭 빌드를 실행시키면, iOS ipa 빌드의 주황색 경고 아이콘이 초록색으로 바뀐 것을 확인할 수 있을 것이다. ipa 버튼을 누르면 iOS ipa가 다운로드된다.

블랙베리 개발 환경 설정

블랙베리 개발 환경 설정을 위한 주요 항목은 다음과 같다.

1. 블랙베리 키 얻기

2. 폰갭 빌드에 블랙베리 키 업로드하기

1 블랙베리 키 얻기

폰갭 빌드를 이용하면, 디바이스에 설치할 수 있는 블랙베리 애플리케이션을 빌드할 수 있다. 하지만, 애플리케이션을 배포하기 위해서는 RIM에서 제공하는 키가 필요하다. 이 키를 얻기 위해서는 https://www.blackberry.com /SignedKeys/ 사이트에 등록해야 한다.

이 사이트에 등록하면, 블랙베리 개발 환경에 키를 설정하는 방법이 포함된 이메일이 전송된다. 이 책에서는 공유 금지 법적 조항 때문에 이 설정 방법에 대한 자세한 설명은 생략하겠다.

2 폰갭 빌드에 키 제공하기

블랙베리 개발 환경에서 키를 추출해 보자. 블랙베리 개발 환경은 이클립스나 블랙베리 웹
웍스를 통해 설정할 수 있다. 키는 블랙베리 SDK 디렉터리에 있다.

우선 SDK 디렉터리의 위치를 확인해 보자. 이클립스를 이용해 개발 환경을 설정하였다
면, eclipse_위치\plugins\net.rim.ejde.componentpackX.X.X_X.X.X.X\components
에서 블랙베리 SDK의 위치를 확인할 수 있다(예: d:\worksoft\eclipse-helios\net.rim
.ejde.componentpack5.0.0_5.0.0.25 \components).

앞에서 다루었던 블랙베리 Widget/WebWorks Packager Standalone SDK를 이용하
여 개발 환경을 설정하였다면, 설치 디렉터리가 바로 SDK 디렉터리이다. 앞에서는 이
디렉터리가 c:\BBWP였다.

서명 파일과 키는 SDK 디렉터리에 있다.

```
<<webworks_sdk_dir>\bin\sigtool.csk
<<webworks_sdk_dir>\bin\sigtool.db
```

블랙베리 키의 위치를 확인하였으니 이제 폰갭 빌드를 설정해보자. 폰갭 빌드의 애플리케이
션 편집 화면에서 서명 메뉴로 가자. 블랙베리의 드롭다운 메뉴에서 "키 추가"를 선택하자.

그림 3-23 블랙베리 키 추가 화면

아래 화면에 보이는 다이얼로그에서 블랙베리 키를 업로드하자. 블랙베리 이메일의 설명에 따라 키를 얻을 때 사용한 패스워드와 동일한 패스워드를 다이얼로그에 입력한다. 이제 블랙베리 배포 채널을 통해 배포할 수 있는 애플리케이션 빌드에 필요한 모든 정보를 폰갭에 제공하였다.

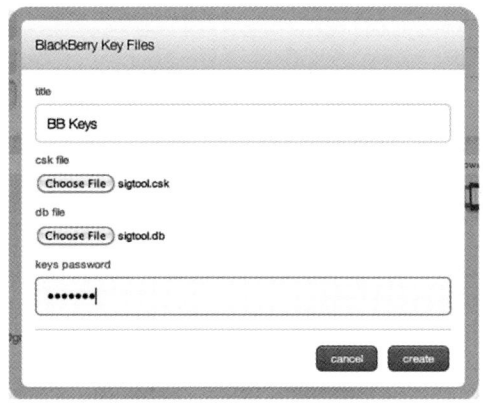

그림 3-24 블랙베리 키 파일 업로드

폰갭 빌드 실행

폰갭 빌드는 두 가지 방법으로 실행될 수 있다.

1 폰갭 빌드의 rebuild-all를 직접 클릭하여, 폰갭 빌드 서버에 빌드 작업을 추가한다.

2 두 번째 방법은 애플리케이션을 생성하고, 코드를 갱신하고 빌드를 실행할 수 있는 폰갭 빌드의 RESTful API를 사용하는 것이다. 폰갭 빌드를 CIT 빌드(bamboo, jerkins와 같은 CIT 시스템)의 일부로 사용할 수도 있다. CIT 빌드 스크립트에서 폰갭 RESTful API를 호출하여 필요한 작업을 수행할 수 있다. 자세한 내용은 https://build.phonegap.com/docs/api를 참조한다.

결론

클라우드가 웹 서비스와 웹 애플리케이션을 호스팅하는 추세가 급속히 증가하고 있으며 더불어 많은 업체가 효율적인 개발을 클라우드 기반의 SaaS를 찾고 있다. Pivotal Tracker와 같은 업체는 애자일 플래닝, bitcode를 이용한 소스 코드 호스팅, 온라인 CIT 빌드(예, jira studo)를 사용하고 있다.

단지 CIT 빌드만을 위해 윈도우나 맥 머신을 추가로 구입하지 않아도 되므로 개발 비용을 줄일 수 있다. 초기 투자 비용을 줄이고, 개발 환경을 대여하는 것이 현재 추세이다. 폰갭 빌드는 개발 환경 구축에 들어가는 비용을 최소화하고, 클라우드 기반의 SaaS를 사용하여 폰갭 애플리케이션을 개발하기 원하는 중소규모 사업장에 적합하다.

jQuery 모바일을 이용한 폰갭

Using PhoneGap with jQuery Mobile

CHAPTER 04

폰갭은 자바스크립트 애플리케이션이 휴대폰의 네이티브 기능에 접근할 수 있는 플랫폼을 제공한다. 이 외에도 다른 많은 것을 통해 모바일 HTML 애플리케이션 개발에 도움을 준다.

모바일 HTML 애플리케이션의 가장 중요한 부분 중 하나는 UI이다. 애플리케이션의 전체 UI를 HTML, CSS, 자바스크립트를 이용하여 직접 작성할 수도 있다. 하지만, 대부분의 웹 개발자는 이러한 방식에는 다음을 포함한 많은 문제가 있다고 생각할 것이다.

1 모든 브라우저가 똑같지 않기 때문에 다중 브라우저를 지원하는 프레임워크가 필요하다. 대부분의 모바일 브라우저들이 모두 webkit 기반이라 하더라도 브라우저 간 차이를 추상화한 프레임워크를 사용하는 것이 좋다.

2 모든 코드를 직접 작성할 경우, 코드 대부분은 UI를 만들고, DOM을 수정하고, Ajax 호출하는 코드일 것이다. 더 적은 코드로 이러한 코드를 작성할 수 있는 프레임워크를 사용하면, 실제 비즈니스 로직에 좀 더 집중할 수 있을 것이다.

3 보기 좋은 HTML UI를 만들기 위해서는 디자인 능력이 필요하다. 게다가, 대부분의 모바일 클라이언트는 미리 정의된 테마나 스키마가 있다. 프레임워크를 사용하면 이

러한 UI를 작성하는 데 도움을 주고, 결국 개발자가 비즈니스 로직에 집중할 수 있도록 해줄 것이다.

UI를 위해 폰갭과 같이 사용하기에 가장 손쉬운 프레임워크는 jQuery 모바일이다. 우선 jQuery 모바일은 이미 많이 사용되고 있으며, jQuery 기반이다. jQuery는 개발자의 생산성과 브라우저 간 호환성을 향상시켜주는 프레임워크로 알려졌으며, 수많은 무료 플러그인이 있다.

jQuery 모바일은 모바일 UI를 위해 만들어진 UI 프레임워크이다. jQuery 모바일에는 여러 UI가 미리 선언되어 있기 때문에, 자바스크립트로 UI를 작성할 필요 없이, HTML에서 사용할 수 있다. jQuery 모바일은 보기 좋은 UI 역시 제공한다.

앞에서 설명한 이유로 jQuery 모바일은 노력 대비 가장 쉽게 사용할 수 있는 자바스크립트 UI 프레임워크라 할 수 있다.

jQuery 모바일은 스마트폰과 태블릿에 동일한 UI를 제공한다. 스마트폰과 태블릿에 서로 다른 UI를 원한다면 5장을 확인한다.

jQuery에 익숙해지기

jQuery는 Ajax 호출을 도와주고, 특정 엘리먼트의 HTML DOM을 찾거나 DOM 수정을 도와주는 매우 훌륭한 자바스크립트 라이브러리이다. jQuery는 자체 플러그인 프레임워크도 가지고 있다. 가장 중요한 기능은 브라우저 간 차이점의 추상화를 통한 다중 브라우저 지원이다. jQuery 튜토리얼은 www.w3schools.com/jquery/default.asp를 참조하자.

jQuery 초기화

jQuery 초기화는 두 단계로 진행된다.

1 HTML 페이지에 jQuery 자바스크립트를 포함시킨다.

2 jQuery 라이브러리가 로드되었을 때 jQuery에 의해 호출될 콜백을 선언한다.

HTML 페이지는 CSS, 자바스크립트, 이미지와 같이 많은 파일을 가지고 있다. 브라우저는 모든 리소스를 다운로드하여 모든 자바스크립트 블록을 수행할 것이다. 적절한 초기화 없이 jQuery API를 실행할 경우, 오류가 발생한다. 애플리케이션의 시작 지점이 되는 콜백을 등록하여 jQuery가 이 콜백을 호출하고, 애플리케이션을 구동시키도록 한다.

개발자가 jQuery를 사용하지 않을 경우 다음과 같이 코드를 작성하게 된다.

```
window.onload = function(){
    alert("Page Loaded");
}
```

jQuery를 사용하면 동일한 동작을 하는 코드가 다음과 같을 것이다.

```
<html>
  <head>
    // 1단계 – jQuery 라이브러리 포함
    <script type="text/javascript" src="jquery.js">

    </script>
    <script type="text/javascript">
        // 2단계 – jQuery가 로드될 때, 호출될 콜백을 정의한다.
        $(document).ready(function() {
                //Place to bootstrap your application
                alert("jquery loaded");
```

```
            });
        </script>
    </head>

    <body>
        <h1>
            jQuery Demo
        </h1>
    </body>
</html>
```

브라우저에서 이 코드를 실행시키면, 페이지가 로드될 때 jquery loaded라는 메시지가
적힌 팝업이 나타난다.

jQuery 셀렉터

jQuery를 어떻게 초기화하고, onload( ) 메서드를 등록하는지 알아봤다. 이제 HTML
DOM 엘리먼트를 찾는 방법을 알아보자.

일반적으로 id가 placeholder인 div를 찾을 때 개발자는 다음 코드를 사용한다.

```
document.getElementById("placeholder").innerhtml = "helloworld";
```

jQuery에서는 앞 코드를 다음과 같이 작성한다.

```
$("#placeholder").html("helloworld");
```

jQuery는 HTML 엘리먼트를 찾는 여러 방법을 제공한다. $("#placeholder")는 id가
placeholder인 HTML 엘리먼트를 찾아 그 엘리먼트를 감싸는 jQuery 엘리먼트를 반환
하는 한 예이다. 일단 jQuery 엘리먼트를 반환받으면, jQuery 함수를 이용해 DOM을
조작할 수 있다. 위 코드에서는 HTML의 내용을 "helloworld"로 변환하였다.

코드와 함께 셀렉터의 다른 예제를 살펴보자.

```html
<html>

    <body>
        <h1 class="title">
            JQUERY SELECTOR Tutorial
        </h1>
        <p>
            simple paragraph
        </p>
        <p class="title">
            Paragraph with class title
        </p>
        <p>
            another paragraph
        </p>
        <ul id="selector">
            <li>
                Element based - $("p")
            </li>
            <li>
                Id based - $("#selector")
            </li>
            <li>
                CSS Class based - $(".title")
            </li>
            <li>
                Element + Class based - $("p.title");
            </li>
            <li>
                Element+ID+Position - $("ui#selectorli:first)
            </li>
        </ul>
    </body>

</html>
```

엘리먼트 기반 셀렉터

$("p")는 모든 단락을 선택한다.

```
<p>simple paragraph</p>
<p class="title">Paragraph with class title</p>
<p>another paragraph</p>
```

ID 기반 셀렉터

$("#selector")는 id가 selector인 엘리먼트를 선택한다. 찾으려는 id의 앞에 #을 붙인다.
이 셀렉터는 다음의 엘리먼트를 선택한다.

```
<ul id="selector">
```

CSS 기반 셀렉터

$(".title")은 title 클래스 엘리먼트를 선택한다. 찾고자 하는 클래스 앞에 .를 붙인다. 이
셀렉터는 다음의 엘리먼트를 선택한다.

```
<h1 class="title">JQUERY SELECTOR Tutorial</h1>
```

```
<p class="title">Paragraph with class title</p>
```

셀렉터의 조합

다음은 셀렉터를 조합하여 특정 엘리먼트를 찾는 예이다. $("p.title")는 다음과 같은 title
클래스 단락 엘리먼트를 선택한다.

```
<p class="title">Paragraph with class title</p>
```

$("ul#selector li:first")는 다음과 같은 id가 selector인 ul에서 첫 번째 li 엘리먼트를 선택한다.

```
<li>Element based                      - $("p")</li>
```

jQuery의 전체 셀렉터 목록은 www.w3schools.com/jquery/jquery_ref_selectors.asp 에서 확인할 수 있다.

jQuery DOM 조작

먼저, HTML에서 값을 어떻게 찾는지 알아보자. 값은 엘리먼트나 내부 HTML에서 찾을 수 있다.

JavaScript $(ul#selector).html( )을 실행시키면, 다음의 결과를 얻을 수 있다.

```
<li>Element based                  - $("p")</li>
<li>Id based                        - $("#selector")</li>
<li>CSS Class based              - $(".title")</li>
<li>Element + Class based      - $("p.title");</li>
<li>Element+ID+Position         - $("ui#selector li:first)</li>
```

다음의 예제를 통해 jQuery 셀렉터 결과에서 값을 어떻게 찾는지 알아보자. 첫 번째 예제는 jQuery 셀렉터가 하나의 값만을 반환할 때에 어떻게 값을 찾는지 보여준다. $("p") 가 하나의 단락만을 반환하면, html( ) 함수를 이용해 값을 찾을 수 있다. $("p")는 jQuery 셀렉터를 반환하고, html( ) 함수는 그 jQuery 셀렉터에 사용할 수 있는 함수이다. 이 경우, jQuery는 $("p") 셀렉터의 결과 중 첫 번째 엘리먼트에 대하여 html( ) 함수를 수행할 것이다. 다시 말해, $("p").html( )은 아래와 같은 첫 번째 단락 엘리먼트를 찾아서 "simple paragraph"를 값으로 반환할 것이다.

```
<p>simple paragraph</p>
```

단락이 여러 개일 경우, $("p")는 다음과 같이 여러 값을 반환한다.

```
<p>simple paragraph</p>
<p class="title">Paragraph with class title</p>
<p>another paragraph</p>
```

jQuery는 each( )를 통해 리스트에 반복적인 작업을 수행한다. each( )는 $("p")와 같은 jQuery 셀렉터에 대하여 실행할 수 있는 함수이다. each( ) 메서드는 두 개의 인자 값을 갖는데, 첫 번째는 인덱스(리스트 내 위치)이고 두 번째는 해당 위치의 실제 항목이다.

$("p").each(function(index,element){ })를 실행할 때, 두 번째 인자인 element는 jQuery 셀렉터의 각 문단 엘리먼트가 되는 것이다.

```
<script type="text/javascript">
$(document).ready(function() {
    alert("Simple extraction = " + $("p").html());

    $("p").each(function(index, element) {
        alert(index + " - '" + $(element).html() + "'");
    });
});
</script>
```

이제 HTML DOM을 수정하는 방법에 대해 알아보자. 우선 DOM을 수정하는 가장 간단한 메서드부터 시작해보자.

다음 자바스크립트를 실행시키면, 단락 내용이 Changed to 123으로 바뀔 것이다.

```
<script type="text/javascript">
$(document).ready(function() {
    $("p.title").html("Changed to 123");
});
</script>
```

jQuery HTML 메서드의 전체 목록은 www.w3schools.com/jquery/jquery_ref_html.asp
에서 확인할 수 있다.

jQuery Ajax 호출

jQuery는 Ajax 호출을 위해 여러 유용한 방법을 제공한다.

다음은 Ajax GET 호출의 예이다. 이 예제는 대표적인 "적게 작성하고, 더 많은 것을 수
행하라"의 예제이기도 하다. 다음의 코드는 service/employee /details.txt에 Ajax GET
을 호출하여 그 결과를 id가 details인 div에 추가하는 작업을 수행한다.

```
$.get("service/employee/details.txt", function (result) {
    $("div#details").html(result);
});
```

다음은 Ajax POST 호출을 통해 {name:employeeName} 데이터를 포스팅하는 예제다.

```
$.post("service/employee/details", {
    name: employeeName
}, function (result) {
    alert("Post successful");
});
```

jQuery Ajax 메서드의 전체 목록은 www.w3schools.com/jquery/jquery_ref_ajax.asp
에서 확인할 수 있다.

jQuery 모바일에 익숙해지기

jQuery 모바일은 모바일 애플리케이션 개발을 위해 여러 모바일 플랫폼에 걸친 공통 UI 플랫폼을 제공함으로써 jQuery의 "적게 작성하고, 더 많은 것을 수행하라"라는 콘셉트를 한 단계 더 진화시켰다.

jQuery 모바일은 매우 널리 사용되고 잘 만들어진 jQuery와 jQuery UI 프레임워크를 기반으로 한다. jQuery 모바일은 리스트뷰, 뒤로 가기 버튼이 있는 헤더, 이동 애니메이션 등 독창적이며 터치 가능한 위젯을 제공한다. 이러한 위젯들은 매우 전문적이고 잘 다듬어진 모습과 감성을 가지고 있기 때문에, 배포 가능한 수준의 애플리케이션을 작성할 수 있도록 도와준다.

jQuery 모바일의 홈페이지는 http://jquerymobile.com/이다.

jQuery 모바일은 다섯 가지 테마를 제공한다. 다음은 버튼이 각 테마에서 어떻게 보이는지를 보여주는 예제다(그림 4-1).

그림 4-1 jQuery 모바일 테마

jQuery 모바일은 표 4-1에 나와 있는 플랫폼에 대하여 등급별로 지원을 하고 있다.

표 4-1 jQuery 모바일 지원 플랫폼

OS 플랫폼	플랫폼 버전
iOS	버전 3.13 이상
안드로이드	버전 1.5 이상
심비안	S60 버전 5이상

OS 플랫폼	플랫폼 버전
블랙베리	버전 5.0 이상
웹OS	버전 1.4.1 이상
윈도우 7	버전 7.0 이상
삼성 바다	버전 1.0 이상
미고	버전 1.1 이상

모바일 애플리케이션에 jQuery 모바일 포함하기

http://jquerymobile.com/download/에서 jquery.mobile-1.0rc2.zip을 내려받아 압축을 풀면 그림 4-2와 같은 구조의 디렉터리를 볼 수 있다. 이 디렉터리에는 두 벌의 자바스크 립트와 CSS 파일이 있다. 파일 이름을 보면 알 수 있듯이 실제 제품에는 작은 사이즈의 .min 자바스크립트와 CSS 파일을 사용해 한다.

모바일 애플리케이션에 images 디렉터리도 포함해야 한다.

```
images
jquery.mobile-1.0rc2.css
jquery.mobile-1.0rc2.js
jquery.mobile-1.0rc2.min.css
jquery.mobile-1.0rc2.min.js
```

그림 4-2 jQuery 모바일 디렉터리 구조

다음은 jQuery 모바일 예제의 HTML 템플릿이다.

```
<!DOCTYPE HTML>
<html>

    <head>
        <title>
```

```
        jQuery Mobile Demo
    </title>
    <link rel="stylesheet" type="text/css" href="jquery.mobile-1.0rc2.min.css"/>
    <script type="text/javascript" src="jquery-1.6.4.min.js"></script>
    <script type="text/javascript" src="jquery.mobile-1.0rc2.min.js"></script>
</head>

<body>
    ...
</body>

</html>
```

jQuery 모바일의 선언식 UI

선언식 UI는 jQuery 모바일의 가장 중요한 부분이다. 개발자는 일일이 UI를 개발하기 위해 복잡한 자바스크립트 코드를 작성할 필요가 없다. UI 개발이 일반 HTML 엘리먼트(좀 더 정확히 말하자면, jQuery 모바일의 속성과 값을 가지는 엘리먼트)를 추가하는 것과 같아진 것이다.

페이지와 다이얼로그

앞에서 HTML 템플릿을 보았다. 이제 여기에 jQuery 모바일의 레이아웃과 위젯을 추가해보자.

페이지는 body 태그 내의 div 엘리먼트에 data-role 속성을 이용해 정의할 수 있다. body 태그 안에 다음과 같은 코드를 통해 원하는 만큼의 페이지를 정의할 수 있다.

```
<div data-role="page"></div>
```

동일하게 data-role 속성에 header, content, footer로 값을 정의하여 페이지 내의 컴포넌트를 정의할 수 있다. 다음은 jQuery 모바일 페이지의 예이다.

```
<div data-role="page">

    <div data-role="header"></div>

    <div data-role="content"></div>

    <div data-role="footer"></div>

</div>
```

전체 예제는 아래와 같다.

```html
<!DOCTYPE HTML>
<html>
    <head>
        <title>jQuery Mobile Demo</title>
        <link href="jquery.mobile-1.0rc2.min.css" rel="stylesheet" type="text/css"/>
        <script src="jquery-1.6.4.min.js"></script>
        <script src="jquery.mobile-1.0rc2.min.js"></script>
    </head>

    <body>
        <!-- Page Start-->
        <div data-role="page">
            <!-- Page Header Start -->
            <div data-role="header">
                <h1>Page Title</h1>
            </div>
            <!-- Page Header End -->

            <!-- Page Body Start -->
            <div data-role="content">
                <p>
                    Page content goes here.
                </p>
            </div>
```

```
            <!-- Page Body End -->

            <!-- Page Footer Start -->
            <div data-role="footer">
                <h4>
                    Page Footer
                </h4>
            </div>
            <!-- Page Footer End -->
        </div>
        <!-- Page End -->
    </body>

</html>
```

이 HTML을 브라우저에서 확인하면 그림 4-3과 같다.

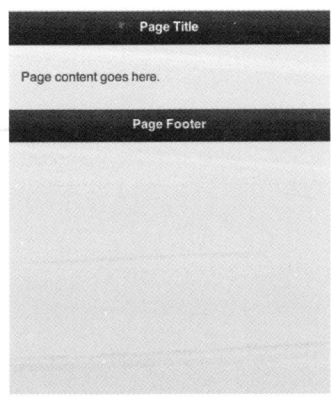

그림 4-3 jQuery 모바일 페이지

jQuery 모바일 페이지의 개념에 대해 살펴보았다. 이제 여러 페이지와 다이얼로그 박스
가 있는 경우에 대해 알아보자.

일반적인 애플리케이션에는 여러 페이지와 다이얼로그 박스가 있다. jQuery 모바일의 장점은 이 모든 페이지와 다이얼로그 박스를 동일한 HTML에 정의할 수 있다는 것이다.

우선 HTML에 여러 div를 정의하고 다음과 같이 속성을 지정한다.

1 data-role 속성을 page로 지정한다(data-role="page").

2 각각 분별하기 위해 id 속성을 지정한다.

링크와 버튼을 통해 페이지와 다이얼로그 박스를 이동하게 된다. 가장 간단한 방법은 다음과 같다.

1 href를 #+⟨⟨id of the page/dialog box⟩⟩로 지정한 링크를 정의한다.

2 앞 링크에 data-role="button"을 추가한다.

페이지와 다이얼로그를 정의하는 방법은 동일하다. 사실 다이얼로그라 불리는 것은 없지만, 페이지를 팝업에 표시함으로써 다이얼로그처럼 사용한다.

다음은 페이지 링크 예이다. 이 링크를 클릭하면 id가 page2인 페이지로 이동한다. 또한 링크에 data-role="button" 속성이 있기 때문에, 버튼 모양으로 보일 것이다.

```
<a data-role="button" href="#page2">Page Navigation</a>
```

페이지를 다이얼로그로 표시하는 것은 페이지로 이동하는 것과 유사하다. 링크에 다음 두 속성을 추가해주면 된다.

1 data-role="dialog"

2 data-transition="pop" (애니메이션 효과)

```
<a data-role="button" href="#dialog1" data-role="dialog"
                              data-transition="pop">Open Dialog </a>
```

이 예제의 전체 코드는 아래와 같다. 그림 4-4는 main 페이지를 보여주고 있으며, 그림 4-5는 page2 페이지를 보여주고 있다. 그림 4-6은 다이얼로그 박스인 dialog1을 보여주고 있다.

```
<!DOCTYPE html>
<html>

    <head>
        <title>jQuery Mobile Demo</title>
        <link href="jquery.mobile-1.0rc2.min.css" rel="stylesheet"
                                                    type="text/css"/>
        <script src="jquery-1.6.4.min.js"></script>
        <script src="jquery.mobile-1.0rc2.min.js"></script>
    </head>

    <body>
        <!-- Main Page-->
        <div data-role="page" id="main">
            <div data-role="header">
                <h1>
                    Main Page
                </h1>
            </div>
            <div data-role="content">
                <h1>
                    Page Nav and Dialog Example
                </h1>
                <a data-role="button" href="#page2">Page Navigation</a>
                <a data-role="button" href="#dialog1" data-rel="dialog"
                                data- transition="pop">Open Dialog </a>
```

```
        </div>
        <div data-role="footer">
            <h4>
                Main Page Footer
            </h4>
        </div>
    </div>
    <!-- First Page End -->
    <!-- Second Page-->
    <div data-role="page" id="page2" data-add-back-btn="true">
        <div data-role="header">
            <h1>
                Second Page
            </h1>
        </div>
        <div data-role="content">
            <h1>
                Second Page
            </h1>
        </div>
        <div data-role="footer">
            <h4>
                Click back to go back to main page
            </h4>
        </div>
    </div>
    <!-- Second Page End -->
    <!-- Dialog -->
    <div data-role="page" id="dialog1">
        <div data-role="header">
            <h1>
                Dialog Title
            </h1>
        </div>
```

```
            <div data-role="content">
                v
                <h1>
                    Dialog body
                </h1>
            </div>
            <div data-role="footer">
                <h4>
                    Click close button to go back to main page
                </h4>
            </div>
        </div>
        <!-- Dialog End -->
    </body>

</html>
```

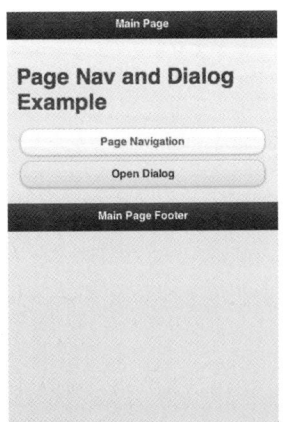

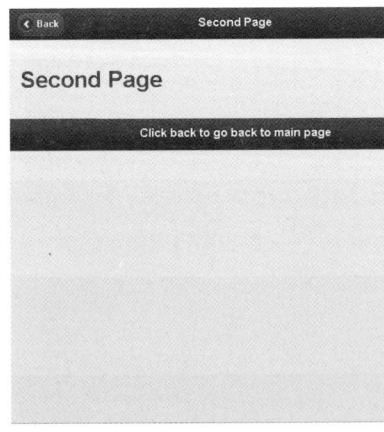

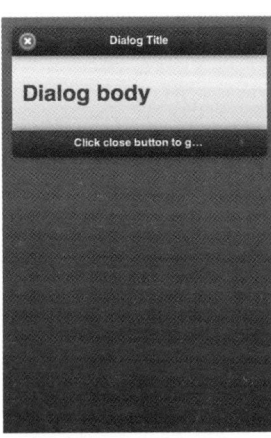

그림 4-4 main 페이지 이동   **그림 4-5** page2 페이지 이동   **그림 4-6** dialog1 다이얼로그

툴바와 버튼

jQuery 모바일에는 두 가지 툴바가 있다.

1. 헤더 바

2. 풋터 바

일반적으로 툴바는 헤더나 풋터 바에 버튼을 정의하는 것과 유사하다(그림 4-7).

```html
<!DOCTYPE html>
<html>

    <head>
        <title>jQuery Mobile Demo</title>
        <link href="jquery.mobile-1.0rc2.min.css"
                                    rel="stylesheet" type="text/css"/>
        <script src="jquery-1.6.4.min.js"></script>
        <script src="jquery.mobile-1.0rc2.min.js"></script>
    </head>

    <body>
        <!-- Main Page-->
        <div data-role="page" id="main">
            <div data-role="header" data-position="inline">
                <a href="index.html" data-icon="delete">Cancel</a>
                <h1>
                    Edit Contact
                </h1>
                <a href="index.html" data-icon="check">Save</a>
            </div>
            <div data-role="content">
                <h1>
                    Header Footer Toolbar Example
```

```
            </h1>
        </div>
        <div data-role="footer" class="ui-bar">
            <a href="index.html" data-role="button"
                                    data- icon="delete">Remove</a>
            <a href="index.html" data-role="button"
                                        data-icon="plus">Add</a>
            <a href="index.html" data-role="button"
                                    data-icon="arrow-u">Up</a>
            <a href="index.html" data-role="button"
                                    data-icon="arrow-d">Down</a>
        </div>
    </div>
    <!-- First Page End -->
    </body>

</html>
```

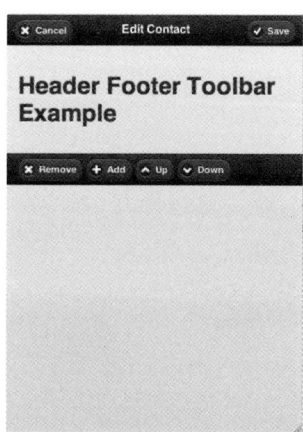

그림 4-7 jQuery 모바일 툴바와 버튼

서식 엘리먼트

jQuery 모바일의 서식 엘리먼트는 모양만 다를 뿐 일반적인 HTML 서식 엘리먼트와 동일하다. 다시 말해, 빠른 시간에 모바일 웹 애플리케이션 개발하기 위해 HTML 자바스크립트를 이용해 원하는 모양의 jQuery 모바일 위젯을 사용하고, 기존의 이벤트 처리기술을 이용할 수 있다는 것이다.

서식 엘리먼트의 몇 가지 예제를 살펴보자. 먼저 input text, text area, search box를 이용해 보자. 모든 서식에는 라벨이 붙어 있고, 라벨과 위젯은 그룹핑을 위해 fieldset으로 감싸져 있다. 그림 4-8을 통해 이 예제가 어떻게 보이는지를 확일하 수 있다.

```
<!DOCTYPE html>
<html>

    <head>
        <title>jQuery Mobile Demo</title>
        <link href="jquery.mobile-1.0rc2.min.css"
                                    rel="stylesheet" type="text/css"/>
        <script src="jquery-1.6.4.min.js"></script>
        <script src="jquery.mobile-1.0rc2.min.js"></script>
    </head>

    <body>
        <!-- Main Page-->
        <div data-role="page" id="main">
            <div data-role="header" data-position="inline">
                <a href="index.html" data-icon="delete">Cancel</a>
                <h1>
                    Edit Contact
                </h1>
                <a href="index.html" data-icon="check">Save</a>
            </div>
            <div data-role="content">
                <form action="#" method="get">
```

```
    <h2>
        Simple Form Elements
    </h2>
    <div data-role="fieldcontain">
        <label for="name">
            Text Input:
        </label>
        <input type="text" name="name" id="name" value="" />
    </div>
    <div data-role="fieldcontain">
        <label for="textarea">
            Textarea:
        </label>
        <textarea cols="40" rows="8" name="textarea"
                                       id="textarea">
        </textarea>
    </div>
    <div data-role="fieldcontain">
        <label for="search">
            Search Input:
        </label>
        <input type="search" name="password"
                                id="search" value="" />
    </div>
</form>
</div>
<div data-role="footer" class="ui-bar">
    <a href="index.html" data-role="button"
                            data- icon="delete">Remove</a>
    <a href="index.html" data-role="button"
                            data-icon="plus">Add</a>
    <a href="index.html" data-role="button"
                            data-icon="arrow-u">Up</a>
    <a href="index.html" data-role="button"
                            data-icon="arrow-d">Down</a>
```

```
            </div>
        </div>
        <!-- First Page End -->
    </body>

</html>
```

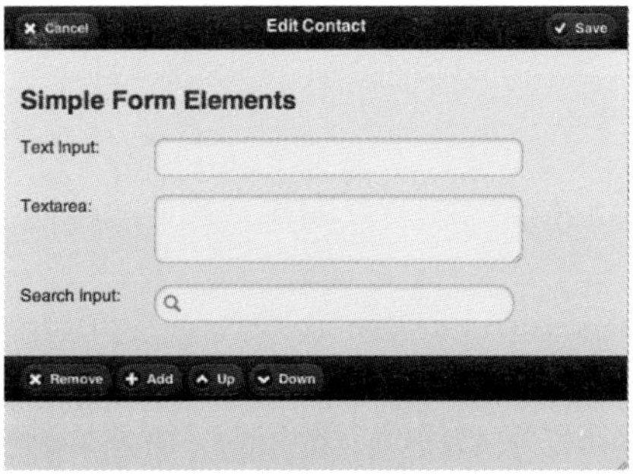

그림 4-8 jQuery 모바일 서식 엘리먼트

두 번째 예제는 보기 좋은 on/off 스위치로 둘러쌓인 HTML select이다. 프로그램에서
는 이 스위치를 HTML select box로 보고 값을 가져오게 된다. textbox 또한 슬라이더
로 감싸서, 슬라이더의 값이 textbox에 입력된다. textbox에 직접 값을 입력할 수도 있
지만, jQuery 모바일에서는 슬라이더를 움직여 지정된 범위 안의 값을 선택할 수 있도
록 해준다. 그림 4-9에서 이 HTML이 브라우저에서 보이는 모습을 확인할 수 있다.

```
<!DOCTYPE html>
<html>

    <head>
        <title>jQuery Mobile Demo</title>
        <link href="jquery.mobile-1.0rc2.min.css"
                                        rel="stylesheet" type="text/css"/>
        <script src="jquery-1.6.4.min.js"></script>
```

```html
        <script src="jquery.mobile-1.0rc2.min.js"></script>
</head>

<body>
    <!-- Main Page-->
    <div data-role="page" id="main">
        <div data-role="header" data-position="inline">
            <a href="index.html" data-icon="delete">Cancel</a>
            <h1>
                Edit Contact
            </h1>
            <a href="index.html" data-icon="check">Save</a>
        </div>
        <div data-role="content">
            <form action="#" method="get">
                <h2>
                    Simple Form Elements
                </h2>
                <div data-role="fieldcontain">
                    <label for="onoff-slider">
                        On/Off Switch:
                    </label>
                    <select name="onoff-slider" id="onoff-slider"
                                                data-role="slider">
                        <option value="off">
                            Off
                        </option>
                        <option value="on">
                            On
                        </option>
                    </select>
                </div>
                <div data-role="fieldcontain">
                    <label for="range-slider">
                        Range Slider:
                    </label>
```

```
                        <input type="range" name="range-slider"
                            id="range-slider" value="0" min="10" max="100" />
                    </div>
                </form>
            </div>
            <div data-role="footer" class="ui-bar">
                <a href="index.html" data-role="button"
                                            data- icon="delete">Remove</a>
                <a href="index.html" data-role="button" data-icon="plus">Add</a>
                <a href="index.html" data-role="button"
                                            data-icon="arrow-u">Up</a>
                <a href="index.html" data-role="button"
                                            data-icon="arrow-d">Down</a>
            </div>
        </div>
        <!-- First Page End -->
    </body>
</html>
```

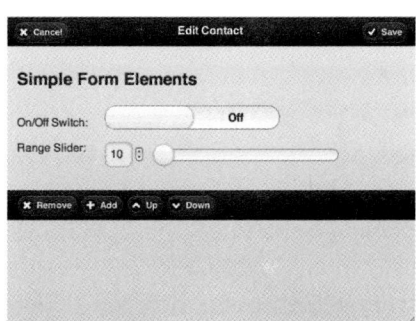

그림 4-9 jQuery 모바일 서식 엘리먼트

다음 예제에서는 HTML radio box를 보기 좋은 위젯으로 감싸는 방법에 대해 살펴보겠다.
HTML radio box는 data-role을 "controlgroup"으로 설정하고, data-type을 "horizontal"

로 설정하여 위젯으로 감쌀 수 있다. 그림 4-10을 통해 단일 서식 엘리먼터와 복합 서식 엘리먼트가 어떻게 보이는지 확인할 수 있다.

```html
<!DOCTYPE html>
<html>

    <head>
        <title>jQuery Mobile Demo</title>
        <link href="jquery.mobile-1.0rc2.min.css"
                                    rel="stylesheet" type="text/css"/>
        <script src="jquery-1.6.4.min.js"></script>
        <script src="jquery.mobile-1.0rc2.min.js"></script>
    </head>

    <body>
        <!-- Main Page-->
        <div data-role="page" id="main">
            <div data-role="header" data-position="inline">
                <a href="index.html" data-icon="delete">Cancel</a>
                <h1>
                    Edit Contact
                </h1>
                <a href="index.html" data-icon="check">Save</a>
            </div>
            <div data-role="content">
                <form action="#" method="get">
                    <h2>
                        Single and MultiSelect Form Elements
                    </h2>
                    <div data-role="fieldcontain">
                        <fieldset data-role="controlgroup">
                            <legend>
                                Choose a base:
                            </legend>
                            <input type="radio" name="radio-choice-1"
```

```
                id="radio-choice-1" value="choice-1"
                checked="checked" />
            <label for="radio-choice-1">
                Thin Crust
            </label>
            <input type="radio" name="radio-choice-1"
                        id="radio-choice-2" value="choice-2"/>
            <label for="radio-choice-2">
                Double Cheese Burst
            </label>
            <input type="radio" name="radio-choice-1"
                        id="radio-choice-3" value="choice-3"/>
            <label for="radio-choice-3">
                Class Hand Tossed
            </label>
        </fieldset>
    </div>
    <div data-role="fieldcontain">
        <fieldset data-role="controlgroup">
            <legend>
                Choose Pizza toppings
            </legend>
            <input type="checkbox" name="checkbox-
                        1a" id="checkbox-1a" class="custom" />
            <label for="checkbox-1a">
                Jalepeno
            </label>
            <input type="checkbox" name="checkbox-
                        2a" id="checkbox-2a" class="custom" />
            <label for="checkbox-2a">
                Olives
            </label>
            <input type="checkbox" name="checkbox-
                        3a" id="checkbox-3a" class="custom" />
            <label for="checkbox-3a">
```

```
            Cheese
        </label>
        <input type="checkbox" name="checkbox-
                    4a" id="checkbox-4a" class="custom" />
        <label for="checkbox-4a">
            Capsicum
        </label>
    </fieldset>
</div>
<div data-role="fieldcontain">
    <fieldset data-role="controlgroup"
                                data- type="horizontal">
        <legend>
            Non Veg topping:
        </legend>
        <input type="checkbox" name="checkbox-6"
                        id="checkbox-6" class="custom"/>
        <label for="checkbox-6">
            Pepperoni
        </label>
        <input type="checkbox" name="checkbox-7"
                        id="checkbox-7" class="custom"/>
        <label for="checkbox-7">
            Ham
        </label>
        <input type="checkbox" name="checkbox-8"
                        id="checkbox-8" class="custom"/>
        <label for="checkbox-8">
            Turkey
        </label>
    </fieldset>
</div>
<div data-role="fieldcontain">
    <fieldset data-role="controlgroup"
                                data- type="horizontal">
```

```
                    <legend>
                        Payment Type:
                    </legend>
                    <input type="radio" name="radio-choice-b"
                  id="radio-choice-c" value="on" checked="checked" />
                    <label for="radio-choice-c">
                        Cash
                    </label>
                    <input type="radio" name="radio-choice-b"
                                    id="radio-choice-d" value="off"/>
                    <label for="radio-choice-d">
                        Coupons
                    </label>
                    <input type="radio" name="radio-choice-b"
                                    id="radio-choice-e" value="other"/>
                    <label for="radio-choice-e">
                        Credit Card
                    </label>
                </fieldset>
            </div>
          </form>
        </div>
        <div data-role="footer" class="ui-bar">
            <a href="index.html" data-role="button"
                                        data- icon="delete">Remove</a>
            <a href="index.html" data-role="button"data-icon="plus">Add</a>
            <a href="index.html" data-role="button"data-icon="arrow-u">Up</a>
            <a href="index.html" data-role="button"
                                    data-icon="arrow-d">Down</a>
        </div>
      </div>
    </div>
    <!-- First Page End -->
  </body>

</html>
```

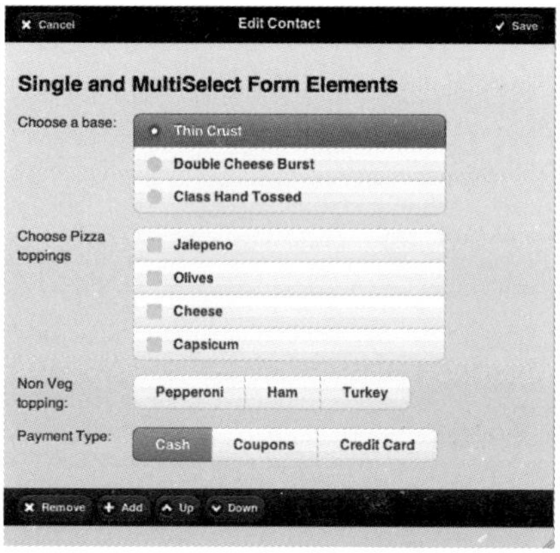

그림 4-10 jQuery 모바일 서식 엘리먼트

리스트 뷰

지금까지 data-role, CSS와 간단한 HTML 엘리먼트를 통해 여러 UI 위젯을 선언하는 방법에 대해 살펴보았다. jQuery 모바일에서는 리스트 뷰의 사용법 역시 유사하다. 다음 예제를 통해 HTML 리스트를 모바일의 스크롤 리스트로 변환하는 방법을 살펴보자.

```
<ul data-role="listview" data-theme="g">
    <li>
        <a href="usa.HTML">USA</a>
    </li>
    <li>
        <a href="uk.HTML">UK</a>
    </li>
    <li>
        <a href="russia.HTML">Russia</a>
    </li>
</ul>
```

다음은 HTML에서 리스트를 선언하는 전체 코드이다. 데이터가 다이나믹하게 변할 수 있는 경우, ul 엘리먼트 내의 li 엘리먼트를 추가해 주기만 하면 된다. jQuery 모바일에서 보이는 리스트의 모습은 그림 4-11에서 확인할 수 있다.

```
<!DOCTYPE HTML>
<HTML>

    <head>
        <title>jQuery Mobile Demo</title>
        <link href="jquery.mobile-1.0rc2.min.css"
                                        rel="stylesheet" type="text/css"/>
        <script src="jquery-1.6.4.min.js"></script>
        <script src="jquery.mobile-1.0rc2.min.js"></script>
    </head>

    <body>
        <!-- Main Page-->
        <div data-role="page" id="main">
            <div data-role="header">
                <h1>
                    Header
                </h1>
            </div>
            <div data-role="content">
                <ul data-role="listview" data-theme="c">
                    <li>
                        <a href="usa.HTML">USA</a>
                    </li>
                    <li>
                        <a href="uk.HTML">UK</a>
                    </li>
                    <li>
                        <a href="russia.HTML">Russia</a>
                    </li>
```

```
            </ul>
        </div>
        <div data-role="footer" class="ui-bar">
            <h1>
                Footer
            </h1>
        </div>
    </div>
    <!-- First Page End -->
    </body>

</HTML>
```

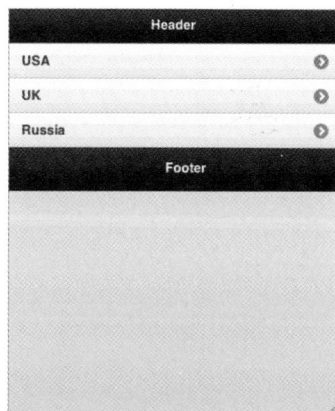

그림 4-11 jQuery 모바일 리스트 뷰

jQuery 모바일에 대한 더 많은 정보는 다음 웹사이트에서 확인할 수 있다.
http://jquerymobile.com/demos/1.0a4.1/에서 데모와 문서를 확인해보자.

jQuery 모바일의 이벤트 처리

jQuery 모바일의 이벤트 처리는 두 가지로 나눠볼 수 있다.

1 jQuery 모바일 위젯이 아닌 부분에서 발생한 이벤트. 예로는 textbox, text area, button, radio button 등을 들 수 있다.

2 jQuery 모바일과 프레임워크에서 발생한 이벤트. 예로는 터치 이벤트, 디바이스 방향 전환 이벤트, 스크롤 이벤트, 페이지 생명주기 이벤트 등을 들 수 있다.

일반 이벤트

일반 이벤트는 jQuery에서 일반적으로 이벤트를 처리하는 것과 동일하다. jQuery에서는 jQuery 셀렉터의 bind 메서드를 통해 이벤트를 처리한다.

```html
<html>
    <head>…</head>
    <body>
        <button id="mybutton">mybutton</button>
    </body>
</html>
```

```
$("#mybutton").bind("click",function(event){
    alert("clicked mybutton");
});
```

jQuery는 다양한 이벤트 처리 메서드를 제공한다. click 메서드는 콜백을 바로 클릭 이벤트로 연결해 주어 위 예제의 축약형처럼 동작한다.

```
$("#mybutton").click(function(event){
    alert("clicked mybutton");
});
```

jQuery의 이벤트 처리에 대한 자세한 내용은 다음 웹사이트에서 확인할 수 있다. http://api.jquery.com/category/events/

이제 jQuery 모바일에서 발생하는 이벤트를 살펴보자. 발생 소스와 상관없이 모든 이벤트는 위의 예제와 동일한 방식으로 처리되어야 하며, 이는 이어서 설명할 이벤트도 모두 동일하다.

이어서 jQuery 모바일 프레임워크와 위젯에서 발생하는 여러 이벤트를 살펴보자.

터치 이벤트

휴대폰과 태블릿의 터치 이벤트는 기존의 클릭이나 더블클릭과 같은 마우스 이벤트와 많은 부분에서 차이가 난다. 같은 이유로 기존의 마우스 이벤트에서는 제스처가 불가능했다. jQuery 모바일에서는 터치 제스처를 위한 새로운 이벤트를 제공하며, 표 4-2에서 이를 확인할 수 있다.

표 4-2 jQuery 모바일 터치 이벤트

이벤트 이름	설명
Tap	이 이벤트는 짧게 터치 후 손을 뗄 때 발생한다.
Taphold	이 이벤트는 약 1초 정도 스크린을 손가락으로 누르고 있을 때 발생한다.
Swipe	이 터치 제스처는 1초 정도의 짧은 시간 동안 방향과 상관없이 최소 30px 정도의 수평적인 드래그가 있을 때 발생한다(수직 이동은 20px 이내).
Swipeleft	방향이 왼쪽인 swipe 이벤트이다.
Swiperight	방향이 오른쪽인 swipe 이벤트이다.

다음은 jQuery 모바일에서 터치 이벤트를 어떻게 처리하는지를 보여주는 예제이다. 그림 4-12에서 이 예제의 실행 모습을 볼 수 있다.

```html
<!DOCTYPE html>
<html>

    <head>
        <title>jQuery Mobile Touch Events Demo</title>
        <link href="jquery.mobile-1.0rc2.min.css"
                                        rel="stylesheet" type="text/css"/>
        <script src="jquery-1.6.4.min.js"></script>
        <script src="jquery.mobile-1.0rc2.min.js"></script>
        <script>
            $(document).ready(function() {
                $("#tap").bind("tap", function() {
                    alert("TapEvent");
                });
                $("#taphold").bind("taphold", function() {
                    alert("Tap Hold Event");
                });
                $("#swipe").bind("swipe", function() {
                    alert("Swipe Event");
                });
                $("#swipeleft").bind("swipeleft", function() {
                    alert("Swipe Left Event");
                });
                $("#swiperight").bind("swiperight", function() {
                    alert("Swipe Right Event");
                });
            });
        </script>
    </head>

    <body>
        <!--Main Page-->
        <div data-role="page" id="main">
            <div data-role="header">
                <h1>
```

```
                    Touch Events
            </h1>
        </div>
        <div data-role="content">
            <h1>
                Touch Events example
            </h1>
            <p id="tap">
                Tap here
            </p>
            <p id="taphold">
                Tap and hold here
            </p>
            <p id="swipe">
                Swipe in this area.
            </p>
            <p id="swipeleft">
                Swipe Left &lt;-- in this area.
            </p>
            <p id="swiperight">
                Swipe Right -- &gt; in this area.
            </p>
        </div>
        <div data-role="footer" class="ui-bar">
            <h1>
                Footer
            </h1>
        </div>
    </div>
    <!-- First Page End -->
</body>

</html>
```

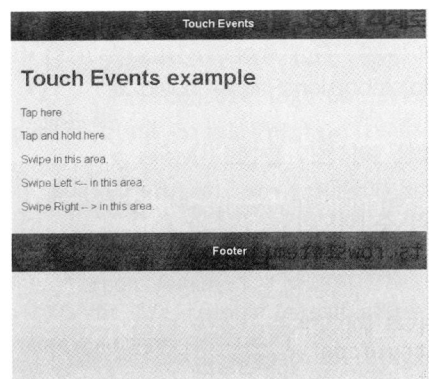

그림 4-12 jQuery 모바일 터치 이벤트

방향 전환 이벤트

휴대폰과 태블릿 모두 디바이스의 방향 전환을 인지하여 반응한다. 휴대폰과 태블릿의
비율이 가로 모드일 때와 세로 모드일 때가 다르기 때문에 이 기능은 매우 유용하다.
jQuery 모바일은 두 방향 모두에서 개발자가 화면을 최대한 잘 사용할 수 있도록 방향
의 변화를 알려준다. 이를 위해 window 엘리먼트의 orientationchange 이벤트와 콜백
함수를 연결해 주어야 한다(그림 4–13, 그림4–14).

```
<!DOCTYPE html>
<html>

    <head>
        <title>jQuery Mobile Touch Events Demo</title>
        <link href="jquery.mobile-1.0rc2.min.css"
                                    rel="stylesheet" type="text/css"/>
        <script src="jquery-1.6.4.min.js"></script>
        <script src="jquery.mobile-1.0rc2.min.js"></script>
            $(document).ready(function(){
                $(window).bind('orientationchange', function(event){
                    $("#placeholder").html("Orientation changed
                                        to "+event.orientation);
```

```
                        });
                });
        </script>
    </head>

    <body>
        <!-- Main Page-->
        <div data-role="page" id="main">
            <div data-role="header">
                <h1>
                        Touch Events
                </h1>
            </div>
            <div data-role="content">
                <h1>
                        Orientation Events example
                </h1>
                <div id="placeholder">
                </div>
            </div>
            <div data-role="footer" class="ui-bar">
                <h1>
                        Footer
                </h1>
            </div>
        </div>
        <!-- First Page End -->
    </body>

</html>
```

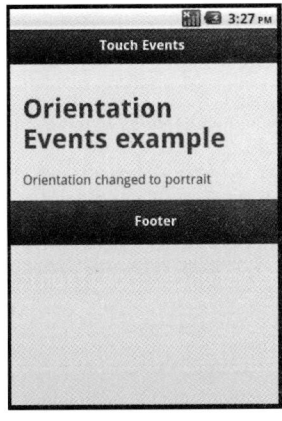 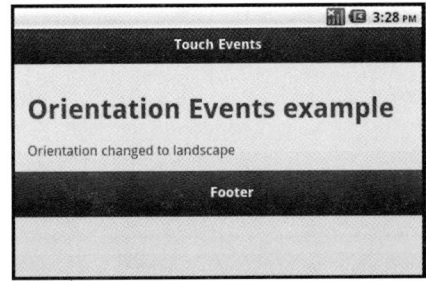

그림 4-13 jQuery 모바일 방향 전환 이벤트   **그림 4-14** jQuery 모바일 방향 전환 이벤트

스크롤 이벤트

모바일 디바이스의 주요한 기능 중 하나는 스크롤이 되는 동안 백그라운드에서 다른 작업을 진행하는 것이다. 사용자가 리스트를 스크롤 함에 따라 데이터를 가져오는 경우가 그 예이다.

이러한 동작을 위해서는 스크롤 이벤트가 필요하다(표 4-3). jQuery 모바일은 스크롤 이벤트를 제공한다. iOS에서는 scrollstart 이벤트가 제대로 동작하지 않기 때문에, iOS에서는 이 이벤트를 사용하지 않길 바란다.

표 4-3 모바일 스크롤 이벤트

이벤트 이름	설명
scrollstart	스크롤이 시작될 때 발생하는 이벤트이다. 이 이벤트는 아이폰에서는 제대로 동작하지 않는다. 이는 iOS 디바이스가 DOM 조작을 멈추기 때문이다. 모든 이벤트는 스크롤이 멈출 때 한꺼번에 발생한다.
scrollstop	스크롤이 멈출 때 발생하는 이벤트이다.

페이지 이벤트

jQuery 모바일에는 페이지 개념이 있다. jQuery 모바일에서 페이지는 생성되고, 보이고, 사라진다. jQuery 모바일은 개발자가 페이지가 생성되기 전과 후, 페이지가 보이고 사라지기 전후에 적절한 처리를 할 수 있도록 이벤트를 제공한다. 모든 이벤트는 표 4-4에서 확인할 수 있다.

표 4-4   jQuery 모바일 페이지 이벤트

이벤트 이름	설명
pagebeforecreate	이 이벤트는 페이지가 생성되기 직전에 발생한다.
pagecreate	이 이벤트는 페이지가 생성된 후에 발생한다.
pagebeforeshow	이 이벤트는 페이지가 보이기 이전에 발생한다.
pagebeforehide	이 이벤트는 페이지가 사라지기 전에 발생한다.
pageshow	이 이벤트는 페이지가 보인 후 발생한다.
pagehide	이 이벤트는 페이지가 사라지고 나서 발생한다.

폰갭과 jQuery 모바일의 통합

지금까지 jQuery 모바일이 어떻게 동작하는지 살펴보았다. 이제 폰갭과 jQuery 모바일을 이용하여 애플리케이션을 만들어보자.

jQuery 모바일을 폰갭과 함께 사용하게 되면 세 개의 자바스크립트 프레임워크가 개별적인 부트스트랩과정을 거치게 된다.

1. 폰갭 프레임워크

2. jQuery 프레임워크

3. jQuery 모바일 프레임워크

세 개의 프레임워크 모두 각자의 부트스트랩 과정이 있지만, 다음과 같은 순서로 부트스트랩 과정을 거치는 것이 가장 좋다.

1. 폰갭

2. jQuery

3. jQuery 모바일(필요한 경우에만)

다음은 앞 순서대로 부트스트랩 과정을 진행하는 예이다.

```
<script>

    // 폰갭이 초기화되었을 때 onDeviceReady가 호출된다.

    function onDeviceReady() {
        $(document).ready(function() {
            // 여기서 jQuery 함수를 호출한다.
        });
    }
    document.addEventListener("deviceready", onDeviceReady);
</script>
```

jQuery 모바일과 폰갭을 이용한 지역 검색

jQuery 모바일과 폰갭을 이용하여 애플리케이션을 만들어 보자. 이 애플리케이션은 Google Maps Places API와 폰갭의 위치, 지자기, 데이터베이스 기능을 이용한 메시업 애플리케이션이며, jQuery 모바일로 UI를 구성한다(그림 4-15).

이 메시업은 지역 검색으로 불리며, 다음과 같은 기능을 갖는다.

1 사용자가 자신의 현재 위치에서 주어진 반경 내의 관심 있는 장소를 검색할 수 있도록 해준다.

2 사용자에게 검색한 장소의 자세한 정보를 제공하고, 해당 장소의 웹사이트에 방문할 수 있도록 해준다.

3 사용자가 원하는 장소를 즐겨찾기에 등록하고, 삭제할 수 있도록 해준다.

4 사용자가 등록한 즐겨찾기를 확인해 볼 수 있다.

5 사용자는 검색한 장소를 구글 맵에서 확인할 수 있다.

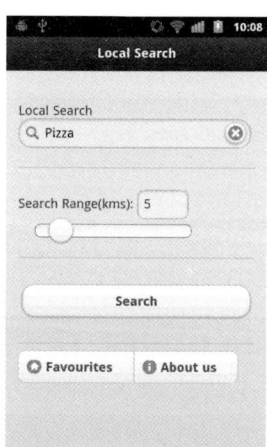

그림 4-15 jQuery 모바일과 폰갭을 이용한 지역 검색

이 화면의 가장 중요한 두 기능은 다음과 같다(그림 4-16).

1. 사용자의 위치에서 5km 반경 내에서 피자를 검색할 수 있게 해주는 검색 버튼

2. 즐겨찾기로 등록한 장소를 모두 보여줄 수 있는 즐겨찾기 버튼

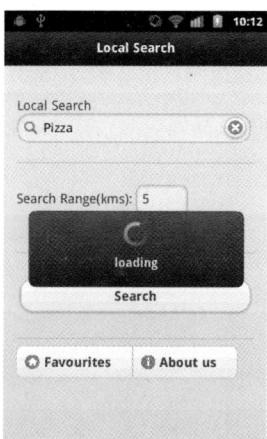

그림 4-16 jQuery 모바일과 폰갭을 이용한 지역 검색

검색 결과는 리스트나 지도 내 마커로 볼 수 있다. 그림 4-17은 리스트로 검색 결과를 확인하는 화면이다.

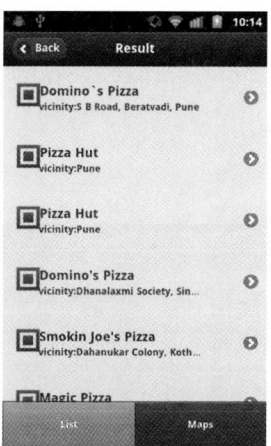

그림 4-17 지역 검색 결과

사용자가 검색 결과 중 한 장소를 클릭하면, 그 장소의 세부 정보 페이지로 이동한다. 세부 정보 페이지는 이름, 주소, 전화번호 등의 선택한 장소에 대한 자세한 정보를 표시한다. 사용자는 이 페이지에서 선택한 장소를 즐겨찾기에 추가하거나 삭제할 수 있다. 그림 4-18에서 세부 정보 화면을 확인할 수 있다.

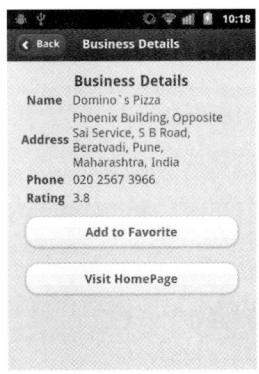

그림 4-18 지역 검색 세부 정보 화면

사용자가 즐겨찾기에 장소를 추가한 후, 메인 페이지에서 즐겨찾기 페이지로 이동하여 즐겨찾기에 저장한 항목을 확인해 볼 수 있다. 이 항목은 애플리케이션의 내부 데이터베이스에 저장되어 있다(그림 4-19).

그림 4-19 로컬에 저장된 즐겨찾기

즐겨찾기 리스트에서 항목을 클릭하면, 상세 정보 페이지가 나오게 된다. 그림 4-20에
서 보이는 것처럼 이 장소의 상세 페이지에는 이 장소가 이미 즐겨찾기에 등록되어 있기
때문에 즐겨찾기에서 삭제할 수 있는 "Remove to Favorite" 버튼이 화면에 보인다.

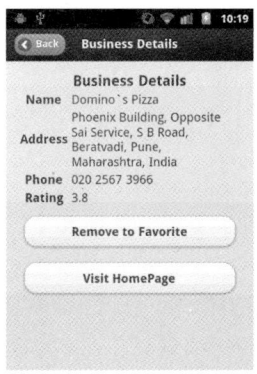

그림 4-20 즐겨찾기 상세 정보 화면

검색 화면을 구글 맵에서 확인하는 기능을 살펴보자. 메인 페이지에서 검색 버튼을 누른
후, 지도 탭을 선택하면 그림 4-21에서 보이는 것처럼 검색 결과를 지도에서 볼 수 있다.

그림 4-21 지도에 표시된 지역 검색 결과

폰갭과 jQuery의 부트스트랩

부트스트랩은 다음의 순서로 진행된다.

1 폰갭 자바스크립 라이브러리가 호출되면 폰갭의 onDeviceReady( ) 함수를 호출하기 위한 부트스트랩 과정을 수행한다.

2 onDeviceReady( ) 함수에서 jQuery가 로드되었을 때 등록된 함수를 실행하기 위한 jQuery의 부트스트랩 과정을 수행한다.

```
<script>
function onDeviceReady(){
                $(document).ready(function(){
                        // 이벤트 헨들러를 등록한다.
                });
}
document.addEventListener("deviceready",onDeviceReady);
</script>
```

필수 자바스크립트 라이브러리 설치

이 프로젝트에는 다음과 같은 자바스크립트 라이브러리가 필요하다.

1. jQuery: http://docs.jquery.com/Downloading_jQuery#Download_jQuery

2. jQuery 모바일: http://jquerymobile.com/download/

3. jQuery UI 맵: http://code.google.com/p/jquery-ui-map/downloads/list

4. 폰갭: www.phonegap.com/download/

이 애플리케이션의 자바스립트를 app.js로 CSS를 app.css로 정한다. 이 애플리케이션의 www 디렉터리 구조는 그림 4-22에서 보이는 것과 같다. images 디렉터리는 jQuery 모바일 라이브러리를 위한 것이다.

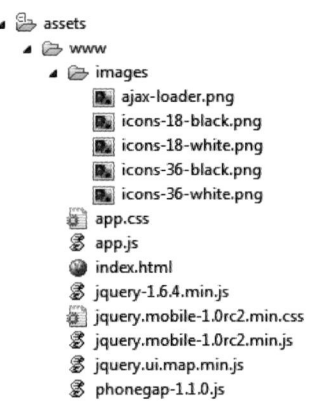

```
▲ 🗃 assets
  ▲ 📂 www
    ▲ 📂 images
          🖼 ajax-loader.png
          🖼 icons-18-black.png
          🖼 icons-18-white.png
          🖼 icons-36-black.png
          🖼 icons-36-white.png
       📄 app.css
       📜 app.js
       🌐 index.html
       📜 jquery-1.6.4.min.js
       📄 jquery.mobile-1.0rc2.min.css
       📜 jquery.mobile-1.0rc2.min.js
       📜 jquery.ui.map.min.js
       📜 phonegap-1.1.0.js
```

그림 4-22 지역 검색 프로젝트 디렉터리 구조

지역 검색 레이아웃

지역 검색 페이지는 이 애플리케이션의 메인 페이지다. 이 페이지에서는 검색을 위해 다음 세 가지 정보를 이용한다.

1. 폰갭의 위치 정보

2. search text box의 검색 키워드

3. jQuery 모바일 슬라이더의 검색 반경

앞 정보가 모두 입력되면, 검색 결과를 가져와 검색 결과 페이지에 보여준다.

```html
<!-- Main Search Page -->
<div data-role="page">
    <div data-role="header">
        <h1>
            Local Search
        </h1>
    </div>
    <!-- /header -->
    <div data-role="content">
        <div data-role="fieldcontain">
            <label for="search">
                Local Search
            </label>
            <input type="search" name="searchbox" id="searchbox" value="Pizza" />
        </div>
        <div data-role="fieldcontain">
            <label for="slider">
                Search Range(kms):
            </label>
            <input type="range" name="range" id="range" value="5" min="1" max="25"/>
        </div>
        <div data-role="fieldcontain">
            <button name="search" id="search">
                Search
            </button>
        </div>
        <div data-role="controlgroup" data-type="horizontal">
            <a href="#fav" data-role="button" data-icon="home">Favorites</a>
            <a href="index.html" data-role="button" data-icon="info">About us</a>
        </div>
    </div>
    <!-- /content -->
</div>
```

지역 장소 검색

원하는 장소를 찾기 위해서, Google Maps Places API를 사용한다. Google Maps
Places 서비스에 RESTful 호출을 하여 원하는 장소를 검색할 수 있다. 이 RESTful 호
출에는 표 4-5에서 확인할 수 있는 여러 인자 값이 있다.

표 4-5 Google Place API 인자 값

파라미터 이름	설명
API key	구글 서비스에 REST 호출을 하기 위해서는 API 키를 이용해 애플리케이션의 ID를 알려줘야 한다. API 키를 만들기 위해서는 구글에 등록해야 한다. 더 자세한 사항은 http://code.google.com/apis/maps/signup.html 에서 확인할 수 있다.
Latitude	Google Maps Places는 위치 기반 서비스이기 때문에 위치 정보가 필요하다.
Longitude	Google Maps Places는 위치 기반 서비스이기 때문에 위치 정보가 필요하다.
Radius	Google Maps Places는 검색 범위를 정하기 위해 반경 정보가 필요하다.
Name	장소를 검색하기 위한 키워드
Types	장소의 종류. 이 예제에서는 "food"를 사용한다.

다음은 인자 값을 제외한 호출 URL이다.

```
https://maps.googleapis.com/maps/api/place/search/json?location={latitude,lon
gitude}&radius={radius}&types=food&name={search keyword}
&sensor=false&key={api_key}.
```

아래의 URL을 호출하면 JSON 응답이 반환된다.

```
https://maps.googleapis.com/maps/api/place/search/json?location=-
33.8670522,151.1957362&radius=500&types=food&name=harbour&sensor=true&key=<<a
pi key>>.
```

JSON 응답은 다음과 같다.

```json
{
    "html_attributions": ["Listings by \u003ca
href=\"http://www.yellowpages.com.au/\"\u003eYellow Pages\u003c/a\u003e"],
    "results": [{
        "geometry": {
            "location": {
                "lat": -33.8719640,
                "lng": 151.1985440
            }
        },
        "icon": "http://maps.gstatic.com/mapfiles/place_api/icons/restaurant-71.png",
        "id": "aefbc59325ffd5f3e93d67932375d20d143289de",
        "name": "Toros Restaurant Darling Harbour",
        "reference": "CoQBdgAAAE6oRybc13OZYNH0WeuwKzTfzjYXO8nuWyGqCqSTBogR
_BZxE30fgXsybOl_wIR0s_uuHLZqq-17DTgpGHZoSehSbOG73dfIxO3rpQak2OmNuBb5Kg63rPN
_afbH_PnbILiofw6WSODYOCkqhFl38qSXyujAPkQKZU76NJypgT6mEhCg1MhyNAuyark4X8YfRg4Y
GhTn_MXr0gelHUHPe3JMCic-cHlu3A",
        "types": ["restaurant", "food", "establishment"],
        "vicinity": "Darling Dr, Sydney"
    }, ...]
}
```

앞 JSON을 보면, id와 reference가 있는 것을 확인할 수 있다. 지역 검색 애플리케이션을 개발하기 위해서는 이 두 값의 의미를 이해해야 한다.

id는 장소의 고유한 식별자이다. 이 id는 장소를 지역 검색 애플리케이션의 데이터베이스에 저장할 때 프라이머리 키로 사용될 것이다. 하지만, id를 이용해 해당 장소의 최신 정보를 가져올 수는 없다.

reference는 Google Places 서버에서 장소의 세부 정보를 가져오는 키로 사용된다. 하지만, reference는 검색 결과마다 달라질 수 있다.

id를 이용하여 장소를 고유하게 식별하고, reference를 이용하여 Google Places에서 장소의 정보를 가져오기 위해서는 애플리케이션 데이터베이스에 id와 reference를 모두 저장해야 한다.

HTML 전체 레이아웃

다음은 지역 검색 애플리케이션의 전체 레이아웃이다. 이 애플리케이션에는 다섯 개의 페이지가 있다.

1. 검색 페이지

2. id가 "list"인 검색 결과 페이지

3. id가 "details"인 세부 정보 페이지

4. id가 "fav"인 즐겨찾기 목록 페이지

5. id가 "map"인 지도 페이지

```html
<!DOCTYPE HTML>
<html>

    <head>
        <title>PhoneGap</title>
        <link rel="stylesheet" type="text/css" href="app.css" />
        <script type="text/javascript" src="
                    http://maps.google.com/maps/api/js?sensor=true"></script>
        <script type="text/javascript" src="jquery.ui.map.min.js"></script>
        <link href="jquery.mobile-1.0rc2.min.css" rel="stylesheet" type="text/css"/>
        <script src="jquery-1.6.4.min.js"></script>
        <script src="jquery.mobile-1.0rc2.min.js"></script>
        <script type="text/javascript" src="phonegap-1.1.0.js"></script>
```

```
            <script type="text/javascript" src="app.js"></script>
        </head>

        <body>
            <!-- Main Search Page -->
            <div data-role="page">
                <div data-role="header">
                    <h1>
                        Local Search
                    </h1>
                </div>
                <!-- /header -->
                <div data-role="content">
                    <div data-role="fieldcontain">
                        <label for="search">
                            Local Search
                        </label>
                        <input type="search" name="searchbox"
                                            id="searchbox" value="Pizza" />
                    </div>
                    <div data-role="fieldcontain">
                        <label for="slider">
                            Search Range(kms):
                        </label>
                        <input type="range" name="range" id="range"
                                            value="5" min="1" max="25"/>
                    </div>
                    <div data-role="fieldcontain">
                        <button name="search" id="search">
                            Search
                        </button>
                    </div>
                    <div data-role="controlgroup" data-type="horizontal">
                        <a href="#fav" data-role="button"
                                            data-icon="home">Favorites</a>
                        <a href="index.html" data-role="button"
                                            data-icon="info">About us</a>
```

```
        </div>
    </div>
    <!-- /content -->
</div>
<!-- /page -->
<!-- Search Result List Page -->
<div data-role="page" id="list">
    <div data-role="header" data-position="fixed">
        <h1>
            Result
        </h1>
    </div>
    <!-- /header -->
    <div data-role="content">
        <ul id="result-list" data-role="listview" data-theme="g">
        </ul>
    </div>
    <!-- /content -->
    <div data-role="footer" data-id="result-footer"
                            data-position="fixed" class="ui-bar-a
        ui-footer ui-footer-fixed fade ui-fixed-overlay"
    role="contentinfo" style="top: -1263px; ">
        <div data-role="navbar"
                class="ui-navbar ui-navbar-noicons" role="navigation">
            <ul class="ui-grid-a">
                <li class="ui-block-a">
                    <a href="#list" data-theme="a"
                        class="ui-btn-active ui-state-persist ui-btn
                                                ui-btn-up-a">
                        <span class="ui-btn-inner">
                        <span class="ui-btn-text">List</span></span>
                    </a>
                </li>
                <li class="ui-block-b">
                    <a href="#map" data-theme="a"
```

```
                              class="ui-state-persist ui-btn ui-btn-up-a">
                              <span class="ui-btn-inner">
                              <span class="ui-btn-text">Maps</span></span>
                    </a>
                </li>
            </ul>
        </div>
        <!-- /navbar -->
    </div>
    <!-- /footer -->
</div>
<!-- /page -->
<!-- Maps Page -->
<div data-role="page" id="map">
    <div data-role="header">
        <h1>
            Map
        </h1>
    </div>
    <!-- /header -->
    <div data-role="content" class="map-content">
        <div id="map_canvas">
        </div>
    </div>
    <!-- /content -->
    <div data-role="footer" data-id="result-footer"
        data-position="fixed"
        class="ui-bar-a ui-footer ui-footer-fixed fade ui-fixed-overlay"
        role="contentinfo" style="top: -1263px; ">
        <div data-role="navbar"
                class="ui-navbar ui-navbar-noicons" role="navigation">
            <ul class="ui-grid-a">
                <li class="ui-block-a">
                    <a href="#list" data-theme="a"
```

```
                                class="ui-state-persist ui-btn ui-btn-up-a">
                                <span class="ui-btn-inner">
                                <span class="ui-btn-text">List</span></span></a>
                    </li>
                    <li class="ui-block-b">
                        <a href="#map" data-theme="a"
                            class="ui-btn-active ui-state-persist ui-btn
                                                        ui-btn-up-a">
                            <span class="ui-btn-inner">
                            <span class="ui-btn-text">Maps</span></span></a>
                    </li>
                </ul>
            </div>
            <!-- /navbar -->
        </div>
        <!-- /footer -->
</div>
<!-- /page -->
<!--Favorite List Page -->
<div data-role="page" id="fav">
    <div data-role="header">
        <h1>
            Favorites
        </h1>
    </div>
    <!-- /header -->
    <div data-role="content">
        <!--
            <ul id="fav-list" data-role="listview" data-theme="g"></ul>
        -->
        <ul id="fav-list" data-role="listview" data-theme="g">
        </ul>
    </div>
    <!-- /content -->
```

```
            <div data-role="footer" data-id="result-footer" data-position="fixed"
                class="ui-bar-a ui-footer ui-footer-fixed fade ui-fixed-overlay"
                role="contentinfo" style="top: -1263px; ">
                <!-- /navbar -->
            </div>
            <!-- /footer -->
        </div>
        <!-- /page -->
        <!-- Business Details Page -->
        <div data-role="page" id="details">
            <div data-role="header">
                <h1>
                    Business Details
                </h1>
            </div>
            <!-- /header -->
            <div data-role="content">
                <table summary="Business Details">
                    <caption>
                        <h3>
                            Business Details
                        </h3>
                    </caption>
                    <tfoot>
                        <tr>
                            <td colspan="2">
                                <div id="remove">
                                    <button id="removefav" data-role="button">
                                        Remove to Favorite
                                    </button>
                                </div>
                                <div id="add">
                                    <button id="addfav" data-role="button">
                                        Add to Favorite
```

```
                    </button>
                </div>
            </td>
        </tr>
        <tr>
            <td colspan="2">
                <a id="homepage" data-role="button" href="">
                                    Visit HomePage</a>
            </td>
        </tr>
    </tfoot>
    <tbody>
        <tr>
            <th scope="row">
                Name
            </th>
            <td id="name">
                ...
            </td>
        </tr>
        <tr>
            <th scope="row">
                Address
            </th>
            <td id="address">
                ...
            </td>
        </tr>
        <tr>
            <th scope="row">
                Phone
            </th>
            <td id="phone">
                ...
```

```
                    </td>
                </tr>
                <tr>
                    <th scope="row">
                        Rating
                    </th>
                    <td id="rating">
                        ...
                    </td>
                </tr>
            </tbody>
        </table>
    </div>
    <!-- /content -->
    </div>
    <!-- /page -->
    </body>
</html>
```

검색 결과 가져오기와 보여주기

검색 기능의 초기화 부분에서 검색 버튼과 실제 검색의 수행을 연결해 준다.

다음은 검색의 진행 과정이다.

1 사용자에게 로딩 아이콘을 보여주어 작업이 시작되었음을 알려준다. 로딩 아이콘은
  $.mobile.showPageLoadingMsg( )를 호출하여 실행할 수 있다.

2 폰갭의 navigator.geolocation.getCurrentPosition(successCallback,
  failureCallback) 함수를 호출하여 사용자의 현재 위치 정보를 가져온다.

3 앞에서 정의한 successCallback 함수가 호출되면, 다음 인자 값으로 Google Places에
JSON 요청을 보낸다.

    a. 위치 정보

    b. 검색 키워드

    c. 현재 위치에서의 검색 반경

    d. Google Places의 개발자 API 키

    e. var url="https://maps.googleapis.com/maps/api/place/search/json?locati
on="+position.coords.latitude+","+position.coords.longitude+"&radius="+radius+"&
name="+$("#searchbox").val( )+"&sensor=true&key=⟨API_Key⟩";

4 Google Places에 JSON 응답을 가져오기 위한 Ajax 호출은 jQuery의 $.jetJSON( )을
이용한다. 폰갭 애플리케이션은 도메인이 없기 때문에 단일 출처 정책의 제한을 받지
않는다. $.getJSON( ) 함수에 successCallback과 failureCallback을 등록한다.

5 앞에서 등록한 successCallback에서 검색 결과를 가져와 id가 "result-list"인 ul 엘리
먼트에 추가한다. HTML 코드의 ul 엘리먼트는 jQuery 모바일에서 리스트 뷰로 사용
된다. ul 엘리먼트에 모든 li 엘리먼트를 추가한 후, $("result-list").listView("refresh")
를 호출하여 jQuery 모바일 리스트인 ul 엘리먼트의 화면을 갱신한다.

6 JSON 응답의 reference가 각 장소 링크의 id로 사용되었다. 각 링크의 실제 href가
"#details"이기 때문에 사용자가 각 링크를 클릭하면, 상세 정보 페이지로 이동한다.

7 장소 링크를 클릭하여 상세 정보 페이지로 이동하기 전에 Google Places 서버에 접속
하여 장소의 상세 정보를 가져올 수 있도록 클릭 이벤트와 클릭 핸들러를 연결해준다.

8 마지막으로 $.mobile.hidePageLodingMsg( )를 호출하여 로딩 아이콘을 화면에서
감춘다.

```
/**
 * 장소 검색 결과를 가져오기 위해 검색 버튼의 클릭 이벤트에 바인딩한다.
 */
function initiateSearch(){
        $("#search").click(function(){
try {
                $.mobile.showPageLoadingMsg();

navigator.geolocation.getCurrentPosition(function(position){

var radius = $("#range").val() * 1000;
mapdata = new google.maps.LatLng(position.coords.latitude, position.coords.longitude);
var url = "https://maps.googleapis.com/maps/api/place/search/json?location=" +
position.coords.latitude + "," + position.coords.longitude + "&radius=" + radius +
"&name=" + $("#searchbox").val() +
"&sensor=false&key=AIzaSyC4vCfT_Knq1SGuNMahZqyrmZFiTuBsdlY";
                        $.getJSON(url, function(data){
cachedData = data;
                                $("#result-list").html("");
try {
                                $(data.results).each(function(index, entry){

var htmlData = "<a href=\"#details\" id=\"" + entry.reference + "\"><img src=\"" +
entry.icon + "\" class=\"ui-li-icon\"></img><h3> " + entry.name +
"</h3><p><strong> vicinity:" + entry.vicinity + "</strong></p></a>";
var liElem = $(document.createElement('li'));

                                $("#result-list").append(liElem.html(htmlData));

                                $(liElem).bind("tap", function(event){
event.stopPropagation();
fetchDetails(entry);
return true;
                                });
```

```
                      });
                                  $("#result-list").listview('refresh');
                      }
catch (err) {
console.log("Got error while putting search result on result page " + err);
                      }


                      $.mobile.changePage("list");
                      $.mobile.hidePageLoadingMsg();
                  }).error(function(xhr, textStatus, errorThrown){
console.log("Got error while fetching search result : xhr.status=" + xhr.status);

                  }).complete(function(error){
                      $.mobile.hidePageLoadingMsg();
                  });
              }, function(error){
console.log("Got Error fetching geolocation " + error);
              });


          }
catch (err) {
console.log("Got error on clicking search button " + err);
          }


      });

  }
```

장소의 세부 정보 보여주기

앞의 코드에서 검색 결과를 보여주는 화면의 장소 링크를 클릭하면 fetchDetails( ) 함수가
호출되는 것을 확인하였다.

fetchDetails( ) 함수가 호출되면 다음의 과정을 거치게 된다.

1 $.mobile.showPageLoadingMsg( )를 통해 사용자에게 로딩 아이콘이 노출된다.

2 상세 정부 페이지의 모든 항목이 초기화된다(예, $("#name").html( )).

3 장소의 상세 정보 URL(detailsURL)을 생성하고 jQuery의 $.getJSON( )을 통해 Ajax 호출을 한다.

4 $.getJSON( )의 successCallback에서 상세 정보를 받는다. 사용자가 클릭한 장소가 즐겨찾기에 등록된 장소인지를 확인하여, "add to favorite"이나 "remove from favorite" 버튼을 화면에 보여준다.

5 화면의 항목을 채운다.

6 $.mobile.hidePageLoadingMsg( )를 호출하여 로딩 아이콘을 감춘다.

```
/**
    * 장소의 상세 정보를 가져온다. 이 함수는 사용자가 상세 정보 페이지로 이동했을 때, 호출된다.
    * @param {Object} reference
    */
function fetchDetails(entry){

currentBusinessData = null;

        $.mobile.showPageLoadingMsg();
var detailsUrl = "https://maps.googleapis.com/maps/api/place/details/json?reference=" +
entry.reference + "&sensor=true&key=<API_Key>";
        $("#name").html("");
        $("#address").html("");
        $("#phone").html("");
        $("#rating").html("");
```

```
        $("#homepage").attr("href", "");

        $.getJSON(detailsUrl, function(data){
if (data.result) {
currentBusinessData = data.result;

isFav(currentBusinessData, function(isPlaceFav){
                        console.log(currentBusinessData.name+" is fav
                                        "+isPlaceFav);
if (!isPlaceFav) {

                $("#add").show();
                $("#remove").hide();
            }
else {

                $("#add").hide();
                $("#remove").show();
            }
            $("#name").html(data.result.name);
            $("#address").html(data.result.formatted_address);
            $("#phone").html(data.result.formatted_phone_number);
            $("#rating").html(data.result.rating);
            $("#homepage").attr("href", data.result.url);

        });


    }
    }).error(function(err){
console.log("Got Error while fetching details of Business " + err);
    }).complete(function(){
        $.mobile.hidePageLoadingMsg();
    });

}
```

즐겨찾기에 장소 추가하고 삭제하기

이번에는 다음의 질문을 살펴보자.

1 즐겨찾기 목록에 어떻게 장소를 추가하는가?

2 즐겨찾기 목록에서 어떻게 장소를 삭제하는가?

3 장소가 즐겨찾기 목록에 존재하는 장소인지 어떻게 확인하는가?

장소를 저장하고, 찾고, 삭제하기 위해 폰갭의 데이터베이스 API를 사용한다. 즐겨찾기는 "favorite"이라는 이름의 테이블에 저장된다.

initiateFavButton()은 "add to favorite"과 "remove from favorite" 버튼의 클릭 이벤트와 실제 이벤트를 처리할 함수를 연결한다. "add to favorite" 버튼은 add라는 id를 가진 div에 포함되어 있고, "remove from favorite" 버튼은 remove라는 이름의 id를 가진 div에 포함되어 있다. 이 div를 보이게 하거나 감추어 두 버튼 중 필요한 하나의 버튼만이 화면에 보이게 하고, 그 버튼에 해당하는 addToFavorite()이나 removeFromFavorite()을 호출하여 실제 추가와 삭제를 수행한다.

```
/**
 * "Add to Favorite" 버튼을 바인딩하기 위해 호출된다.
 */

function initiateFavButton() {
    $("#removefav").click(function () {

        try {
            if (currentBusinessData != null) {
                removeFromFavorite(currentBusinessData);
                $("#add").show();
                $("#remove").hide();
```

```
        }
    } catch (err) {
        console.log("Got Error while removing " +
                        currentBusinessData.name + " error " + err);
    }


});
$("#addfav").click(function () {
    try {
        if (currentBusinessData != null) {
            addToFavorite(currentBusinessData);
            $("#add").hide();
            $("#remove").show();
        }
    } catch (err) {
        console.log("Got Error while adding " +
                        currentBusinessData.name + " error " + err);
    }

});


}
```

ensureTableExists( )는 다른 모든 데이터베이스 함수에서 사용하는 공용 함수이다. 이 함
수는 데이터베이스에 추가, 선택, 삭제를 하기 전에 "CREATE TABLE IF NOT EXISTS
Favorite(id unique, reference, name, address, phone, rating, icon, vicinity)" SQL 스크
립트가 실행되었는지 확인한다.

```
/**
 *  테이블을 사용하기 전에 이 테이블이 존재하는지 확인
 *  @param {Object} tx
 */
```

```
function ensureTableExists(tx) {
    tx.executeSql('CREATE TABLE IF NOT EXISTS Favorite (id unique, reference,
name,address,phone,rating,icon,vicinity)');
}
```

addToFavorite( )은 favorite 테이블에 장소를 추가하는 기능을 하는 함수이다. 이 테이블에는 id, reference, name, icon, formatted_address, formatted _phone_number, rating, vicinity가 저장된다.

```
/**
 * 현재 장소를 즐겨찾기에 추가
 * @param {Object} data
 */

function addToFavorite(data) {
    var db = window.openDatabase("Favorites", "1.0", "Favorites", 20000000);

    db.transaction(function (tx) {
        ensureTableExists(tx);
        var id = (data.id != null) ? ('"' + data.id + '"') : ('""');
        var reference = (data.reference != null) ?
                                    ('"' + data.reference + '"') : ('""');
        var name = (data.name != null) ? ('"' + data.name + '"') : ('""');
        var address = (data.formatted_address != null) ?
                        ('"' + data.formatted_address + '"') : ('""');
        var phone = (data.formatted_phone_number != null) ?
                    ('"' + data.formatted_phone_number + '"') : ('""');
        var rating = (data.rating != null) ? ('"' + data.rating + '"') : ('""');
        var icon = (data.icon != null) ? ('"' + data.icon + '"') : ('""');
        var vicinity = (data.vicinity != null) ? ('"' + data.vicinity + '"') : ('""');
        var insertStmt = 'INSERT INTO Favorite (id,reference,
name,address,phone,rating,icon,vicinity) VALUES (' + id + ',' + reference + ',' + name
+ ',' + address + ',' + phone + ',' + rating + ',' + icon + ',' + vicinity + ')';
```

```
            tx.executeSql(insertStmt);

    }, function (error) {
        console.log("Data insert failed " + error.code + "    " + error.message);
    }, function () {
        console.log("Data insert successful");
    });

}
```

removeFromFavorite( )은 favorite 테이블에서 장소를 삭제하는 기능을 하는 함수이다. 이 함수에는 삭제를 위한 id가 전달되어야 한다.

```
/**
 * 즐겨찾기에서 현재 장소를 삭제
 * @param {Object} data
 */
function removeFromFavorite(data) {
    try {
        var db = window.openDatabase("Favorites", "1.0", "Favorites", 20000000);

        db.transaction(function (tx) {
            ensureTableExists(tx);
            var deleteStmt = "DELETE FROM Favorite WHERE id = '" + data.id + "'";
            console.log(deleteStmt);
            tx.executeSql(deleteStmt);

        }, function (error) {
            console.log("Data Delete failed " + error.code + "    " + error.message);
        }, function () {
            console.log("Data Delete successful");
        });
    } catch (err) {
```

```
        console.log("Caught exception while deleting favorite " + data.name);
    }

}
```

isFav( )는 장소의 즐겨찾기 포함 여부를 확인해주는 함수이다. 이 함수를 이용하여 사용자에게 즐겨찾기에 포함된 장소를 표시해 줄 수 있다.

```
/**
 *
 * @param {Object} reference
 * @return 장소가 즐겨찾기에 포함되어 있으면 true, 없으면 false
 */

function isFav(data, callback) {
    var db = window.openDatabase("Favorites", "1.0", "Favorites", 200000);
    try {
        db.transaction(function (tx) {
            ensureTableExists(tx);
            var sql = "SELECT * FROM Favorite where id='" + data.id + "'";
            tx.executeSql(sql, [], function (tx, results) {

                var result = (results != null && results.rows != null &&
                                        results.rows.length > 0);

                callback(result);
            }, function (tx, error) {

                console.log("Got error in isFav error.code =" + error.code
                            + " error.message = " + error.message);
                callback(false);

            });
```

```
        });
    } catch (err) {
        console.log("Got error in isFav " + err);
        callback(false);
    }
}
```

즐겨찾기 목록 불러오기

지금까지 즐겨찾기에 장소를 등록하고 삭제해보았다. 장소가 즐겨찾기에 추가된 장소인지 확인하는 방법에 대해서도 살펴보았다. 이제 즐겨찾기에 등록된 모든 장소를 불러오는 방법을 알아보자.

이 코드는 사용자가 메인 페이지에서 favorites 버튼을 클릭하였을 때 실행된다.

이 기능은 isFav( )와 매우 유사하지만, "favorite" 테이블에서 모든 장소를 불러와 id가 fav-list인 ul 엘리먼트에 추가한다는 점에서 다르다.

ul 엘리먼트에 추가하는 부분은 검색 결과를 보여주는 부분과 유사하다.

jQuery 모바일에서는 페이지가 화면에 나타나기 전에 pagebeforeshow 이벤트가 발생한다. 이 이벤트에 리스너를 등록하여 사용자가 "favorites" 버튼을 클릭할 때마다 데이터베이스의 favorite 테이블에서 즐겨찾기 정보를 화면에 구성한다.

```
/**
 * 사용자가 즐겨찾기 페이지로 이동할 때마다 호출된다.
 */
function initiateFavorites() {
    $("#fav").live("pagebeforeshow", function () {

        var db = window.openDatabase("Favorites", "1.0", "Favorites", 200000);
        try {
```

Beginning PhoneGap
비기닝 폰갭

```
            db.transaction(function (tx) {
                tx.executeSql('SELECT * FROM Favorite', [], function (tx, results) {

                    $("#fav-list").html("");
                    if (results != null && results.rows != null) {
                        for (var index = 0; index < results.rows.length; index++) {

                            var entry = results.rows.item(index)

                                var htmlData = "<a href=\"#details\" id=\"" +
entry.reference + "\"><img src=\"" + entry.icon + "\" class=\"ui-li-
icon\"></img><h3> " + entry.name + "</h3><p><strong> vicinity:" +
entry.vicinity + "</strong></p></a>";

                                var liElem = $(document.createElement('li'));

                                $("#fav-list").append(liElem.html(htmlData));

                                $(liElem).bind("tap", function (event) {
                                    event.stopPropagation();
                                    fetchDetails(entry);
                                    return true;
                                });

                        }
                        $("#fav-list").listview('refresh');
                    }
                }, function (error) {
                    console.log("Got error fetching favorites " + error.code
                                            + " " + error.message);
                });
            });
        } catch (err) {
            console.log("Got error while reading favorites " + err);
        }

    });
}
```

검색 결과를 지도에 보여주기

마지막으로 검색 결과를 구글 맵에 표시해 보자. 이 기능을 통해 사용자는 검색된 장소가 어디에 있는지 더 잘 알아볼 수 있다. initiateSearch( ) 함수에서, 검색 결과를 cachedData 변수에 잠시 저장해 놓은 후, 이 정보를 이용하여 지도에 검색된 장소를 표시한다.

사용자가 "Maps" 버튼을 누를 때 마다, cachedData를 이용해 지도에 표시하는 것 역시 pagebeforeshow 이벤트를 이용한다.

```
/**
 * 지도 페이지를 초기화할 때 호출된다.
 */

function initiateMap() {
    $("#map").live("pagebeforecreate", function () {
        try {

            $('#map_canvas').gmap({
                'center': mapdata,
                'zoom': 12,
                'callback': function (map) {
                    $(cachedData.results).each(function (index, entry) {
                        $('#map_canvas').gmap('addMarker', {
                            'position': new
                            google.maps.LatLng(entry.geometry.location.lat,
                                               entry.geometry.location.lng),
                            'animation': google.maps.Animation.DROP
                        }, function (map, marker) {
                            $('#map_canvas').gmap('addInfoWindow', {
                                'position': marker.getPosition(),
                                'content': entry.name
                            }, function (iw) {
                                $(marker).click(function () {
```

```
                                        iw.open(map, marker);
                                        map.panTo(marker.getPosition());
                                });
                        });
                });
        }


        });
        console.log("Map initialized");
    } catch (err) {
        console.log("Got error while initializing map " + err);
    }

});
```

전체 소스 코드

index.html의 전체 소스 코드는 다음과 같다.

```html
<!DOCTYPE HTML>
<html>

    <head>
        <title>PhoneGap</title>
        <link rel="stylesheet" type="text/css" href="app.css" />
        <script type="text/javascript"
                src="http://maps.google.com/maps/api/js?sensor=true"></script>
        <script type="text/javascript" src="jquery.ui.map.min.js"></script>
        <link href="jquery.mobile-1.0rc2.min.css" rel="stylesheet" type="text/css"/>
        <script src="jquery-1.6.4.min.js"></script>
        <script src="jquery.mobile-1.0rc2.min.js"></script>
```

```
        <script type="text/javascript" src="phonegap-1.1.0.js"></script>
        <script type="text/javascript" src="app.js"></script>
</head>

<body>
    <!-- Main Search Page -->
    <div data-role="page">
        <div data-role="header">
            <h1>
                Local Search
            </h1>
        </div>
        <!-- /header -->
        <div data-role="content">
            <div data-role="fieldcontain">
                <label for="search">
                    Local Search
                </label>
                <input type="search" name="searchbox"
                                        id="searchbox" value="Pizza" />
            </div>
            <div data-role="fieldcontain">
                <label for="slider">
                    Search Range(kms):
                </label>
                <input type="range" name="range"
                                id="range" value="5" min="1" max="25"/>
            </div>
            <div data-role="fieldcontain">
                <button name="search" id="search">
                    Search
                </button>
            </div>
            <div data-role="controlgroup" data-type="horizontal">
```

```
                    <a href="#fav" data-role="button"
                                        data-icon="home">Favorites</a>
                    <a href="index.html" data-role="button"
                                        data-icon="info">About us</a>
            </div>
        </div>
        <!-- /content -->
    </div>
    <!-- /page -->
    <!-- Search Result List Page -->
    <div data-role="page" id="list">
        <div data-role="header" data-position="fixed">
            <h1>
                Result
            </h1>
        </div>
        <!-- /header -->
        <div data-role="content">
            <ul id="result-list" data-role="listview" data-theme="g">
            </ul>
        </div>
        <!-- /content -->
        <div data-role="footer" data-id="result-footer" data-position="fixed"
        class="ui-bar-a ui-footer ui-footer-fixed fade ui-fixed-overlay"
                            role="contentinfo" style="top: -1263px; ">
            <div data-role="navbar" class="ui-navbar ui-navbar-noicons"
                                            role="navigation">
                <ul class="ui-grid-a">
                    <li class="ui-block-a">
                        <a href="#list" data-theme="a" class="ui-btn-
                            active ui-state-persist ui-btn ui-btn-up-a">
<span class="ui-btn-inner"><span class="ui-btn-text">List</span></span></a>
                    </li>
                    <li class="ui-block-b">
```

```
                                    <a href="#map" data-theme="a" class="ui-state-
persist ui-btn ui-btn-up-a"><span class="ui-btn-inner"><span class="ui-btn-
text">Maps</span></span></a>
                        </li>
                </ul>
            </div>
            <!-- /navbar -->
        </div>
        <!-- /footer -->
    </div>
    <!-- /page -->
    <!-- Maps Page -->
    <div data-role="page" id="map">
        <div data-role="header">
            <h1>
                Map
            </h1>
        </div>
        <!-- /header -->
        <div data-role="content" class="map-content">
            <div id="map_canvas">
            </div>
        </div>
        <!-- /content -->
        <div data-role="footer" data-id="result-footer" data-position="fixed"
        class="ui-bar-a ui-footer ui-footer-fixed fade ui-fixed-overlay"
        role="contentinfo" style="top: -1263px; ">
            <div data-role="navbar" class="ui-navbar ui-navbar-noicons"
                                                role="navigation">
                <ul class="ui-grid-a">
                    <li class="ui-block-a">
                        <a href="#list" data-theme="a" class="ui-state-
persist ui-btn ui-btn-up-a"><span class="ui-btn-inner"><span class="ui-btn-
text">List</span></span></a>
```

```
                </li>
                <li class="ui-block-b">
                        <a href="#map" data-theme="a" class="ui-btn-
active ui-state-persist ui-btn ui-btn-up-a"><span class="ui-btn-inner"><span
class="ui-btn-text">Maps</span></span></a>
                </li>
            </ul>
        </div>
        <!-- /navbar -->
    </div>
    <!-- /footer -->
</div>
<!-- /page -->
<!-- Favorite List Page -->
<div data-role="page" id="fav">
    <div data-role="header">
        <h1>
            Favorites
        </h1>
    </div>
    <!-- /header -->
    <div data-role="content">
        <!-- <ul id="fav-list" data-role="listview" data-theme="g">
</ul>
        -->
        <ul id="fav-list" data-role="listview" data-theme="g">
        </ul>
    </div>
    <!-- /content -->
        <div data-role="footer" data-id="result-footer" data-
position="fixed" class="ui-bar-a ui-footer ui-footer-fixed fade ui-fixed-
overlay" role="contentinfo" style="top: -1263px; ">
        <!-- /navbar -->
    </div>
```

```
        <!-- /footer -->
    </div>
    <!-- /page -->
    <!-- Business Details Page -->
    <div data-role="page" id="details">
        <div data-role="header">
            <h1>
                Business Details
            </h1>
        </div>
        <!-- /header -->
        <div data-role="content">
            <table summary="Business Details">
                <caption>
                    <h3>
                        Business Details
                    </h3>
                </caption>
                <tfoot>
                    <tr>
                        <td colspan="2">
                            <div id="remove">
                                <button id="removefav" data-role="button">
                                    Remove to Favorite
                                </button>
                            </div>
                            <div id="add">
                                <button id="addfav" data-role="button">
                                    Add to Favorite
                                </button>
                            </div>
                        </td>
                    </tr>
                    <tr>
```

```
                    <td colspan="2">
                        <a id="homepage" data-role="button"
                                        href="">Visit HomePage</a>
                    </td>
                </tr>
            </tfoot>
            <tbody>
                <tr>
                    <th scope="row">
                        Name
                    </th>
                    <td id="name">
                        ...
                    </td>
                </tr>
                <tr>
                    <th scope="row">
                        Address
                    </th>
                    <td id="address">
                        ...
                    </td>
                </tr>
                <tr>
                    <th scope="row">
                        Phone
                    </th>
                    <td id="phone">
                        ...
                    </td>
                </tr>
                <tr>
                    <th scope="row">
                        Rating
```

```
                              </th>
                              <td id="rating">
                                   ...
                              </td>
                         </tr>
                    </tbody>
               </table>
          </div>
          <!-- /content -->
     </div>
     <!-- /page -->
     </body>
</html>
```

app.js의 전체 소스는 다음과 같다. 이 코드를 실행 시키기 위해서는 API 키가 필요하며, 〈API_Key〉를 내려받는 키로 바꾸어야 한다. API 키는 http://code.google.com/apis/maps/documentation/places에서 받을 수 있다.

```
var mapdata = null;

var cachedData = null;

var currentBusinessData = null;

/**
     * 장소의 상세 정보를 가져온다. 이 함수는 사용자가 상세 정보 페이지로 이동할 때 호출된다.
     * @param {Object} reference
     */

function fetchDetails(entry) {

     currentBusinessData = null;

     $.mobile.showPageLoadingMsg();
```

```
    var detailsUrl =
"https://maps.googleapis.com/maps/api/place/details/json?reference=" +
entry.reference + "&sensor=true&key=<API_Key>";
    $("#name").html("");
    $("#address").html("");
    $("#phone").html("");
    $("#rating").html("");
    $("#homepage").attr("href", "");

    $.getJSON(detailsUrl, function (data) {
        if (data.result) {
            currentBusinessData = data.result;

            isFav(currentBusinessData, function (isPlaceFav) {
                console.log(currentBusinessData.name + " is fav " + isPlaceFav);
                if (!isPlaceFav) {

                    $("#add").show();
                    $("#remove").hide();
                } else {

                    $("#add").hide();
                    $("#remove").show();
                }
                $("#name").html(data.result.name);
                $("#address").html(data.result.formatted_address);
                $("#phone").html(data.result.formatted_phone_number);
                $("#rating").html(data.result.rating);
                $("#homepage").attr("href", data.result.url);

            });


        }
    }).error(function (err) {
        console.log("Got Error while fetching details of Business " + err);
```

```
    }).complete(function () {
        $.mobile.hidePageLoadingMsg();
    });

}

//------------------------------
/**
 * 지도 페이지를 초기화할 때 호출된다.
 */

function initiateMap() {
    $("#map").live("pagebeforecreate", function () {
        try {

            $('#map_canvas').gmap({
                'center': mapdata,
                'zoom': 12,
                'callback': function (map) {
                    $(cachedData.results).each(function (index, entry) {
                        $('#map_canvas').gmap('addMarker', {
                            'position': new
google.maps.LatLng(entry.geometry.location.lat, entry.geometry.location.lng),
                            'animation': google.maps.Animation.DROP
                        }, function (map, marker) {
                            $('#map_canvas').gmap('addInfoWindow', {
                                'position': marker.getPosition(),
                                'content': entry.name
                            }, function (iw) {
                                $(marker).click(function () {

                                    iw.open(map, marker);

                                    map.panTo(marker.getPosition());
                                });
                            });
                        });
```

```
                                });

                            });
                        }



                });
                console.log("Map initialized");
            } catch (err) {
                console.log("Got error while initializing map " + err);
            }

        });


}
//----------------------------------------------------------------------
/**
 * "Add to Favorite" 버튼을 바인딩할 때 호출된다.
 */

function initiateFavButton() {
    $("#removefav").click(function () {

        try {
            if (currentBusinessData != null) {
                removeFromFavorite(currentBusinessData);
                $("#add").show();
                $("#remove").hide();

            }
        } catch (err) {
            console.log("Got Error while removing " +
                            currentBusinessData.name + " error " + err);
        }

    });
```

```
    $("#addfav").click(function () {
        try {
            if (currentBusinessData != null) {

                addToFavorite(currentBusinessData);
                $("#add").hide();
                $("#remove").show();
            }
        } catch (err) {
            console.log("Got Error while adding " + currentBusinessData.name
                                            + " error " + err);
        }

    });


}
//--------------------------------------------------------------------------
/**
 * 사용자가 즐겨찾기 페이지로 이동할 때마다 호출된다.
 */

function initiateFavorites() {
    $("#fav").live("pagebeforeshow", function () {

        var db = window.openDatabase("Favorites", "1.0", "Favorites", 200000);
        try {
            db.transaction(function (tx) {
                tx.executeSql('SELECT * FROM Favorite', [], function (tx, results) {

                    $("#fav-list").html("");
                    if (results != null && results.rows != null) {
                        for (var index = 0; index < results.rows.length;
                        index++) {

                            var entry = results.rows.item(index)
```

```
                              var htmlData = "<a href=\"#details\" id=\"" +
entry.reference + "\"><img src=\"" + entry.icon + "\" class=\"ui-li-
icon\"></img><h3> " + entry.name + "</h3><p><strong> vicinity:" +
entry.vicinity + "</strong></p></a>";

                        var liElem = $(document.createElement('li'));

                        $("#fav-list").append(liElem.html(htmlData));

                        $(liElem).bind("tap", function (event) {
                            event.stopPropagation();
                            fetchDetails(entry);
                            return true;
                        });

                    }
                    $("#fav-list").listview('refresh');
                }
            }, function (error) {
                console.log("Got error fetching Favorites " + error.code
                                        + " " + error.message);
            });
        });
    } catch (err) {
        console.log("Got error while reading Favorites " + err);
    }

    });
}
//----------------------------------------------------------------
/**
 * 테이블을 사용하기 전에 이 테이블이 존재하는지 확인
 * @param {Object} tx
 */

function ensureTableExists(tx) {
    tx.executeSql('CREATE TABLE IF NOT EXISTS Favorite (id unique,
                reference, name,address,phone,rating,icon,vicinity)');
```

```
}
//--------------------------------------------------------------------------
/**
 * 즐겨찾기에 현재 장소를 추가
 * @param {Object} data
 */

function addToFavorite(data) {
    var db = window.openDatabase("Favorites", "1.0", "Favorites", 20000000);

    db.transaction(function (tx) {
        ensureTableExists(tx);
        var id = (data.id != null) ? ('"' + data.id + '"') : ('""');
        var reference = (data.reference != null) ?
                                        ('"' + data.reference + '"') : ('""');
        var name = (data.name != null) ? ('"' + data.name + '"') : ('""');
        var address = (data.formatted_address != null) ?
                            ('"' + data.formatted_address + '"') : ('""');
        var phone = (data.formatted_phone_number != null) ?
                        ('"' + data.formatted_phone_number + '"') : ('""');
        var rating = (data.rating != null) ? ('"' + data.rating + '"') : ('""');
        var icon = (data.icon != null) ? ('"' + data.icon + '"') : ('""');
        var vicinity = (data.vicinity != null) ?
                                        ('"' + data.vicinity + '"') : ('""');
        var insertStmt = 'INSERT INTO Favorite (id,reference,
name,address,phone,rating,icon,vicinity) VALUES (' + id + ',' + reference +
',' + name + ',' + address + ',' + phone + ',' + rating + ',' + icon + ',' +
vicinity + ')';
        tx.executeSql(insertStmt);

    }, function (error) {
        console.log("Data insert failed " + error.code + "   " + error.message);
    }, function () {
        console.log("Data insert successful");
    });
```

```
    }
    //-------------------------------------------------------------------------
    /**
     * 즐겨찾기에서 현재 장소를 삭제
     * @param {Object} data
     */

    function removeFromFavorite(data) {
        try {
            var db = window.openDatabase("Favorites", "1.0", "Favorites", 20000000);

            db.transaction(function (tx) {
                ensureTableExists(tx);
                var deleteStmt = "DELETE FROM Favorite WHERE id = '" + data.id + "'";
                console.log(deleteStmt);
                tx.executeSql(deleteStmt);

            }, function (error) {
                console.log("Data Delete failed " + error.code + "   " + error.message);
            }, function () {
                console.log("Data Delete successful");
            });
        } catch (err) {
            console.log("Caught exception while deleting Favorite " + data.name);
        }

    }

    //-------------------------------------------------------------------------
    /**
     *
     * @param {Object} reference
     * @return 장소가 즐겨찾기에 포함되어 있으면 true, 없으면 false
     */

    function isFav(data, callback) {
        var db = window.openDatabase("Favorites", "1.0", "Favorites", 200000);
```

```
        try {
            db.transaction(function (tx) {
                ensureTableExists(tx);
                var sql = "SELECT * FROM Favorite where id='" + data.id + "'";
                tx.executeSql(sql, [], function (tx, results) {

                    var result = (results != null && results.rows != null &&
                                                 results.rows.length > 0);

                    callback(result);
                }, function (tx, error) {

                    console.log("Got error in isFav error.code =" + error.code +
                                        " error.message = " + error.message);

                    callback(false);

                });
            });
        } catch (err) {
            console.log("Got error in isFav " + err);
            callback(false);
        }


}


//-------------------------------------------------------------------------
/**
 * 장소 검색 결과를 가져오기 위해 검색 버튼을 바인딩
 */

function initiateSearch() {
    $("#search").click(function () {
        try {
            $.mobile.showPageLoadingMsg();

            navigator.geolocation.getCurrentPosition(function (position) {
```

```
var radius = $("#range").val() * 1000;
mapdata = new
google.maps.LatLng(position.coords.latitude,
                                    position.coords.longitude);
var url =
"https://maps.googleapis.com/maps/api/place/search/json?location=" +
position.coords.latitude + "," + position.coords.longitude + "&radius=" +
radius + "&name=" + $("#searchbox").val() + "&sensor=true&key=<API_Key>";
    $.getJSON(url, function (data) {
        cachedData = data;
        $("#result-list").html("");
        try {

            $(data.results).each(function (index, entry) {

                var htmlData = "<a href=\"#details\" id=\"" +
entry.reference + "\"><img
src=\"" + entry.icon + "\" class=\"ui-li-icon\"></img><h3> " +
entry.name + "</h3><p><strong> vicinity:" + entry.vicinity +
"</strong></p></a>";

                var liElem = $(document.createElement('li'));

                $("#result-list").append(liElem.html(htmlData));

                $(liElem).bind("tap", function (event) {

                    event.stopPropagation();

                    fetchDetails(entry);

                    return true;
                });
            });

            $("#result-list").listview('refresh');
```

```
                    } catch (err) {

                        console.log("Got error while putting search result on
                                                        result page " + err);
                    }
                    $.mobile.changePage("list");
                    $.mobile.hidePageLoadingMsg();
                }).error(function (xhr, textStatus, errorThrown) {
                    console.log("Got error while fetching search result :
                                                    xhr.status=" + xhr.status);

                }).complete(function (error) {
                    $.mobile.hidePageLoadingMsg();
                });
            }, function (error) {
                console.log("Got Error fetching geolocation " + error);
            });

        } catch (err) {
            console.log("Got error on clicking search button " + err);
        }
    });

}


//----------------------------------------------------------------


function bind() {
    initiateMap();
    initiateFavorites();
    initiateSearch();
    initiateFavButton();
}
//--------------------------------------------------

function onDeviceReady() {
```

234

Beginning PhoneGap
비기닝 **폰갭**

```
    $(document).ready(function () {
        bind();
    });
}
document.addEventListener("deviceready", onDeviceReady);
//-------------------------
```

The complete source of the app.css is as follows

```
#map, .map-content, #map_canvas {
    width: 100%;
    height: 100%;
    padding: 0;
}

#map_canvas {
    height: min-height: 100%;
}
```

jQuery 모바일의 장점

jQuery 모바일은 모바일 애플리케이션 개발자를 위한 자바스크립트 UI 프레임워크이다. jQuery 모바일의 가장 좋은 부분은 선언식 UI이다. 빠른 UI 레이아웃 프로그램을 위해서 HTML 태그를 이용해 UI를 생성하고, data-role을 추가하여 HTML 태그가 페이지, 헤더, 풋터, 콘텐트, 리스트, 버튼 중 어떤 형태인지를 표시한다.

jQuery 모바일의 또 다른 좋은 점은 페이지이다. 페이지는 HTML 페이지에서 div로 정의된다. 또한 이동과 히스토리 관리 기능이 jQuery 모바일에 기본적으로 탑재되어 있기 때문에 히스토리 관리로 인해 고민할 필요가 없다.

jQuery 모바일이 여러 위젯과 툴바를 제공하지만, 개발자가 DOM을 직접 조작해야 한다.

jQuery 모바일의 가장 큰 힘은 강력한 jQuery 코어 프레임워크에 기반하고 있다는 점이다. 또다른 jQuery 모바일의 힘은 iOS, 안드로이드, 블랙베리, 웹OS, 심비안, 윈도우 모바일, 오페라 모바일/미니, 파이어폭스 모바일을 비롯한 모든 데스크톱 브라우저를 지원한다는 것이다.

jQuery 모바일은 모바일 애플리케이션과 태블릿 애플리케이션을 위한 터치 이벤트를 지원한다. jQuery 모바일은 테마 역시 지원하여 HTML 태그의 속성을 바꾸는 것만큼이나 간단하게 테마를 변경할 수 있다.

jQuery 모바일의 단점

jQuery 모바일은 가볍고 뛰어난 프레임워크이며 개발자가 쉽고 편하게 애플리케이션을 개발할 수 있도록 DOM 조작을 위해 jQuery를 사용한다. 하지만 애플리케이션의 복잡도가 증가하여 데이터 모델과 뷰에 대한 요구 사항이 증가할수록 jQuery 모바일에서의 프로그램 개발은 자체 MVC 프레임워크를 개발하는 것과 비슷한 느낌일 것이다.

다시 말하자면, jQuery 모바일은 애플리케이션이 복잡한 경우에는 사용하기 어렵다. jQuery 모바일에는 MVC 프레임워크 또는 모델과 자바스크립트 뷰가 없기 때문에 센차 터치와 같은 프레임워크에 비해 자바스크립트 UI 프로그래밍을 하기 어렵다.

결론

jQuery 모바일은 복잡하지 않은 애플리케이션을 개발할 때는 훌륭한 자바스크립트 모바일 UI 개발 프레임워크이다. 모바일 애플리케이션의 UI 복잡도가 증가하게 되면, jQuery 모바일을 이용한 개발이 더 번거로워진다.

센차 터치와 폰갭 이용하기

Using PhoneGap with Sencha Touch   **CHAPTER 05**

센차 터치(Sencha Touch)는 ExtJS라는 회사에서 만든 제품이다. ExtJS는 Ajax RIA 업계에서 ExtJS라는 이름의 자바스크립트 UI 프레임워크로 유명한 회사이다. 이 회사의 주력 제품에는 자바스크립트 UI 프레임워크인 ExtJS, GWT UI 프레임워크(GWT용 ExtJS), 모바일용 자바스크립트 라이브러리인 센차 터치가 있다.

ExtJS는 최근 회사 이름은 Sencha로 변경하였다. 이름은 새롭지만, 센차 터치 라이브러리는 여러 해에 걸친 자바스크립트 UI 개발 경험에서 비롯된 것이다.

ExtJS에 익숙하다면, ExtJS와 센차 터치 사이의 기반 클래스를 비롯해 유사한 점이 많다는 것을 알 수 있다. 하지만 센차 터치는 모바일 애플리케이션만을 위해 개발된 프레임워크이다.

왜 센차 터치를 사용하는가?

센차 터치를 이용하면 아이폰, 안드로이드, 블랙베리에서 네이티브 느낌의 애플리케이션을 개발할 수 있다. 더불어 센차 터치는 HTML5 기반이다.

센차 터치는 아래와 같은 장점을 가지고 있다.

1. 터치에 최적화되어 있는 여러 위젯과 탭, 더블 탭, 스와이프, 탭앤홀드, 핀치, 회전, 슬라이드 행동 등의 터치 이벤트를 쉽게 구현

2. 새로운 웹 표준인 HTML5와 CSS3 지원

3. 폰갭과 연동

4. iOS, 안드로이드, 블랙베리 지원과 네이티브 테마 지원

5. Ajax, JSONP, Yahoo! Query Language(YQL) 지원과 위젯을 위한 로컬 스토리지 지원

센차 터치는 쉽게 얘기해서 모바일 애플리케이션을 개발하기 위한 현존하는 최고의 자바스크립트 UI 라이브러리 중 하나이다. ExtJS를 사용해본 경험이 없다면, 배우는 데 약간의 시간이 필요하다.

센차 터치의 장점

센차 터치는 단점보다 장점이 더 많다. 우선 센차 터치는 특정 기술이 아닌 HTML5, CSS3와 같은 웹 표준에 기반을 두고 있으며, 센차 터치 커뮤니티 또한 매우 활성화되어 있다. 센차 터치는 상업적으로도 무료로 사용할 수 있다.

센차 터치를 이용하여 애플리케이션을 개발하면, 태블릿에서 동작 중인지 휴대폰에서 동작 중인지를 감지하여 동일한 애플리케이션이 다르게 동작하도록 할 수 있다.

센차 터치는 상당히 많은 위젯을 지원한다. 모든 위젯이 자바스크립트로 만들어졌기 때문에 사용자에게 더 좋은 상호작용성과 조작성을 제공한다.

센차 터치는 성능이 뛰어나며, 새로운 배포 때마다 더 나아지고 있다. iOS와 안드로이드의 webkit 또한 새로운 릴리즈마다 계속적으로 성능이 좋아지고 있다.

센차 터치는 다국어를 지원하고, 그리드나 케러셀과 같은 새로운 위젯 또한 지원한다.

센차 터치의 단점

센차 터치의 가장 큰 단점은 익숙해지는 데 오래 걸린다는 것이다. 센차 터치를 이용하면, HTML 태그를 이용한 UI 구성은 거의 사용하지 않고, 대부분의 UI를 자바스크립트를 통해 DOM에 추가하여 구현하게 된다. 이러한 구현 방식이 기존의 방식과 상당히 다르게 느껴질 수도 있다.

개발하고자 하는 애플리케이션이 리스트 뷰, 폼, 툴바와 몇 개의 페이지만으로 이루어진 간단한 애플리케이션이라면 센차 터치는 과한 선택일 것이다.

센차 터치 다운받기

센차 터치의 웹사이트인 www.sencha.com/products/touch/에서 센차 터치 라이브러리를 내려받는다. 내려받은 파일의 압축을 해제하면 그림 5-1과 같은 구조를 확인할 수 있다.

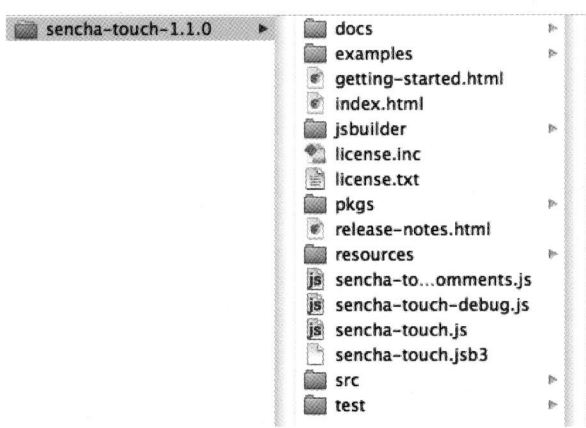

그림 5-1 센차 터치 디렉터리 구조

센차 터치와 폰갭 연동

우선 센차 터치를 폰갭 프로젝트에 연동해보자. 이 장에서는 안드로이드 플랫폼을 대상으로 설명한다. 다른 플랫폼에서도 과정은 유사하다. 2장과 3장을 참고하여 원하는 플랫폼에서 폰갭 프로젝트를 설정한다.

그림 5-2에서 보이는 것과 같이 센차 터치 SDK에서 아래의 파일을 추가한다.

1 www/lib에 sencha-touch.js 파일을 추가

2 www/lib에 resources/css 디렉터리 추가

3 메인 자바스크립트 파일인 app/app.js에 모든 애플리케이션 코드를 추가

이번 장과 예제에서 사용하기 위해 sencha-touch-1.1.0/examples/map 디렉터리에서 icon.png, phone_startup.png, tablet_startup.png를 복사한다.

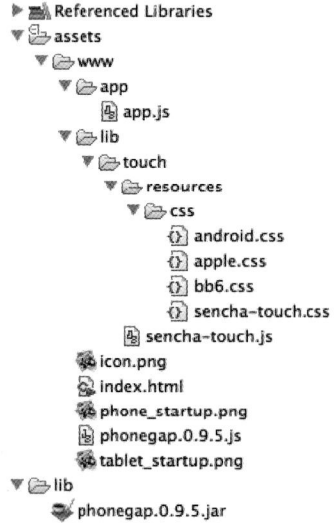

그림 5-2 폰갭과 센차 터치 프로젝트 구조

센차 터치를 이용한 지역 검색 애플리케이션 개발

지역 검색 애플리케이션의 요구 사항은 5장에서 다룬 것과 유사하다. 사용자가 검색 키워드와 검색 반경을 입력하면, 리스트뷰에 검색된 지역들이 표시된다. 리스트에 표시된 지역 중 하나를 선택하여 상세 정보를 확인할 수도 있다. 상세 정보를 보여주는 화면에서 해당 지역을 즐겨찾기에 추가(오프라인에서도 확인할 수 있도록 애플리케이션 데이터베이스에 저장됨)할 수 있다. 사용자는 검색결과를 지도에서 확인할 수도 있다.

마지막으로 사용자는 즐겨찾기 버튼(별 아이콘)을 클릭하여 즐겨찾기 목록을 확인할 수 있다.

이제 애플리케이션을 만들어 보자. 센차 터치는 상당히 많은 기능을 제공하고 있기 때문에 이 장에서는 지역 검색 애플리케이션에 필요한 일부 기능만을 살펴본다.

센차 터치 초기화

가장 먼저 할 일은 index.html에 센차 터치 라이브러리, 폰갭 라이브러리, CSS가 포함되어 있는지 확인하는 것이다. 센차 터치에서는 모든 UI를 자바스크립트로 작성하기 때문에 body 부분이 비어 있고, 아래와 같은 자바스크립트와 스타일 시트가 포함된다.

1. 센차 터치 스타일 시트

2. 구글 맵스 자바스크립트

3. 애플리케이션 자바스크립트

```
<!DOCTYPE HTML>
<html>

    <head>
        <title>Local Search</title>
        <link rel="stylesheet" type="text/css"
                    href="lib/touch/resources/css/sencha-touch.css"></link>
            <!-- 센서를 이용하여 사용자의 위치를 알아내는 애플리케이션은 자바스크립트 지도 API를 로딩할 때, sensor=true
를 전달해야 한다. -->
```

```html
        <script type="text/javascript"
                src="http://maps.google.com/maps/api/js?sensor=true"></script>
        <script type="text/javascript" src="lib/touch/sencha-touch.js"></script>
        <script type="text/javascript" src="phonegap-1.1.0.js"></script>
        <script type="text/javascript" src="app/app.js"></script>
    </head>

    <body>
    </body>

</html>
```

이제 app.js로 넘어가 보자. 센차 터치 애플리케이션의 설정은 Ext.setup( )에서 이루어
진다. 모든 센차 터치 함수는 환경설정을 위해 JSON 구조를 이용한다.

다음의 코드와 같이 Ext.setup( )을 작성한다. 중요한 부분은 아니지만, 애플리케이션
아이콘, 휴대폰과 태블릿용 스플래시 스크린을 포함시킨다.

여기서 가장 중요한 부분은 onReady: function( )이다. 이 함수는 jQuery의
$(document).ready( )나 폰갭의 onDeviceReady( )와 유사한 기능을 하는 함수이다. 이
함수에서 센차 터치 UI를 화면에 그리기를 시작한다.

```javascript
Ext.setup({
    tabletStartupScreen: 'tablet_startup.png',
    phoneStartupScreen: 'phone_startup.png',
    icon: 'icon.png',
    glossOnIcon: false,
    onReady: function () {
        // 센차 터치 프레임워크는 여기에서 초기화한다.
        // 패널을 생성하고 이벤트 헨들러를 바인드한다.
    }
});
```

레이아웃 만들기

다음으로 메인 패널을 정의 해보자. 패널을 정의하기 위해서는 새로운 패널을 만들고 (new Ext.Panel( )), 설정 JSON을 아래와 같이 작성한다.

1 layout: 'card' – 레이아웃은 카드 레이아웃이다. 카드 레이아웃을 이용하면 카드를 쌓 아놓는 것과 같은 효과를 얻을 수 있다. 여기서는 한 번에 하나의 카드만을 보여준다.

2 fullscreen: true – 이 패널이 화면 전체를 차지하고, 자동으로 페이지에 나타난다.

3 items: [searchPanel,tabResultPanel,favorites, resultDetailPanel] – 이 패널에 붙 을 컴포넌트의 목록이다. 이 패널은 카드 레이아웃을 이용하기 때문에 한 번에 하나 의 컴포넌트만 보일 것이다. 이 메인 패널에는 searchPanel, tabResultPanel, favorites, resultDetailPanel 이렇게 네 개의 하위 컴포넌트가 있다. searchPanel과 tabResultPanel은 메인 패널과 동일하게 정의된다. 기본적으로 다른 패널은 화면에 보이지 않고, searchPanel이 화면에 보이게 된다.

4 dockedItems: [] – 툴바 버튼과 같이 고정된 위젯을 정의하는 데 사용된다.

5 dockedItems에는 JSON 형식으로 정의된 툴바가 있다. 이 툴바에는 두 개의 버튼과 그 두 버튼을 분리시키기 위한 스페이서가 하나있다.

    a. iconCls: 'home'을 이용해 홈버튼을 정의한다.

    b. iconCls: 'star'를 이용해 즐겨찾기 버튼을 정의한다.

두 버튼 모두에 핸들러를 정의해 놓아서, 버튼이 클릭되었을 때, 해당 핸들러가 호출된다.

```javascript
// 카드 레이아웃을 이용한 메인 패널
var mainPanel = new Ext.Panel({
    layout: 'card',
    fullscreen: true,
    items: [searchPanel, tabResultPanel, favorites, resultDetailPanel],
    dockedItems: [{
        xtype: 'toolbar',
        title: 'Local Search',
        dock: 'top',
        items: [{
            iconMask: true,
            ui: 'round',
            iconCls: 'home',
            handler: function () {

            }

        }, {
            xtype: 'spacer'
        }, {
            iconMask: true,
            ui: 'round',
            iconCls: 'star',
            handler: function () {}

        }]
    }]
});
```

자식 위젯을 제외한 이 패널의 모습은 그림 5-3과 같다.

그림 5-3 툴바 버튼을 포함한 메인 애플리케이션 패널

이제 검색 패널을 정의해 보자. 검색 패널에는 키워드를 입력받기 위한 텍스트 박스와 검색 반경을 입력받기 위한 레인지 셀렉터가 있다. 검색 패널에는 검색 버튼이 있는 툴바가 있으면, 다음과 같이 정의된다.

```
var searchPanel = new Ext.form.FormPanel({
    layout: 'fit',
    fullscreen: true,
    scroll: 'vertical',
    standardSubmit: false,
    // 폼 필드 추가
    items: [{
        xtype: 'fieldset',
        title: 'Local Search',
        items: [{
            xtype: 'textfield',
            name: 'search',
            label: 'Search',
```

```
                value: 'Pizza',
                userClearIcon: true,
                autoCapitalize: false
            }, {
                xtype: 'sliderfield',
                name: 'range',
                label: 'Range (0-10 Kms)',
                value: 5,
                minValue: 0,
                maxValue: 10
            }]

        }],
        // 화면 아래에 툴바를 추가
        dockedItems: [{
            xtype: 'toolbar',
            dock: 'bottom',
            items: [{
                xtype: 'spacer'
            }, {
                text: 'Search',
                iconCls: 'search',
                title: 'Search',
                iconMask: true,
                ui: 'confirm',
                handler: function () {

                }
            }]
        }]
    });
```

그림 5-4에서 검색 패널이 어떻게 보이는지 확인할 수 있다.

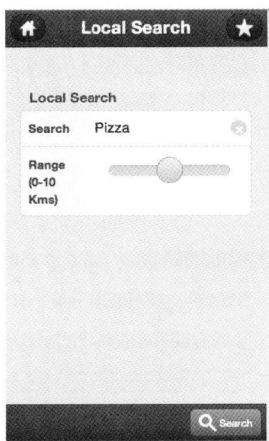

그림 5-4 애플리케이션 검색 패널

사용자가 검색을 실행하면, 아래의 두 가지 뷰를 이용한 검색 결과가 제공된다.

1. 검색 결과를 보여주는 리스트 뷰

2. 검색 결과를 보여주는 지도 뷰

이 두 가지 뷰 모두 탭 패널 내에 포함되어 있다. 탭을 다음과 같이 정의한다.

```
var tabResultPanel = new Ext.TabPanel({
    layout: 'fit',
    tabBar: {
        dock: 'bottom',
        layout: {
            pack: 'center'
        }
    },
    items: [result, map],

});
```

자식 패널이 없는 탭 패널은 그림 5-5와 같은 모습이다. result와 map 버튼이 있는 탭
바는 JSON에 정의한 것처럼 화면 아래쪽에 위치한다. 두 탭 모두에 라벨과 아이콘이 있
고, result 탭이 기본적으로 선택된다.

그림 5-5 탭을 포함한 검색 결과 패널

사용자가 검색했을 때, 어떻게 검색 결과를 보여주는지 알아보자. Ajax 호출을 하는 부
분은 이 장의 뒷부분에서 다룬다.

다음과 같이 Google Places 서버에서 받은 JSON이 있다고 가정해보자.

```
{
    "status": "OK",
    "results": [{
        "name": "Zaaffran Restaurant - BBQ and GRILL, Darling Harbour",
        "vicinity": "Darling Drive, Darling Harbour, Sydney",
        "types": ["restaurant", "food", "establishment"],
        "geometry": {
            "location": {
                "lat": -33.8712950,
```

```
                "lng": 151.1984770
            }
        },
        "icon": "http://maps.gstatic.com/mapfiles/place_api/icons/restaurant-71.png",
        "reference": "CpQBiwAAANM1CkdWcBxiExHinloJpp7kX2D3nyb_D0qoQ_-
RuBhq9cwJKYvU8-sRJUaXF4U2kET_OH3Oh3Yz4tf5_6gBgcsFAPyRappCrJ5WksvMkXrT5lA7q9U
_S0ZI0u3mrsvTtXnTDMKlBMywE_5Yy6lbshqPIatWZ6QkPZBNdmkifyN3vM7H2vL-
300iY6EoartWuxIQNckbM0Bs4D946thThmKOsBoUCmGgFrtYgtO0CIUc79fQi3waO0w",
        "id": "677679492a58049a7eae079e0890897eb953d79b"
    }, {
        "name": "Toros Restaurant Darling Harbour",
        "vicinity": "Murray Street, Sydney",
        "types": ["restaurant", "food", "establishment"],
        "geometry": {
            "location": {
                "lat": -33.8714080,
                "lng": 151.1975410
            }
        },
        "icon": "http://maps.gstatic.com/mapfiles/place_api/icons/restaurant-71.png",
        "reference": "CoQBdQAAALFujBuIMYXsG8Qlus2zSHeikZQNCsSbeII0-
55zkhCiArbPkACXRU-CcLZbeKsXaBpoBNH5iyYJg6Nquct2LTE127X4CD1YtKpozmbjZpyCRFrJ
_V5DI4IDGLCWeY_8NMxznbiqb9prR8mXJoAKv7jNz6KEMxAuGLRAXbi7G6CYEhBeR6Ur-
x2ABlS3pKXsKXLvGhRWFzL3Q5TO0xe-gm_LJm9cgtzYJw",
        "id": "aefbc59325ffd5f3e93d67932375d20d143289de"
    }, {
        "name": "Strike Bowling Bar Darling Harbour",
        "vicinity": "Sydney",
        "types": ["restaurant", "food", "establishment"],
        "geometry": {
            "location": {
                "lat": -33.8662990,
                "lng": 151.2016580
            }
```

```json
        },
        "icon": "http://maps.gstatic.com/mapfiles/place_api/icons/restaurant-71.png",
        "reference": "CoQBeAAAAO-prCRp9Atcj_rvavsLyv-
DnxbGkw8QyRZb6Srm6QHOcww6lqFhIs2c7Ie6fMg3PZ4PhicfJL7ZWlaHaLDTqmRisoTQQUn61WTc
SXAAiCOzcm0JDBnafqrskSpFtNUgzGAOx29WGnWSP44jmjtioIsJN9ik8yjK7UxP4buAmMPVEhBXP
iCfHXk1CQ6XRuQhpztsGhQU4U6-tWjTHcLSVzjbNxoiuihbaA",
        "id": "0a4e24c365f4bd70080f99bb80153c5ba3faced8"
    }
    ...additional results...],
    "html_attributions": ["Listings by \u003ca
    href=\"http://www.yellowpages.com.au/\"\u003eYellow Pages\u003c/a\u003e"]
}
```

Google Places 서버의 응답 JSON 구조를 살펴보았다. 이제 결과를 보여줄 패널을 만들어보자. 이번에는 컴포넌트를 확장하여 템플릿(tpl)을 정의해보자.

템플릿은 HTML에 〈tpl〉 태그를 정의하여 사용하는 센차 터치의 기능이다. 실제로는 배열인 위의 JSON을 템플릿에 전달한다. 템플릿 코드에서 〈tpl for=".">를 이용하여 센차 템플릿 엔진이 결과 배열의 모든 객체를 처리할 수 있도록 한다.

HTML의 후반부에 보면, {reference}, {icon}, {name} 등과 같은 플레이스홀더를 확인할 수 있다. 자바의 메시지 포맷팅과 유사하게, 이 플레이스홀더는 JSON의 해당 데이터로 대체된다.

{name}은 results -> entry -> name의 이름으로 대체된다.

이 패널에 데이터를 표시하기 위해 아래의 API를 호출한다.

```
// 템플릿 엔진을 호출하여 Ajax 반환 결과를 화면에 반영한다.
    // 여기서 'result'는 결과 HTML과 반환 값을 나타내기 위한 컴포넌트 객체이다. 결과는 JSON 배열이다.
result.update(response.results);
```

이제 검색 결과 패널을 생성하는 코드를 살펴보자.

```
var result = new Ext.Component({

    title: 'Search Result',
    iconMask: true,
    iconCls: 'organize',
    cls: 'timeline',
    scroll: 'vertical',
    tpl: ['<tpl for=".">',
            '<div class="place" id="{reference}">',
            '<div class="icon"><imgsrc="{icon}" /></div>',
            '<div>', '<h2>{name}</h2>',
            '<p>{vicinity}</p>',
            '</div>',
            '</div>',
            '</tpl>'],
    listeners: {
        el: {
            tap: detailClickHandler,
            //function which
            //will handle tap event
        }
    }
});
```

코드의 아랫부분에 있는 리스너와 el 부분은 센차 터치에게 해당 엘리먼트에서 발생하는 이벤트 중 탭 이벤트를 받고 싶다고 알려주는 것이다. 검색 결과 리스트의 장소를 탭하면, detailClickHandler 함수가 호출된다.

그림 5-6 검색 결과 패널

센차 터치의 지도 위젯은 구글 API를 직접 사용할 필요 없이 쉽게 사용할 수 있다. Ext.Map을 생성하고, 몇 가지 옵션만 설정해주면 간편하게 지도를 사용할 수 있다. map 객체는 Ajax 콜백에서 장소를 표시하는 데 사용된다. Ajax 호출은 '장소 목록 가져오기' 에서 설명한다.

```
var map = new Ext.Map({
    iconMask: true,
    iconCls: 'maps',
    title: 'Map',
    // 탭에 표시되는 이름
    mapOptions: {
        // 지도를 표시할 때 사용되는 옵션
        zoom: 12
    }
});
```

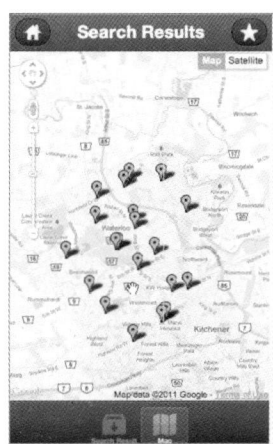

그림 5-7 검색된 장소가 표시된 지도

다음은 장소의 상세 정보를 보여주는 패널이다. 사용자가 검색 결과 중 한 장소를 클릭하면, 애플리케이션이 Google Places 서버에서 상세 정보를 가져온다. 상세 정보의 JSON 응답은 다음과 같다.

```
{
    "status": "OK",
    "result": {
        "name": "Google Sydney",
        "vicinity": "Pirrama Road, Pyrmont",
        "types": ["establishment"],
        "formatted_phone_number": "(02) 9374 4000",
        "formatted_address": "5/48 Pirrama Road, Pyrmont NSW, Australia",
        "address_components": [{
            "long_name": "48",
            "short_name": "48",
            "types": ["street_number"]
        }, {
            "long_name": "Pirrama Road",
```

```
                "short_name": "Pirrama Road",
                "types": ["route"]
            }, {
                "long_name": "Pyrmont",
                "short_name": "Pyrmont",
                "types": ["locality", "political"]
            }, {
                "long_name": "NSW",
                "short_name": "NSW",
                "types": ["administrative_area_level_1", "political"]
            }, {
                "long_name": "2009",
                "short_name": "2009",
                "types": ["postal_code"]
            }],
            "geometry": {
                "location": {
                    "lat": -33.8669710,
                    "lng": 151.1958750
                }
            },
            "rating": 4.5,
            "url": "http://maps.google.com/maps/place?cid=10281119596374313554",
            "icon": "http://maps.gstatic.com/mapfiles/place_api/icons/generic_business-
71.png",
            "reference":
"CmRRAAAAUgylGnuntxKOuZy9_c5zxdFi6e491_Fv0m1hks5YkeaH7k1SP9ujAkG4GROr1XCHFnMs
DhuEIgQQq2WWyd33oGRAT8Vwr8rjTWEYEMvCZ1RxTzXSVDZ4gEFqLZcRyAw_EhBS8uZHidMMbYHuf
9KHapRyGhQQ1dnf3uMghMRBlXqJE6ygh_a3ag",
            "id": "4f89212bf76dde31f092cfc14d7506555d85b5c7"
        },
        "html_attributions": []
}
```

앞 정보를 테이블 형식으로 사용자에게 보여주는 방법을 살펴보자. 이를 위해 아래의 두 방법을 사용하였다.

1. 테이블의 일부에 앞 JSON을 보여줄 템플릿

2. 즐겨찾기에서 추가하거나 삭제할 수 있는 버튼

이름이 resultDetailPanel인 래퍼 패널을 이용하여 보자. 이 패널의 레이아웃은 vbox 레이아웃(위젯을 수직으로 배치하는 레이아웃)이다. 첫 번째 자식 패널은 placeDetailsPanel(아래에서 확인)이고 두 번째는 버튼이다.

버튼의 글자는 사용자가 장소를 이미 즐겨찾기에 추가했는지에 따라 "Add to Favorite"과 "Remove from Favorite" 중 하나가 된다. 애플리케이션에 이를 위한 isFav( ) 함수가 있다.

```
var resultDetailPanel = new Ext.Panel({
    layout: {
        type: 'vbox',
    },
    items: [
    placeDetailsPanel,
    {
        xtype: 'button',
        text: 'Add to Favorite',
        handler: function (button, event) {
            if (button.text == "Add to Favorite") {
                addCurrentToFav();
                button.setText("Remove from Favorite");
            } else {
                removeCurrentFromFav();
                button.setText("Add to Favorite");
            }
```

```
            }

    }],
    dockedItems: [{
        xtype: 'toolbar',
        dock: 'bottom',
        items: [{
            ui: 'round',
            text: 'Back',
            handler: function () {}

        }]
    }]

});
```

이 패널은 JSON 결과를 테이블로 보여준다. 이를 위해 {⟨⟨variable⟩⟩}을 플레이스홀더로 사용하는 HTML 템플릿을 이용한다. 템플릿 코드의 플레이스홀더는 실제 값으로 대체된다.

```
var placeDetailsPanel = new Ext.Panel({
    tpl: ['<table>',
        '<tr>',
        '<td>',
        '</td>',
        '<td>',
        '<h1 class="bold">Business Details</h1>',
        '</td>',
        '</tr>',
        '<tr>',
        '<td>',
        '<h1 class="bold">Name</h1>',
```

```
'</td>',
'<td>',
'<h1>{name}</h1>',
'</td>',
'</tr>',
'<tr>',
'<td>',
'<h1 class="bold">Address</h1>',
'</td>',
'<td>',
'<h1>{formatted_address}</h1>',
'</td>',
'</tr>',
'<tr>',
'<td>',
'<h1 class="bold">Phone</h1>',
'</td>',
'<td>',
'<h1>{formatted_phone_number}</h1>',
'</td>',
'</tr>',
'<tr>',
'<td>',
'<h1 class="bold">Rating</h1>',
'</td>',
'<td>',
'<h1>{rating}</h1>',
'</td>',
'</tr>',
'<tr>',
'<td>',
'<h1 class="bold">Home Page</h1>',
'</td>',
'<td>',
```

```
                '<a href="{url}" target="_blank">Home Page</a>',
                '</td>',
                '</tr>',
                '</table>'

        ]
});
```

장소의 상세 정보 패널은 그림 5-8에서 보이는 것과 같다.

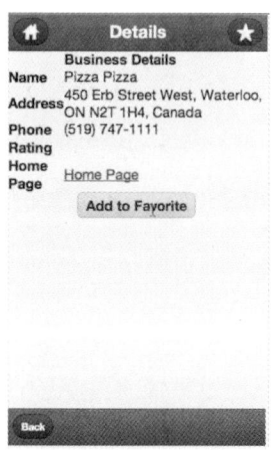

그림 5-8 장소의 상세 정보 패널

지금까지 즐겨찾기에 장소를 추가하고 삭제하는 방법을 살펴보았다. 이제 즐겨찾기 목록을 보여주는 방법을 알아보자. 이 패널은 검색 결과를 보여주는 패널과 유사하다. 유일한 차이점은 검색 결과 패널은 Google Places 서버에서 가져온 JSON을 사용하고, 즐겨찾기 패널은 데이터베이스에서 가져온 JSON을 사용한다는 것이다.

```
var favorites = new Ext.Component({
    title: 'Favotites',
```

```
        iconMask: true,
        iconCls: 'organize',

        cls: 'timeline',
        scroll: 'vertical',
        tpl: ['<tpl for=".">',
              '<div class="place" id="{reference}">',
              '<div class="icon"><imgsrc="{icon}" /></div>',
              '<div>',
              '<h2>{name}</h2>',
              '<p>{vicinity}</p>',
              '</div>',
              '</div>',
              '</tpl>'],
        listeners: {
            el: {
                tap: detailClickHandler,
            }
        }
});
```

그림 5-9 즐겨찾기 패널

패널 간 이동

코드를 보다 보면, 패널 간 이동이 필요하다는 것을 알 수 있다. 메인 패널에 카드 레이아웃을 사용하는 이유가 이 패널 간 이동을 위한 것이다.

카드 레이아웃에서 패널 간의 이동은 아래의 코드를 사용한다. 첫 번째 인자는 위젯의 인덱스이고, 두 번째 인자는 애니메이션 효과이다.

```
mainPanel.setActiveItem(0, "slide");
mainPanel.setActiveItem(1, {type: 'slide', direction: 'right'});
```

메인 패널에는 툴바가 포함되어 있다. 사용자에게 현재 화면에 보이는 패널이 무슨 패널인지를 알려주기 위해 툴바의 제목을 변경해야 한다. 다음 코드를 이용하면 제목을 변경할 수 있다.

```
mainPanel.dockedItems.items[0].setTitle('Details');
```

장소 목록 가져오기

검색 패널에서 검색 버튼을 클릭하면, Google Places 서버에서 검색 결과를 가져오기 위해 Ajax 호출을 해야 한다. 다음은 센차 터치와 폰갭에서 이를 수행하는 방법이다. 수행 단계는 간단하다.

1 폰갭에서 위치 정보를 받아온다.

2 getCurrentPosition 함수가 성공했을 때 호출되는 콜백에서 Ext.ajax.request(url, successCallback, failureCallback)을 호출하여 Ajax 호출을 수행한다.

3 Ext.ajax.request의 successCallback에서 JSON 스트링을 받을 수 있다.

a. JSON 스트링을 JSON 객체로 변환한다.

b. result.update(obj.results)를 호출하여 결과를 화면에 표시한다.

c. 구글 지도에 장소를 표시한다.

```
var fetchFromGoogle = function () {

    var keyword = searchPanel.items.items[0].items.items[0].value;
    var range = searchPanel.items.items[0].items.items[1].value * 1000;
    navigator.geolocation.getCurrentPosition(

    function (position) {
        var lat = position.coords.latitude;
        var lng = position.coords.longitude;


        map.update({
            latitude: lat,
            longitude: lng
        });

        var googlePlaceUrl =
        'https://maps.googleapis.com/maps/api/place/search/json?location='
            + lat + ',' + lng + '&radius=' + range
            + '&types=food&name=' + keyword + '&sensor=true&key=API_Key';
        // API_Key를 실제 키 값으로 수정해야 한다. API 키 값은
        // http://code.google.com/apis/maps/documentation/places/에서 얻을 수 있다.
        Ext.Ajax.request({
            url: googlePlaceUrl,
            success: function (response, opts) {

                var obj = Ext.decode(response.responseText);

                result.update(obj.results);
                var data = obj.results;
```

```
                         for (var i = 0, ln = data.length; i < ln; i++) { // Loop
                                                to add points to the map
                     var place = data[i];

                     if (place.geometry && place.geometry.location) {
                         var position = new
google.maps.LatLng(place.geometry.location.lat, place.geometry.location.lng);
                         addMarker(place.name, place.reference, position);
// Call addMarker function with new data
                     }
                 }
             },
             failure: function (response, opts) {
                 console.log('server-side failure with status code '
                                                 + response.status);

             }
         }, function (err) {
             console.log('Failed to get geo location from phonegap ' + err);
         });
     })
   }
```

상세 정보 가져오기

Google Places 서버에서 상세 정보를 가져오는 것은 검색 결과를 가져오는 것보다 간단
하다.

1 Ext.ajax.request(url,successCallback,failureCallback)을 통해 Ajax 호출을 수행
한다.

2 Ext.ajax.request의 successCallback에서 JSON 스트링을 받을 수 있다.

    a. JSON 스트링을 JSON 객체로 변환한다.

    b. placeDetailsPanel.update(obj.result)를 호출하여 결과를 화면에 표시한다.

    c. isFav( ) 함수를 이용하여, 장소가 즐겨찾기에 추가되어 있는지를 확인한다.

        i. 장소가 즐겨찾기에 추가되어 있다면 버튼의 글자를 "Remove from Favorite"으로 변경한다.

        ii. 장소가 즐겨찾기에 추가되어 있지 않다면 버튼의 글자를 "add to Favorite"으로 변경한다.

```
var cachedDetails = null;

/**
 * 테이블을 사용하기 전에 이 테이블이 존재하는지 확인한다.
 * @param {Object} tx
 */
var ensureTableExists = function (tx) {
    tx.executeSql('CREATE TABLE IF NOT EXISTS Favourite (id unique, reference,
                        name,address,phone,rating,icon,vicinity)');
}

/**
 * 데이터베이스에 currentDetails를 추가
 */
var addCurrentToFav = function () {
    addToFavorite(cachedDetails);
}

/**
 * 데이터베이스에서 currentDetails를 삭제
 */
var removeCurrentFromFav = function () {
    removeFromFavorite(cachedDetails);
}
```

```
/**
 * 현재 장소 정보를 즐겨찾기에 추가
 * @param {Object} data
 */
var addToFavorite = function (data) {
    var db = window.openDatabase("Favourites", "1.0", "Favourites", 20000000);

    db.transaction(function (tx) {

        ensureTableExists(tx);

        var id = (data.id != null) ? ('"' + data.id + '"') : ('""');
        var reference = (data.reference != null) ? ('"' + data.reference + '"')
                                                              : ('""');
        var name = (data.name != null) ? ('"' + data.name + '"') : ('""');
                    var address = (data.formatted_address != null) ? ('"' +
                                     data.formatted_address + '"') : ('""');
        var phone = (data.formatted_phone_number != null) ? ('"' +
                              data.formatted_phone_number + '"') : ('""');
        var rating = (data.rating != null) ? ('"' + data.rating + '"') : ('""');
        var icon = (data.icon != null) ? ('"' + data.icon + '"') : ('""');
        var vicinity = (data.vicinity != null) ? ('"' + data.vicinity + '"') : ('""');


        var insertStmt = 'INSERT INTO Favourite (id,reference,
                          name,address,phone,rating,icon,vicinity) VALUES
                          (' + id + ',' + reference + ',' + name + ','
                          + address + ',' + phone + ',' + rating + ','
                          + icon + ',' + vicinity + ')';


        tx.executeSql(insertStmt);

    }, function (error) {
        console.log("Data insert failed " + error.code + "   " + error.message);
    }, function () {
        console.log("Data insert successful");
    });
```

```
}

/**
 * 현재 장소 정보를 즐겨찾기에서 삭제
 * @param {Object} data
 */
var removeFromFavorite = function (data) {
    try {
        var db = window.openDatabase("Favourites", "1.0", "Favourites", 20000000);

        db.transaction(function (tx) {
            ensureTableExists(tx);
            var deleteStmt = "DELETE FROM Favourite WHERE id = '" + data.id + "'";
            console.log(deleteStmt);
            tx.executeSql(deleteStmt);

        }, function (error) {
            console.log("Data Delete failed " + error.code + "   " + error.message);
        }, function () {
            console.log("Data Delete successful");
        });

    } catch (err) {
        console.log("Caught exception while deleting favourite " + data.name);
    }

}

/**
 *
 * @param {Object} reference
 * @return 장소가 즐겨찾게에 있으면 true, 그렇지 않을 경우 false
 */
var isFav = function (data, callback) {

    var db = window.openDatabase("Favourites", "1.0", "Favourites", 200000);

    try {
```

```
db.transaction(function (tx) {
    ensureTableExists(tx);

    var sql = "SELECT * FROM Favourite where id='" + data.id + "'";

    tx.executeSql(sql, [], function (tx, results) {
        var result = (results != null && results.rows != null &&
                                        results.rows.length > 0);
        callback(result);
    }, function (tx, error) {
        var fetchDetails = function (reference) {
            placeDetailsPanel.update({
                name: "",
                formatted_address: "",
                formatted_phone_number: "",
                rating: "",
                url: ""
            });
            Ext.Ajax.request({
                url:
'https://maps.googleapis.com/maps/api/place/details/json?reference='
                    + reference + '&sensor=true&key=API_Key',
                success: function (response, opts) {
                    var obj = Ext.decode(response.responseText);
                    //global variable to store the current place
                        cachedDetails = obj.result;
                        isFav(obj.result, function (result) {
                            if (result) {

resultDetailPanel.items.items[1].setText("Remove from Favorite");
                            } else {

resultDetailPanel.items.items[1].setText("Add to Favorite");
                            }
                            placeDetailsPanel.update(obj.result);
                        });
```

```
            },
            failure: function (response, opts) {
                console.log('server-side failure with status
                                code ' + response.status);
            }
        })
    }

    console.log("Got error in isFaverror.code =" + error.code + "
        error.message = " + error.message);
    callback(false);
    });
    });

} catch (err) {
    console.log("Got error in isFav " + err);
    callback(false);
}
}
```

데이터베이스에 즐겨찾기 저장하기와 가져오기

마지막으로 아래의 기능을 애플리케이션에 추가하는 방법을 살펴보자.

1 favorite 테이블에 장소 추가

2 favorite 테이블에서 장소 삭제

3 favorite 테이블에 장소가 있는지 확인

4 favorite 테이블의 모든 장소 가져오기

여러 함수 호출 시에 장소를 전달하기 위해 cachedDetails라는 이름의 변수를 정의한다. 장소의 세부 정보를 보여줄 때, 그 장소를 cachedDetails에 저장한다. 이 cachedDetails를 이용하여 해당 장소를 즐겨찾기에 저장/삭제하거나, 해당 장소의 즐겨찾기 포함 여부를 확인한다.

```
var cachedDetails = null;

/**
 * 테이블을 사용하기 전에 이 테이블이 존재하는지 확인
 * @param {Object} tx
 */
var ensureTableExists = function (tx) {
    tx.executeSql('CREATE TABLE IF NOT EXISTS Favourite (id unique, reference,
                        name,address,phone,rating,icon,vicinity)');
}

/**
 * 데이터베이스에 currentDetails를 추가
 */
var addCurrentToFav = function () {
    addToFavorite(cachedDetails);
}

/**
 * 데이터베이스에서 currentDetails를 삭제
 */
var removeCurrentFromFav = function () {
    removeFromFavorite(cachedDetails);
}

/**
 * 현재 장소 정보를 즐겨찾기에 추가
 * @param {Object} data
 */
```

```javascript
var addToFavorite = function (data) {
    var db = window.openDatabase("Favourites", "1.0", "Favourites", 20000000);

    db.transaction(function (tx) {

        ensureTableExists(tx);

        var id = (data.id != null) ? ('"' + data.id + '"') : ('""');
        var reference = (data.reference != null) ? ('"' + data.reference + '"')
                                                 : ('""');
        var name = (data.name != null) ? ('"' + data.name + '"') : ('""');
        var address = (data.formatted_address != null) ? ('"' +
                                    data.formatted_address + '"') : ('""');
        var phone = (data.formatted_phone_number != null) ? ('"' +
                                data.formatted_phone_number + '"') : ('""');
        var rating = (data.rating != null) ? ('"' + data.rating + '"') : ('""');
        var icon = (data.icon != null) ? ('"' + data.icon + '"') : ('""');
        var vicinity = (data.vicinity != null) ? ('"' + data.vicinity + '"')
                                                 : ('""');


        var insertStmt = 'INSERT INTO Favourite (id,reference,
                        name,address,phone,rating,icon,vicinity) VALUES
                        (' + id + ',' + reference + ',' + name + ',' +
                        address + ',' + phone + ',' + rating + ',' + icon +
                        ',' + vicinity + ')';

        tx.executeSql(insertStmt);

    }, function (error) {
        console.log("Data insert failed " + error.code + "   " + error.message);
    }, function () {
        console.log("Data insert successful");
    });

}
```

```
/**
 * 즐겨찾기에서 현재 장소 정보를 삭제
 * @param {Object} data
 */
var removeFromFavorite = function (data) {
    try {
        var db = window.openDatabase("Favourites", "1.0", "Favourites", 20000000);

        db.transaction(function (tx) {
            ensureTableExists(tx);
            var deleteStmt = "DELETE FROM Favourite WHERE id = '" + data.id + "'";
            console.log(deleteStmt);
            tx.executeSql(deleteStmt);

        }, function (error) {
            console.log("Data Delete failed " + error.code + "    " +
            error.message);
        }, function () {
            console.log("Data Delete successful");
        });

    } catch (err) {
        console.log("Caught exception while deleting favourite " + data.name);
    }

}

/**
 *
 * @param {Object} reference
 * @return 장소가 즐겨찾기에 포함되어 있으면 true, 그렇지 않으면 false
 */
var isFav = function (data, callback) {

    var db = window.openDatabase("Favourites", "1.0", "Favourites", 200000);

    try {
        db.transaction(function (tx) {
            ensureTableExists(tx);
```

```
            var sql = "SELECT * FROM Favourite where id='" + data.id + "'";

            tx.executeSql(sql, [],
                function (tx, results) {
                    var result = (results != null && results.rows != null &&
                                            results.rows.length > 0);
                    callback(result);
                },
                function (tx, error) {
                    console.log("Got error in isFaverror.code =" + error.code + "
                        error.message = " + error.message);
                    callback(false);
                });
            });

    } catch (err) {
        console.log("Got error in isFav " + err);
        callback(false);
    }
}
```

지금까지 애플리케이션의 구조, Google Places 서버에서 자료를 가져와 화면에 표시하는 방법, 데이터베이스를 이용하는 방법을 살펴보았다.

이벤트가 어떻게 처리되는지 확인하기 위해 전체 소스를 확인해 보자.

1. index.html

```
<!DOCTYPE HTML>
<html>
    <head>
        <title>Sencha Touch Layout</title>
        <link rel="stylesheet" type="text/css"
                    href="lib/touch/resources/css/sencha-touch.css"></link>
```

```
<script type="text/javascript"
        src="http://maps.google.com/maps/api/js?sensor=true"></script>
<script type="text/javascript" src="lib/touch/sencha-touch.js"></script>
<script type="text/javascript" src="app/app.js"></script>
<style>
    .x-tabbar{
        padding-top: 10px;!important;
        border-bottom: 2px solid #306aa1 !important;
    }
    .place {
        padding: 10px 0 10px 68px;
        border-top: 1px solid #ccc;
        min-height: 68px;
        background-color: #fff;
    }
    .place h2 {
        font-weight:bold;
    }
    .place .icon {
        position: absolute;
        left: 10px;
    }
    .place .icon img{
        height:24px;
        width: 24px;
    }
    .bold{
        font-weight: bold;
    }
</style>
</head>
<body>
</body>
</html>
```

2. app.js

```
Ext.setup({
    tabletStartupScreen: 'tablet_startup.png',
    phoneStartupScreen: 'phone_startup.png',
    icon: 'icon.png',
    glossOnIcon: false,
    onReady: function () {
        var lastPanelId = 0;

        var SEARCHPAGE = 0;
        var TABPAGE = 1;
        var FAVPAGE = 2;
        var DETAILSPAGE = 3;

        var cachedDetails = null;

        var searchPanel = newExt.form.FormPanel({
            layout: 'fit',
            fullscreen: true,
            scroll: 'vertical',
            standardSubmit: false,
            //Adding form field
            items: [{
                xtype: 'fieldset',
                title: 'Local Search',
                items: [{
                    xtype: 'textfield',
                    name: 'search',
                    label: 'Search',
                    value: 'Pizza',
                    useClearIcon: true,
                    autoCapitalize: false
                }, {
                    xtype: 'sliderfield',
```

```
                    name: 'range',
                    label: 'Range (0-10 Kms)',
                    value: 5,
                    minValue: 0,
                    maxValue: 10
                }]
            }] //Docking a toolbar at bottom
            ,
            dockedItems: [{
                xtype: 'toolbar',
                dock: 'bottom',
                items: [{
                    xtype: 'spacer'
                }, {
                    text: 'Search',
                    iconCls: 'search',
                    title: 'Search',
                    iconMask: true,
                    ui: 'round',
                    ui: 'confirm',
                    handler: function () {
                        lastPanelId = TABPAGE;
                        fetchFromGoogle();

                        mainPanel.dockedItems.items[0].setTitle('Search Results');
                        mainPanel.setActiveItem(lastPanelId);
                    }
                }]
            }]
        });

    var detailClickHandler = function (event) {
            var reference = event.getTarget(".place").id;
            fetchDetails(reference);
            mainPanel.dockedItems.items[0].setTitle('Details');
```

```
        mainPanel.setActiveItem(DETAILSPAGE, "slide");
    }

var result = new Ext.Component({

    title: 'Search Result',
    iconMask: true,
    iconCls: 'organize',
    cls: 'timeline',
    scroll: 'vertical',
    tpl: ['<tpl for=".">',
            '<div class="place" id="{reference}">',
            '<div class="icon"><imgsrc="{icon}" /></div>',
            '<div>',
            '<h2>{name}</h2>',

    '<p>{vicinity}</p>', '</div>', '</div>', '</tpl>'

    ],
    listeners: {
        el: {
            tap: detailClickHandler,
            delegate: '.place'

        }
    }

});

var favorites = new Ext.Component({
    title: 'Favotites',
    iconMask: true,
    iconCls: 'organize',

    cls: 'timeline',
    scroll: 'vertical',
    tpl: ['<tpl for=".">',
```

```
                '<div class="place" id="{reference}">',
                '<div class="icon"><imgsrc="{icon}" /></div>',
                '<div>',
                '<h2>{name}</h2>',
                '<p>{vicinity}</p>',
                '</div>',
                '</div>',
                '</tpl>'],
        listeners: {
            el: {
                tap: detailClickHandler,
                delegate: '.place'

            }
        }

    });

    var map = new Ext.Map({
        iconMask: true,
        iconCls: 'maps',
        title: 'Map',
        // Name that appears on this tab
        fullscreen: true,
        mapOptions: { // Used in rendering map
            zoom: 12
        }
    });

    var tabResultPanel = new Ext.TabPanel({
        layout: 'fit',
        tabBar: {
            dock: 'bottom',
            layout: {
                pack: 'center'
            }
```

```
        },
        items: [result, map],


});

var placeDetailsPanel = new Ext.Panel({
    //layout: 'fit',
    tpl: ['<table>',
          '<tr>',
          '<td>',
          '</td>',
          '<td>',
          '<h1 class="bold">Business Details</h1>',
          '</td>',
          '</tr>',
          '<tr>',
          '<td>',
          '<h1 class="bold">Name</h1>',
          '</td>',
          '<td>',
          '<h1>{name}</h1>',
          '</td>',
          '</tr>',
          '<tr>',
          '<td>',
          '<h1 class="bold">Address</h1>',
          '</td>',
          '<td>',
          '<h1>{formatted_address}</h1>',
          '</td>',
          '</tr>',
          '<tr>',
          '<td>',
          '<h1 class="bold">Phone</h1>',
```

```
                          '</td>',
                          '<td>',
                          '<h1>{formatted_phone_number}</h1>',
                          '</td>',
                          '</tr>',
                          '<tr>',
                          '<td>',
                          '<h1 class="bold">Rating</h1>',
                          '</td>',
                          '<td>',
                          '<h1>{rating}</h1>',
                          '</td>',
                          '</tr>',
                          '<tr>',
                          '<td>',
                          '<h1 class="bold">Home Page</h1>',
                          '</td>',
                          '<td>',
                          '<a href="{url}" target="_blank">Home Page</a>',
                          '</td>',
                          '</tr>',
                          '</table>'

              ]
        });

        var resultDetailPanel = new Ext.Panel({
            layout: {
                type: 'vbox',
            },
            items: [
            placeDetailsPanel,
            {
                xtype: 'button',
                text: 'Add to Favorite',
```

```
    handler: function (button, event) {
        if (button.text == "Add to Favorite") {
            addCurrentToFav();
            button.setText("Remove from Favorite");
        } else {
            removeCurrentFromFav();
            button.setText("Add to Favorite");
        }

    }

}],
dockedItems: [{
    xtype: 'toolbar',
    dock: 'bottom',
    items: [{
        ui: 'round',
        text: 'Back',
        handler: function () {

            if (lastPanelId == 0) {
                mainPanel.dockedItems.items[0].setTitle('Home Page');
            } else if (lastPanelId == 1) {
                mainPanel.dockedItems.items[0].setTitle('Search
                Results');
            } else if (lastPanelId == 2) {
                fetchFromDB();
                mainPanel.dockedItems.items[0].setTitle('Favourites');
            } else if (lastPanelId == 3) {
                //이 조건은 발생해서는 안 됨
                mainPanel.dockedItems.items[0].setTitle('Details');
            }

            mainPanel.setActiveItem(lastPanelId, {
                type: 'slide',
                direction: 'right'
```

```
                });
            }

        }]
    }]

});

// 카드 레이아웃을 이용한 메인 패널
var mainPanel = new Ext.Panel({
    layout: 'card',
    fullscreen: true,
    items: [searchPanel, tabResultPanel, favorites, resultDetailPanel],
    dockedItems: [{
        xtype: 'toolbar',
        title: 'Local Search',
        dock: 'top',
        items: [{

            iconMask: true,
            ui: 'round',
            iconCls: 'home',
            handler: function () {
                lastPanelId = SEARCHPAGE;

                mainPanel.dockedItems.items[0].setTitle('Home Page');
                mainPanel.setActiveItem(lastPanelId, "slide");
            }

        }, {
            xtype: 'spacer'
        }, {

            iconMask: true,
            ui: 'round',
            iconCls: 'star',
            handler: function () {
```

```
                fetchFromDB();
                lastPanelId = FAVPAGE;
                mainPanel.dockedItems.items[0].setTitle('Favourites');
                mainPanel.setActiveItem(lastPanelId, "slide");
            }

        }]
    }]
});

// 다음은 모두 구글 맵 API이다.
var addMarker = function (name, reference, position) {

        var marker = new google.maps.Marker({
            map: map.map,
            position: position,
            clickable: true,
            optimized: true,
            title: name
        });
        google.maps.event.addListener(marker, 'click', function () {
            fetchDetails(reference);

            mainPanel.dockedItems.items[0].setTitle('Details');
            mainPanel.setActiveItem(DETAILSPAGE, "slide");

        });

    };



var fetchFromGoogle = function () {

        var keyword = searchPanel.items.items[0].items.items[0].value;
        var range = searchPanel.items.items[0].items.items[1].value * 1000;
        navigator.geolocation.getCurrentPosition(
```

```
function (position) {
    var lat = position.coords.latitude;
    var lng = position.coords.longitude;

    map.update({
        latitude: lat,
        longitude: lng
    });

    var googlePlaceUrl =
'https://maps.googleapis.com/maps/api/place/search/json?location='
        + lat + ',' + lng + '&radius=' + range +
'&types=food&name=' + keyword + '&sensor=true&key=API_Key';
    //Note that you will need to replace the API_Key with
      your own key. You
    //can get API Key from
    //http://code.google.com/apis/maps/documentation/places/
    Ext.Ajax.request({
        url: googlePlaceUrl,
        success: function (response, opts) {

            var obj = Ext.decode(response.responseText);

            result.update(obj.results);
            var data = obj.results;
            for (var i = 0, ln = data.length; i < ln; i++) {
            // Loop to add points to the map
                var place = data[i];

                if (place.geometry && place.geometry.location)
{
                    var position =
new google.maps.LatLng(place.geometry.location.lat, place.geometry.location.lng);
```

```
                            addMarker(place.name, place.reference,
position); // Call addMarker function with new data
                        }
                    }

                },
                failure: function (response, opts) {
                    console.log('server-side failure with status code '
                                                + response.status);

                }
            }, function (err) {
                console.log('Failed to get geo location from phonegap '
                                                + err);

            });
        })
    }

    var fetchFromDB = function () {
        var db = window.openDatabase("Favourites", "1.0",
                                        "Favourites", 200000);
        try {
            db.transaction(function (tx) {
                tx.executeSql('SELECT * FROM Favourite', [], function
                                                (tx, results) {
                    var arr = [];
                    for (var i = 0; i < results.rows.length; i++) {
                        var data = results.rows.item(i)
                        arr[i] = data;

                    }

                    favorites.update(arr);

                }, function (error) {
                    console.log("Got error fetching favourites " +
                                error.code + " " + error.message);
```

```
                    });
                });
            } catch (err) {
                console.log("Got error while reading favourites " + err);
            }

        }


        var fetchDetails = function (reference) {
            placeDetailsPanel.update({
                name: "",
                formatted_address: "",
                formatted_phone_number: "",
                rating: "",
                url: ""
            });
            Ext.Ajax.request({
                url:
'https://maps.googleapis.com/maps/api/place/details/json?reference=' +
reference + '&sensor=true&key=API_Key',
                success: function (response, opts) {
                    var obj = Ext.decode(response.responseText);
                    cachedDetails = obj.result;
                    isFav(obj.result, function (result) {
                        if (result) {

resultDetailPanel.items.items[1].setText("Remove from Favorite");
                        } else {

                            resultDetailPanel.items.items[1].setText("Add
                                                to Favorite");
                        }
                        placeDetailsPanel.update(obj.result);
```

```
        });

    },
    failure: function (response, opts) {
        console.log('server-side failure with status code ' +
                                    response.status);
    }
})
}

/**
 * 테이블를 사용하기 전에 이 테이블이 있는지 확인
 * @param {Object} tx
 */
var ensureTableExists = function (tx) {
    tx.executeSql('CREATE TABLE IF NOT EXISTS Favourite (id
        unique, reference, name,address,phone,rating,icon,vicinity)');
}

var addCurrentToFav = function () {
    addToFavorite(cachedDetails);
}

var removeCurrentFromFav = function () {
    removeFromFavorite(cachedDetails);
}

/**
 * 즐겨찾기에 현재 장소를 추가
 * @param {Object} data
 */
var addToFavorite = function (data) {
    var db = window.openDatabase("Favourites", "1.0",
                                    "Favourites", 20000000);

    db.transaction(function (tx) {
```

```
            ensureTableExists(tx);
            var id = (data.id != null) ? ('"' + data.id + '"') : ('""');
            var reference = (data.reference != null) ? ('"' +
                                    data.reference + '"') : ('""');
            var name = (data.name != null) ? ('"' + data.name + '"')
                                                        : ('""');
            var address = (data.formatted_address != null) ? ('"' +
                            data.formatted_address + '"') : ('""');
            var phone = (data.formatted_phone_number != null) ? ('"'
                        + data.formatted_phone_number + '"') : ('""');
            var rating = (data.rating != null) ? ('"' + data.rating
                                                + '"') : ('""');
            var icon = (data.icon != null) ? ('"' + data.icon + '"')
                                                        : ('""');
            var vicinity = (data.vicinity != null) ? ('"' +
                                    data.vicinity + '"') : ('""');
            var insertStmt = 'INSERT INTO Favourite (id,reference,
        name,address,phone,rating,icon,vicinity) VALUES (' + id
            + ',' + reference + ',' + name + ',' + address + ',' +
        phone + ',' + rating + ',' + icon + ',' + vicinity + ')';
            tx.executeSql(insertStmt);

    }, function (error) {
        console.log("Data insert failed " + error.code + "   " +
                                                error.message);

    }, function () {
        console.log("Data insert successful");

    });

}


/**
 * 즐겨찾기에서 현재 장소를 삭제
 * @param {Object} data
```

```
    */
var removeFromFavorite = function (data) {
        try {
            var db = window.openDatabase("Favourites", "1.0",
                                    "Favourites", 20000000);

            db.transaction(function (tx) {
                ensureTableExists(tx);
                var deleteStmt = "DELETE FROM Favourite WHERE id = '"
                                        + data.id + "'";
                console.log(deleteStmt);
                tx.executeSql(deleteStmt);

            }, function (error) {
                console.log("Data Delete failed " + error.code +
                                        "   " + error.message);
            }, function () {
                console.log("Data Delete successful");
            });
        } catch (err) {
            console.log("Caught exception while deleting favourite "
                                        + data.name);

        }

    }

/**
 *
 * @param {Object} reference
 * @return 장소가 즐겨찾기에 포함되어 있으면 true, 없으면 false
 */
var isFav = function (data, callback) {

        var db = window.openDatabase("Favourites", "1.0",
                                        "Favourites", 200000);
```

```
            try {
                db.transaction(function (tx) {
                    ensureTableExists(tx);

                    var sql = "SELECT * FROM Favourite where id='" +
                                                    data.id + "'";

                    tx.executeSql(sql, [], function (tx, results) {
                        var result = (results != null && results.rows !=
                                    null && results.rows.length > 0);

                        callback(result);
                    }, function (tx, error) {
                        console.log("Got error in isFaverror.code =" +
                        error.code + " error.message = " + error.message);
                        callback(false);


                    });
                });

            } catch (err) {
                console.log("Got error in isFav " + err);
                callback(false);


            }

        }

    }
});
```

결론

어느 정도의 복잡성을 가지는 모바일 애플리케이션을 개발하려면 센차 터치를 이용해야 한다. jQuery 모바일은 규모가 작거나 복잡하지 않은 애플리케이션에 적합하다. jQuery 모바일을 이용해 복잡한 애플리케이션을 개발할 수도 있지만, 개발자가 직접 DOM 조작을 해야 하기 때문에 더욱 복잡해질 수 있다.

센차 터치는 좋은 성능과 풍부한 위젯을 제공한다. 일부 위젯은 서버 컴포넌트와의 통신을 위해 데이터 스토어를 이용한다. 센차 터치를 이용하면 MVC 디자인 패턴을 이용할 수 있으며, 코드의 모듈화를 위해 애플리케이션 코드를 여러 개의 js 파일에 나누어 작성할 수도 있다.

폰갭과 GWT 이용하기

Using PhoneGap with GWT

CHAPTER 06

구글 웹 툴킷(GWT)은 브라우저 기반 애플리케이션 개발에 사용할 수 있는 구글의 프레임워크이다. GWT는 자바로 개발한 코드에서 자바스크립트 기반의 애플리케이션을 만들어낼 수 있도록 해주는 프레임워크이다.

GWT 애플리케이션은 다중 브라우저를 지원하고, 가장 작고 가장 빠른 웹 기반 애플리케이션이다.

이 장에서는 폰갭을 이용해 모바일용 GWT 애플리케이션을 개발하는 방법을 살펴보겠다. 개발 단계는 다니엘 쿠르카(Daniel Kurka)가 개발한 GWT 폰갭 라이브러리를 기반으로 한다. 이 라이브러리는 http://code.google.com/p/gwt-phonegap/에서 내려받을 수 있다.

GWT 기반의 애플리케이션 개발 방법은 이미 알고 있다고 가정한다. GWT 기반의 애플리케이션을 개발해본 경험이 없다면, http://code.google.com/webtoolkit/doc/latest/tutorial/index.html를 방문하여, GWT에 대하여 알아볼 수 있다.

유저 인터페이스 개발에 GWT를 사용하는 이유

폰갭과 함께 GWT를 사용하는 방법을 알아보기 전에, GWT가 유저 인터페이스 개발에 좋은 이유를 먼저 알아보자.

- GWT를 이용하여 웹 애플리케이션을 개발하면, 다중 브라우저 지원, 자바스크립트의 메모리 누스, 자바스크립트 자체에 대해서도 걱정할 필요 없이 개발할 수 있다.

- GWT를 이용하면, 자바로 작성한 유저 인터페이스와 비즈니스 로직을 자바스크립트로 컴파일할 수 있다.

- GWT는 지연 바인딩과 같은 개념(자바스크립트의 런타임 다형성과 유사한 개념)을 지원한다. 개발자는 이를 통해 한 애플리케이션이 모바일 브라우저에서 사용될 때와 데스크톱 브라우저에서 사용될 때 서로 다른 클래스를 사용하도록 만들 수 있다.

- GWT는 작고 빠른 자바스크립트를 만들 수 있도록 보장해 준다.

- GWT는 여러 회사와 개발자 커뮤니티 사이에서 널리 사용되는 기술이다. GWT는 대규모의 복잡한 Ajax 기반 애플리케이션 개발에 사실상 표준 기술이 되어가고 있다.

앞에서 언급한 장점 이외에도 GWT에는 가볍고 미리 만들어진 다양한 위젯이 존재한다. 또한 GWT에는 EXT-GWT나 Smart-GWT와 같이 유저 인터페이스를 더욱 전문적으로 개발할 수 있도록 도와주는 라이브러리가 있다. GWT를 이용하면, 자바 개발자는 기존의 자바 기술을 이용하여 웹 애플리케이션을 더욱 쉽게 개발할 수 있다. GWT를 사용하면 어려움 없이 최고의 웹 애플리케이션을 개발할 수 있다.

GWT 폰갭에 익숙해지기

GWT는 기존의 자바스크립트 라이브러리를 감쌀 수 있는 자바스크립트 네이티브 인터페이스(JSNI)를 제공한다. 개발자는 이 기능을 이용하여 자바스트립트 함수가 어떻게 호출되는지 알 필요 없이 자바로 코드를 작성할 수 있다.

GWT 폰갭은 폰갭 라이브러리의 랩퍼이다. GWT 폰갭을 이용하여 helloworld 애플리케이션을 어떻게 작성할 수 있는지 알아보자.

폰갭 GWT 애플리케이션 만들기

GWT 폰갭 애플리케이션은 두 단계로 만들어진다. 우선 GWT 프로젝트를 만든 후, 이를 컴파일하여 웹 애플리케이션(HTML과 자바스크립트)을 만든다.

두 번째 단계는(폰갭 버전 0.9.4를 이용하여) 안드로이드 폰갭 애플리케이션을 만들고, GWT 웹 애플리케이션을 폰갭 애플리케이션에 포함시키는 것이다.

GWT 애플리케이션 만들기

GWT 애플리케이션을 만들기 위해서는 아래의 툴이 필요하다.

- JDK 1.6+

- 이클립스 3.6 헬리오스

- 이클립스 구글 플러그인

- 폰갭 0.9.4 라이브러리

- GWT 폰갭 0.8 버전 라이브러리

- 테스트를 위한 크롬 브라우저 버전 12 이상

새로운 웹 애플리케이션(구글 웹 애플리케이션)을 만들고, 그림 6-1에 보이는 화면에 값을 채워넣는다. Use Google App Engine의 선택을 해제하고, Use Google Web Toolkit 항목을 선택해야 한다.

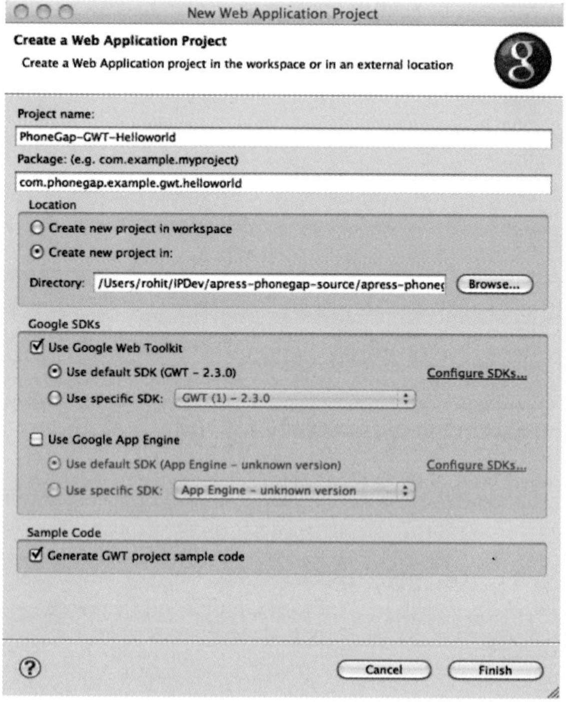

그림 6-1 GWT 프로젝트 생성

다음으로 lib 디렉터리를 생성한다. http://code.google.com/p/gwt-phonegap /downloads/detail?name=gwt-phonegap-0.8.jar를 내려받아서, lib 디렉터리에 복사한다. gwt-phonegap-0.8.jar에 오른쪽 클릭하고, build path -> Add to build path를 선택하여 클래스 경로에 추가한다.

PhoneGap_GWT_Helloworld.gwt.xml 파일을 열어 다음을 추가한다.

```
<inherits name='de.kurka.phonegap.PhoneGap' />
<set-property name="user.agent" value="safari" />
```

user.agent가 safari인 set-property를 추가하게 되면 웹킷 기반의 브라우저에서만 동
작하는 자바스크립트가 생성된다. 테스트를 위해 크롬 브라우저를 사용한다.

PhoneGap_GWT_Helloworld.gwt.xml 파일은 아래와 같다.

```
<?xml version="1.0" encoding="UTF-8"?>
<module rename-to='phonegap_gwt_helloworld'>
  <!-- Inherit the core Web Toolkit stuff.                    -->
  <inherits name='com.google.gwt.user.User'/>
  <!-- Inherit the default GWT style sheet.  You can change   -->
  <!-- the theme of your GWT application by uncommenting       -->
  <!-- any one of the following lines.                        -->
  <inherits name='com.google.gwt.user.theme.clean.Clean'/>
  <!-- <inherits name='com.google.gwt.user.theme.standard.Standard'/> -->
  <!-- <inherits name='com.google.gwt.user.theme.chrome.Chrome'/>    -->
  <!-- <inherits name='com.google.gwt.user.theme.dark.Dark'/>        -->

  <!-- Other module inherits                                  -->
  <inherits name='de.kurka.phonegap.PhoneGap' />
   <set-property name="user.agent" value="safari" />



  <!-- Specify the app entry point class.                     -->
  <entry-point
class='com.phonegap.example.gwt.helloworld.client.PhoneGap_GWT_Helloworld'/>
  <!-- Specify the paths for translatable code               -->
  <source path='client'/>
  <source path='shared'/>

</module>
```

프로젝트 폴더에 있는 PhoneGap_GWT_Helloworld.html을 열어 다음과 같이 수정한다.

```html
<!doctype html>
<!-- The DOCTYPE declaration above will set the     -->
<!-- browser's rendering engine into                -->
<!-- "Standards Mode". Replacing this declaration   -->
<!-- with a "Quirks Mode" doctype may lead to some  -->
<!-- differences in layout.                         -->

<html>
  <head>
    <meta http-equiv="content-type" content="text/html; charset=UTF-8">

    <!--                                                       -->
    <!-- Consider inlining CSS to reduce the number of requested files -->
    <!--                                                       -->
    <link type="text/css" rel="stylesheet" href="PhoneGap_GWT_Helloworld.css">

    <!--                                            -->
    <!-- Any title is fine                          -->
    <!--                                            -->
    <title>Gwt PhoneGap Demo</title>

    <!--                                            -->
    <!-- This script loads your compiled module.    -->
    <!-- If you add any GWT meta tags, they must    -->
    <!-- be added before this line.                 -->
    <!--                                            -->
    <script type="text/javascript" language="javascript"
src="phonegap_gwt_helloworld/phonegap_gwt_helloworld.nocache.js"></script>
  </head>

  <!--                                            -->
  <!-- The body can have arbitrary html, or       -->
  <!-- you can leave the body empty if you want   -->
  <!-- to create a completely dynamic UI.         -->
```

```
<!--                                         -->
<body>

</body>
</html>
```

이 애플리케이션을 안드로이드에서 실행시키려면 phonegap_gwt_helloworld/phonegap _gwt_helloworld.nocache.js 태그 다음에 아래의 코드를 추가해야 한다.

```
<script type="text/javascript">
document.addEventListener("deviceready", (function(){ PhoneGap.available =
true;}), false);
</script>
```

이제 src 폴더에 있는 PhoneGap_GWT_Helloworld.java를 열어 다음과 같이 수정한다.

```
package com.phonegap.example.gwt.helloworld.client;
import com.google.gwt.core.client.EntryPoint;
import com.google.gwt.user.client.ui.Label;
import com.google.gwt.user.client.ui.RootPanel;

/**
 * Entry point classes define <code>onModuleLoad()</code>.
 */
public class PhoneGap_GWT_Helloworld implements EntryPoint {

    /**
     * This is the entry point method.
     */
    public void onModuleLoad() {
        RootPanel.get().add(new Label("GWT PhoneGap Demo"));
    }
}
```

기본적으로 생성된 GWT 프로젝트에는 서버 클라이언트 통신을 위한 RPC 컴포넌트가 포함되어 있지만, 이 애플리케이션에서는 필요 없기 때문에 아래의 부분을 삭제한다.

- 클라이언트 패키지의 GreetingService.java와 GreetingServiceAsync.java

- Shared와 서버 패키지

- web.xml의 모든 서블릿

GWT 프로젝트를 실행시키면(run as -> Web application) 그림 6-2와 같은 화면을 볼 수 있을 것이다. 이 GWT 프로젝트 예제가 잘 설정 되었는지를 브라우저에서 확인할 수 있다.

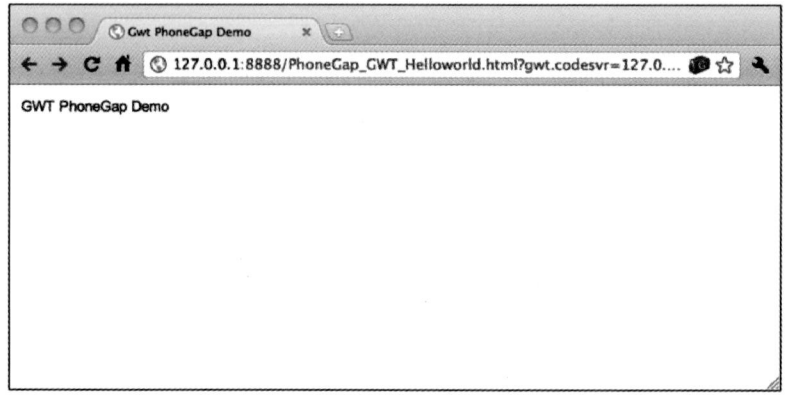

그림 6-2 크롬 브라우저에서 실행 중인 GWT 프로젝트

다음은 GWT 프로젝트를 웹 애플리케이션으로 컴파일하기 위해 폰갭 API를 사용하는 단계이다.

폰갭 GWT 라이브러리는 GWT 웹 애플리케이션이 실행될 때 폰갭 라이브러리처럼 동작한다는 장점을 가지고 있다. 폰갭 GWT 라이브러리는 아래와 같이 경우에 따라서 다른 기능을 제공한다.

1. 안드로이드나 아이폰에서 동작할 경우 폰갭 자바스크립트를 사용한다.

2. 안드로이드나 아이폰이 아닐 경우, 내부의 가상 클래스를 사용하여 더미 값을 전달한다.

폰갭 객체를 생성하기 위해 지연 바인딩을 사용해 보자.

```
PhoneGap PhoneGap = (PhoneGap)GWT.create(PhoneGap.class);
```

다음으로 폰갭 프레임워크에 다음 콜백을 등록해보자.

- PhoneGapAvailableHandler: 이 콜백은 폰갭이 성공적으로 초기화되었을 때 호출되는 콜백이다.

- PhoneGapTimeoutHandler: 이 콜백은 주어진 시간 내에 폰갭 초기화가 실패했을 때 호출되는 콜백이다.

마지막으로 PhoneGap.initializePhoneGap( )을 호출하여 폰갭 프레임워크를 초기화시킨다. 위의 두 콜백 중 한 콜백이 결과로 호출될 것이다.

메인 코드는 아래와 같이 PhoneGapAvailableHandler 콜백에 작성될 것이다. 폰갭이 성공적으로 초기화되었기 때문에, 폰갭 변수를 사용해도 안전하다. 아래의 코드는 폰갭에서 디바이스 핸들러를 받아와 5열 2행의 테이블에 디바이스 정보를 출력하는 코드이다.

```
Device device = phoneGap.getDevice();
Grid grid = new Grid(5, 2);
//Add a row mentioning Name Property of Device
grid.setWidget(0, 0, new Label("Name"));
grid.setWidget(0, 1, new Label(device.getName()));

//Add a row mentioning Platform Property of Device
grid.setWidget(1, 0, new Label("Platform"));
```

```
grid.setWidget(1, 1, new Label(device.getPlatform()));

//Add a row mentioning Version Property of Device
grid.setWidget(2, 0, new Label("Version"));
grid.setWidget(2, 1, new Label(device.getVersion()));

//Add a row mentioning Name Property of Device
grid.setWidget(3, 0, new Label("PhoneGapVersion"));
grid.setWidget(3, 1, new Label(device.getPhoneGapVersion()));

//Add a row mentioning Name Property of Device
grid.setWidget(4, 0, new Label("UUID"));
grid.setWidget(4, 1, new Label(device.getUuid()));

grid.setBorderWidth(1);
RootPanel.get().add(grid);
```

Here is the complete example:

```
package com.phonegap.example.gwt.helloworld.client;
import com.google.gwt.core.client.EntryPoint;
import com.google.gwt.core.client.GWT;
import com.google.gwt.user.client.Window;
import com.google.gwt.user.client.ui.Grid;
import com.google.gwt.user.client.ui.Label;
import com.google.gwt.user.client.ui.RootPanel;

import de.kurka.phonegap.client.PhoneGap;
import de.kurka.phonegap.client.PhoneGapAvailableEvent;
import de.kurka.phonegap.client.PhoneGapAvailableHandler;
import de.kurka.phonegap.client.PhoneGapTimeoutEvent;
import de.kurka.phonegap.client.PhoneGapTimeoutHandler;
import de.kurka.phonegap.client.device.Device;

/**
 * Entry point classes define <code>onModuleLoad()</code>.
 */
public class PhoneGap_GWT_Helloworld implements EntryPoint {
```

```java
/**
 * This is the entry point method.
 */
public void onModuleLoad() {
    final PhoneGap phoneGap = GWT.create(PhoneGap.class);
    phoneGap.addHandler(new PhoneGapAvailableHandler() {

        public void onPhoneGapAvailable(PhoneGapAvailableEvent event) {
            Device device = phoneGap.getDevice();

            Grid grid = new Grid(5, 2);
            //Add a row mentioning Name Property of Device
            grid.setWidget(0, 0, new Label("Name"));
            grid.setWidget(0, 1, new Label(device.getName()));
            //Add a row mentioning Platform Property of Device
            grid.setWidget(1, 0, new Label("Platform"));
            grid.setWidget(1, 1, new Label(device.getPlatform()));
            //Add a row mentioning Version Property of Device
            grid.setWidget(2, 0, new Label("Version"));
            grid.setWidget(2, 1, new Label(device.getVersion()));
            //Add a row mentioning Name Property of Device
            grid.setWidget(3, 0, new Label("PhoneGapVersion"));
            grid.setWidget(3, 1, new Label(device.getPhoneGapVersion()));
            //Add a row mentioning Name Property of Device
            grid.setWidget(4, 0, new Label("UUID"));
            grid.setWidget(4, 1, new Label(device.getUuid()));
            grid.setBorderWidth(1);
            RootPanel.get().add(grid);

        }
    });

    phoneGap.addHandler(new PhoneGapTimeoutHandler() {
        public void onPhoneGapTimeout(PhoneGapTimeoutEvent event) {
            Window.alert("can not load phonegap");
```

```
            }
        });

        phoneGap.initializePhoneGap();
    }
}
```

이클립스에서 run as -〉 web application을 클릭하여 프로젝트를 실행시키고, 브라우저
에서 주소창에 http://127.0.0.1:8888/PhoneGap_GWT_Helloworld.html?gwt.codesvr
=127.0.0.1:9997를 입력하여 실행결과를 확인해 볼 수 있다.

실행 결과는 그림 6-3과 같다. 앞에서 설명한 것처럼, 안드로이드와 아이폰이 아닌 플랫
폼의 브라우저에서 결과를 확인하게 되면 일부 결과 값이 실제 값이 아닌 더미 값으로
나오게 된다.

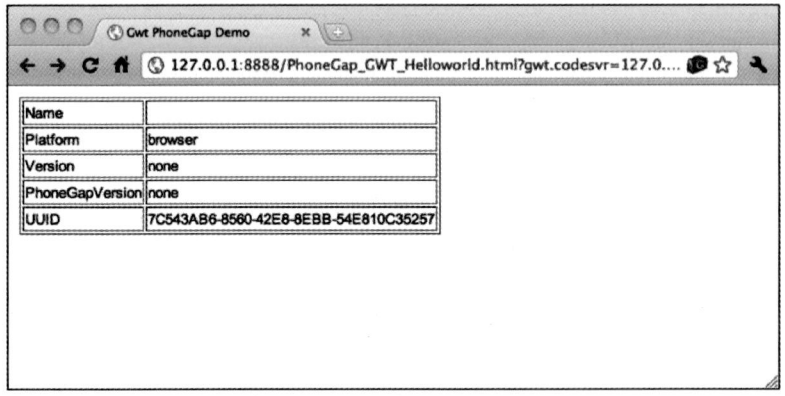

그림 6-3 크롬 브라우저에서 실행시킨 GWT 폰갭 프로젝트

이 프로젝트를 웹 애플리케이션으로 컴파일해보자. 프로젝트에 오른쪽 클릭을 한 후, 구
글 옵션을 선택하고 GWT compile을 클릭한다. 그림 6-4와 같은 다이얼로그가 보일 것
이다. 이 다이얼로그에서 Compile을 클릭한다.

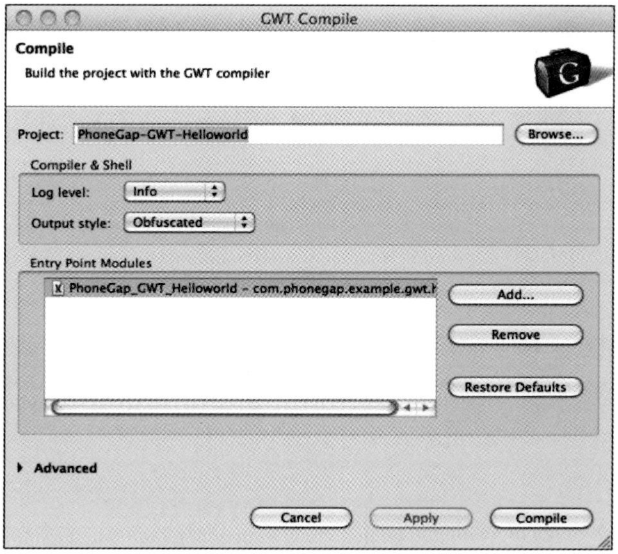

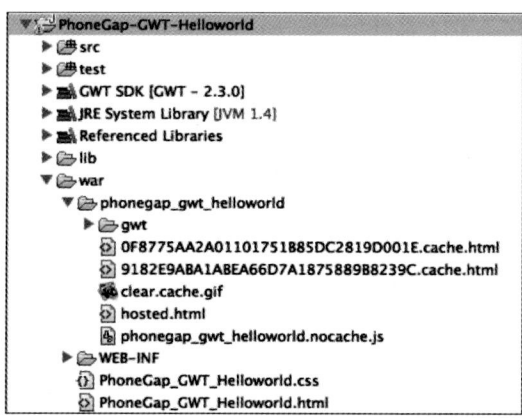

그림 6-4 GWT 컴파일 스크린

컴파일이 끝난 후 이클립스의 프로젝트를 새로고침하면, 그림 6-5와 같은 디렉터리 구조를 확인할 수 있다. war 디렉터리의 phonegap_gwt_helloworld 디렉터리에서 아래와 같이 HTML 파일과 자바스크립트 파일을 확인할 수 있다.

```
▼ PhoneGap-GWT-Helloworld
  ▶ src
  ▶ test
  ▶ GWT SDK [GWT - 2.3.0]
  ▶ JRE System Library [JVM 1.4]
  ▶ Referenced Libraries
  ▶ lib
  ▼ war
    ▼ phonegap_gwt_helloworld
      ▶ gwt
        0F8775AA2A01101751B85DC2819D001E.cache.html
        9182E9ABA1ABEA66D7A1875889B8239C.cache.html
        clear.cache.gif
        hosted.html
        phonegap_gwt_helloworld.nocache.js
    ▶ WEB-INF
      PhoneGap_GWT_Helloworld.css
      PhoneGap_GWT_Helloworld.html
```

그림 6-5 GWT 컴파일 후의 war 디렉터리 구조

폰갭 안드로이드 애플리케이션 만들기

폰갭 GWT 애플리케이션을 만드는 마지막 단계는 그림 6-6, 6-7과 같이 안드로이드 폰갭 프로젝트를 생성한 후, assets/www 디렉터리에 컴파일된 웹 애플리케이션을 복사해 넣는 것이다.

먼저, 안드로이드 프로젝트를 생성해보자.

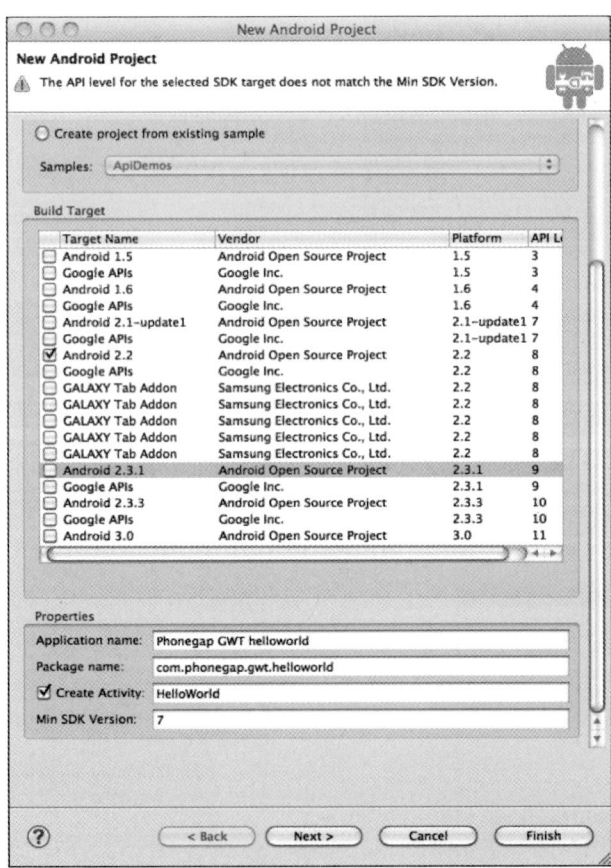

그림 6-6 안드로이드 프로젝트 생성 화면

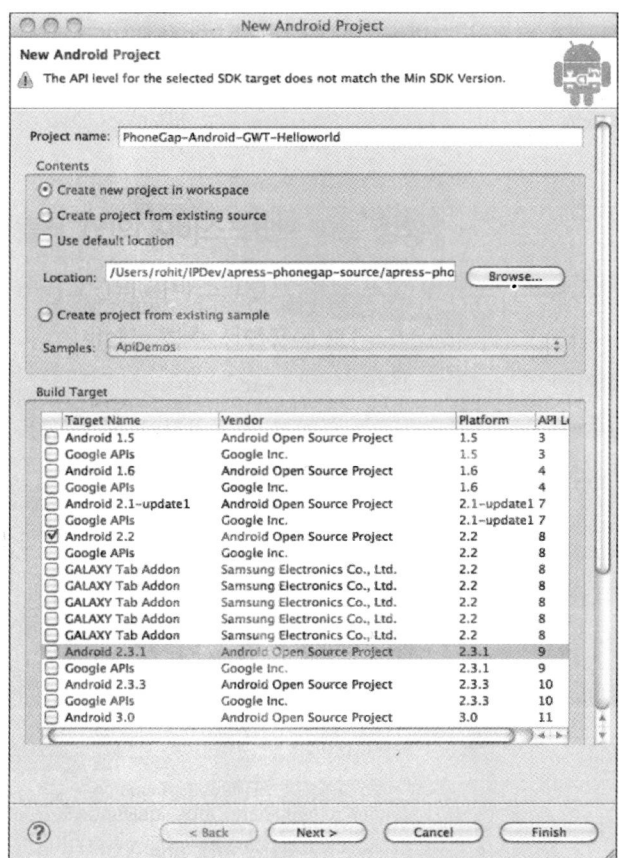

그림 6-7 안드로이드 프로젝트 생성 화면

이제 폰갭 0.9.4 라이브러리를 안드로이드 프로젝트에 추가해보자.

폰갭 0.9.4 라이브러리를 http://phonegap.googlecode.com/files/phonegap-0.9.4.zip에서 내려받아, 압축을 해제하면 그림 6-8과 같은 디렉터리 구조를 확인할 수 있다.

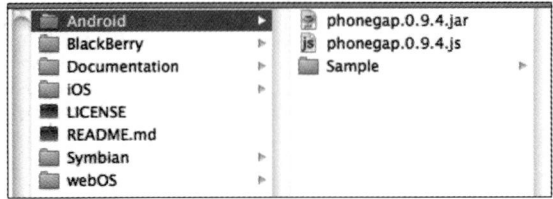

그림 6-8 폰갭 0.9.4 디렉터리 구조

안드로이드 프로젝트에 lib 디렉터리를 만들고, phongap.0.9.4.jar 파일을 lib 디렉터리에 복사한다. phonegap.0.9.4.jar 파일을 이클립스 클래스 경로에 추가한다(jar 파일에 오른쪽 클릭을 한후, Build Path 항목의 Add to Build Path를 클릭한다).

다음으로 assets 디렉터리의 www 디렉터리를 생성하고, phonegap.0.9.4.js 파일을 복사한다. GWT 프로젝트의 아래의 파일도 www 디렉터리에 복사한다.

- PhoneGap_GWT_Helloworld.html

- PhoneGap_Gwt_Helloworld.css

- phonegap_gwt_helloworld folder

이제 안드로이드 프로젝트의 디렉터리 구조가 그림 6-9와 같을 것이다. gwt 디렉터리는 프로젝트가 컴파일될 때 만들어진다.

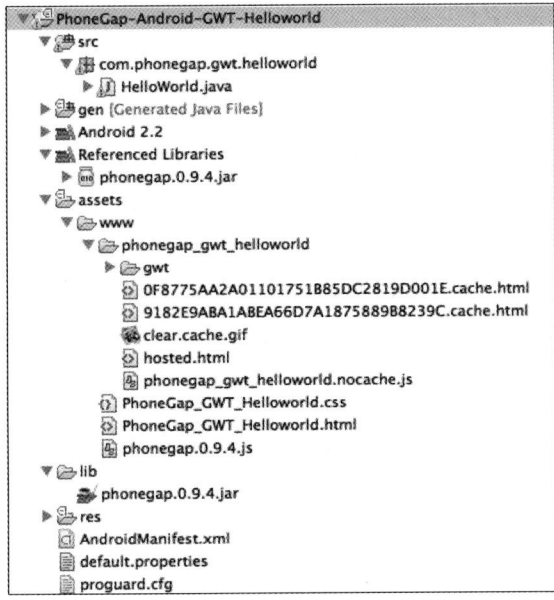

그림 6-9 GWT 폰갭 안드로이드 프로젝트의 디렉터리 구조

이제 다음 파일을 수정해보자.

- HelloWorld.java file

- PhoneGap_GWT_Helloworld.html

HelloWorld.java 파일이 아래와 동일한지 확인해 보자.

```java
package com.phonegap.gwt.helloworld;
import android.os.Bundle;
import com.phonegap.DroidGap;
public class HelloWorld extends DroidGap {
    /** Called when the activity is first created. */
    @Override
    public void onCreate(Bundle savedInstanceState) {
```

```
        super.onCreate(savedInstanceState);
        super.loadUrl("file:///android_asset/www/PhoneGap_GWT_Helloworld.html");
    }
}
```

PhoneGap_GWT_Helloworld.html 파일을 수정해 보자.

먼저 다음과 같이 폰갭 자바스크립트 라이브러리 버전 0.9.4를 추가한다.

```
<script type="text/javascript" src="phonegap.0.9.4.js"></script>
```

폰갭 라이브러리를 사용할 수 있는지 확인하기 위해 deviceready 이벤트에 대한 리스너를 등록한다.

```
<script type="text/javascript">
    document.addEventListener(
        "deviceready",
        (function() {
            PhoneGap.available = true;
        }),
        false);
</script>
```

PhoneGap.available 변수를 true로 설정한다. 안드로이드 플랫폼에서는 이 단계를 꼭 수행해야 한다.

다음은 PhoneGap_gWT_Helloworld.html의 전체 소스이다.

```
<!doctype html>
<!-- The DOCTYPE declaration above will set the -->
<!-- browser's rendering engine into -->
<!-- "Standards Mode". Replacing this declaration -->
<!-- with a "Quirks Mode" doctype may lead to some -->
<!-- differences in layout. -->
<html>

    <head>
        <meta http-equiv="content-type" content="text/html; charset=UTF-8">
        <!-- -->
        <!-- Consider inlining CSS to reduce the number of requested files -->
        <!-- -->
        <link type="text/css" rel="stylesheet" href="PhoneGap_GWT_Helloworld.css">
        <!-- -->
        <!-- Any title is fine -->
        <!-- -->
        <title>
            Gwt PhoneGap Demo
        </title>
        <!-- -->
        <!-- This script loads your compiled module. -->
        <!-- If you add any GWT meta tags, they must -->
        <!-- be added before this line. -->
        <!-- -->
        <script type="text/javascript" language="javascript" src="phonegap.0.9.4.js">
        </script>
        <script type="text/javascript" language="javascript"
src="phonegap_gwt_helloworld/phonegap_gwt_helloworld.nocache.js">
        </script>
        <script type="text/javascript">
            document.addEventListener("deviceready", (function() {
          PhoneGap.available = true;
      }), false);
```

```
        </script>
    </head>
    <!-- -->
    <!-- The body can have arbitrary html, or -->
    <!-- you can leave the body empty if you want -->
    <!-- to create a completely dynamic UI. -->
    <!-- -->

    <body>
    </body>

</html>
```

앞 코드를 에뮬레이터에서 실행시키면 그림 6-10과 같은 화면이 나타난다.

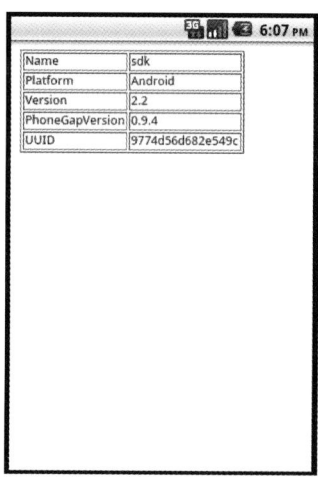

그림 6-10 디바이스 정보를 보여주는 GWT 기반의 폰갭 애플리케이션

앞의 예제와 같이 GWT에서 폰갭 API를 사용할 수 있으며, 이를 통해 휴대폰의 네이티
브 기능을 사용하는 GWT 애플리케이션을 개발할 수 있다.

GWT 폰갭 참고자료

GWT 폰갭 프로젝트에서 사용한 문서와 소스 코드의 목록은 아래와 같다. 다니엘 쿠르카(Daniel Kurka)가 이 라이브러리 개발자이다.

- Home page — http://code.google.com/p/gwt-phonegap/

- Getting started — http://code.google.com/p/gwt-phonegap/wiki/GettingStarted

- Download jar — http://gwt-phonegap.googlecode.com/files/gwt-phonegap-0.8.jar

- Download Javadocs — http://gwt-phonegap.googlecode.com/files/gwt-phonegap-0.8-javadoc.jar

- Source code — http://code.google.com/p/gwt-phonegap/source/browse/

- Current features — http://code.google.com/p/gwt-phonegap/wiki/Features

폰갭 에뮬레이터와
원격 디버깅

PhoneGap Emulator and Remote Debugging

CHAPTER 07

소개

폰개 애플리케이션을 개발할 때 가장 힘든 부분은 다음 작업이 계속 반복된다는 것이다.

1. 이클립스나 Xcode와 같은 IDE에서 코드 작성

2. 컴파일 후, 디바이스나 에뮬레이터에 설치

3. 디바이스나 에뮬레이터에서 폰갭 테스트

4. 수정 후, 1번부터 반복

이러한 반복 작업은 상당히 지루하다. 자바스크립트 개발자라면 이러한 반복 작업은 악몽이 될 것이다.

자바스크립트 개발자는 다음과 같은 브라우저의 편리한 툴에 익숙할 것이다.

1. 파이어폭스

2. 사파리

3. 크롬

4. 인터넷 익스플로러

아이폰과 안드로이드 개발에는 인터넷 익스플로러가 그다지 유용하지 않다. 인터넷 익스플로러를 사용하는 대신 파이어폭스, 사파리, 크롬을 사용하는 것이 좋다.

파이어폭스는 자바스크립트/HTML 디버깅 툴의 시작 격인 파이어디버그를 제공한다. 개발자는 이 툴을 통해 페이지 엘리먼트(DOM 구조)뿐만 아니라 스크립트, 스타일 시트, 네트워크를 디버그할 수 있다. 파이어디버그를 이용하면, 실행 중인 프로그램을 직접 수정하여, 결과를 확인해 볼 수 있다. 크롬과 사파리 또한 개발 툴을 제공하며, 인터넷 익스플로러 역시 비슷한 역할을 하는 자체 확장 툴을 제공한다.

폰갭 개발에도 다음 두 요구 사항을 만족하는 툴이 필요하다.

1. 폰갭 에뮬레이터를 이용해 브라우저에서 애플리케이션을 생성하고 테스트할 수 있는 기능

2. 에뮬레이터나 디바이스에 설치한 폰갭 애플리케이션을 디버깅할 수 있는 기능

이번 장에서는 폰갭 에뮬레이터와 원격 디버깅 툴에 대해서 살펴볼 것이다.

크롬 폰갭 에뮬레이터 – 리플

리플은 tinyHippos에서 개발한 멀티 모바일 플랫폼 에뮬레이터이다. 이 회사는 최근 Research In Motion(RIM)에 합병되었다. 리플은 모바일 OS의 급격한 파편화로 인해 모바일 웹 개발자들이 겪는 어려움을 해소해주기 위해 개발되었다.

리플은 크롬의 확장 툴이며, 다음의 에뮬레이션 기능을 제공한다.

1. 폰갭

2. Webworks(블랙베리)

3. WebWorks 테블릿 OS(블랙베리)

4. 모바일 웹

5. WAC

6. 오페라

7. 보다폰

이번 장에서는 앞 기능 중 폰갭 에뮬레이션 기능만을 살펴보겠다.

리플 설치

리플 설치 전에 설치해야 할 툴은 크롬 브라우저뿐이다. 확장 툴을 지원하는 어떤 버전
이라도 상관없기 때문에 어떤 버전의 크롬을 설치해야 할지 걱정할 필요는 없다. 그래도
가능한 최신 버전을 설치하자.

크롬을 실행시켜 http://ripple.tinyhippos.com/ 사이트를 방문한다.

그림 7-1과 같은 화면이 보이면 Get Ripple 버튼을 클릭한다.

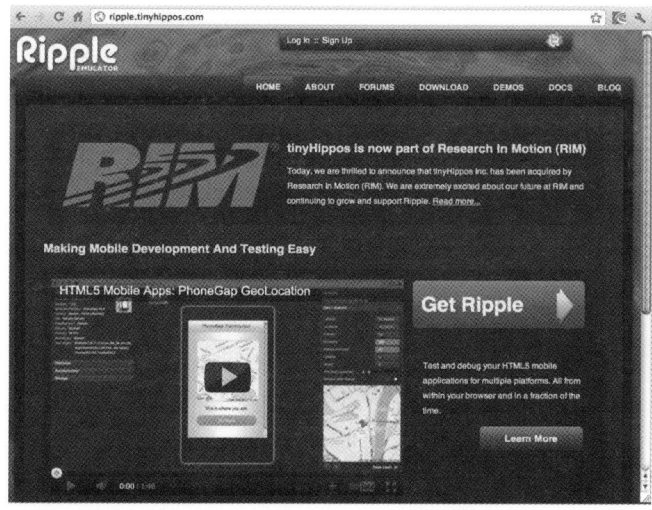

그림 7-1 리플 홈페이지

그림 7-2에서 보이는 페이지가 나오면 Install을 클릭한다.

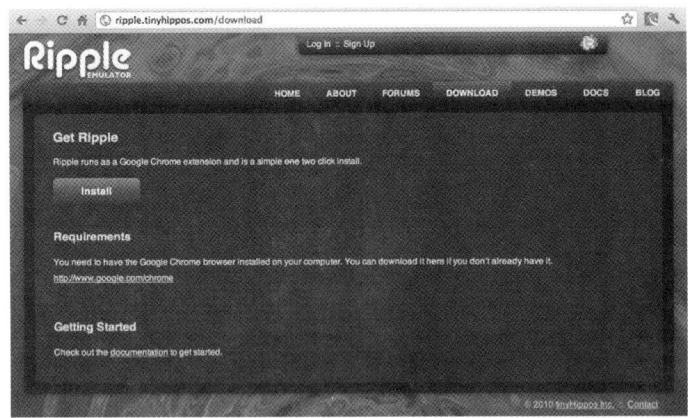

그림 7-2 크롬 확장 툴인 리플 설치

앞에서 언급한 것처럼, 리플은 크롬 확장 툴이다. Install을 클릭하면, 크롬 웹 스토어로
이동한다. Add to Chrome을 클릭하면, 실제 확장 툴이 다운로드되어 크롬 브라우저에
자동으로 설치될 것이다(그림 7-3).

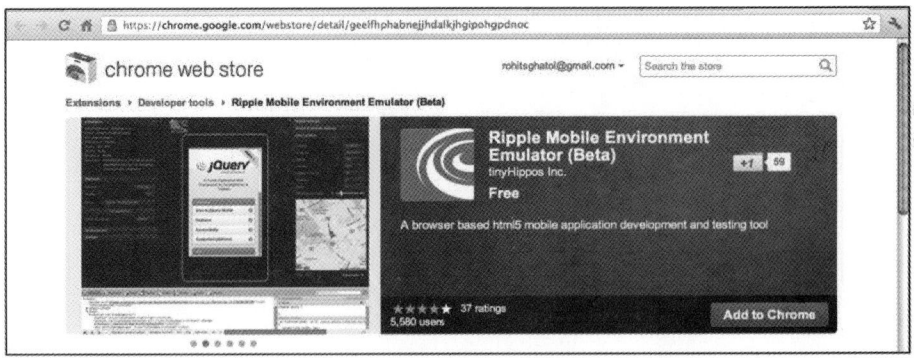

그림 7-3 크롬 웹 스토어에서 리플 설치

확장 툴이 설치되면 그림 7-3과 같은 화면이 나타난다.

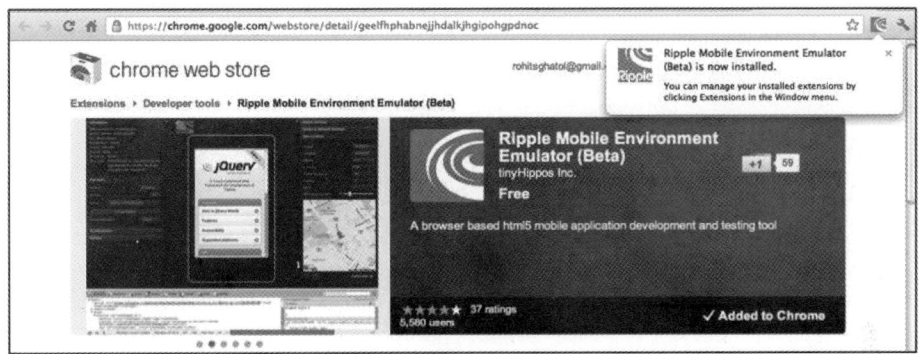

그림 7-4 크롬에 리플 설치

확장 툴이 제대로 설치되었는지 확인하기 위해서 www.google.com 사이트를 크롬에서 열어 오른쪽 클릭한다. 확장 툴이 적절히 설치되었다면, 그림 7-5에서 보이는 것처럼 Emulator의 활성화/비활성화를 위한 옵션이 나타날 것이다.

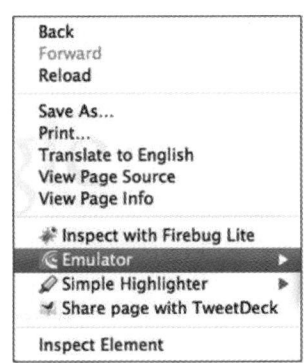

그림 7-5 크롬에서 오른쪽 클릭을 하여 나온 리플 에뮬레이터 옵션

Emulator를 클릭한 후, Enable을 선택한다. 그림 7-6과 같은 화면이 보인다면, 확장 툴이 제대로 동작하고 있다는 뜻이다. 이 스크린을 없애기 위해서는 오른쪽 클릭한 후, Emulator -> Disable을 선택한다.

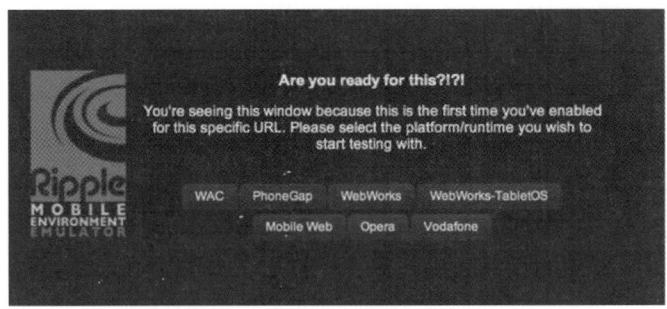

그림 7-6 리플 최초 시작 화면

폰갭을 위해 크롬 효과적으로 사용하기

크롬에서 리플을 사용하기 전에 폰갭을 위해 크롬을 효과적으로 사용하는 방법에 대해 알아보자. 폰갭은 모바일 웹 애플리케이션과 유사한 점도 많고, 다른 점도 많다. 가장 주요한 차이점 두 가지는 다음과 같다.

1 폰갭은 HTML/자바스크립트 기반의 애플리케이션이지만, 호스트되지 않는다. 폰갭은 애플리케이션의 내장 브라우저를 통해 표시되는 네이티브 모바일 애플리케이션의 일부이다. 이러한 점에서 폰갭은 로컬 파일을 통해 크롬에서 실행되는 애플리케이션과 유사하다.

2 폰갭은 연관된 도메인 이름이 없기 때문에 단일 출처 정책(single origin policy)을 따르지 않는다. 파일 시스템이나 로컬 서버에서 호스팅되는 폰갭 애플리케이션에서 단일 출처 정책을 따르지 않는 것을 에뮬레이팅하기 위해서는 단일 출처 정책을 무효화시킬 수 있도록 크롬을 수정해야 한다.

단일 출처 정책을 따르지 않고, 로컬 파일 시스템에서 폰갭 애플리케이션을 테스트하기 위해서는 아래에서 설명하는 커멘드라인 인자 값으로 크롬을 실행시켜야 한다.

윈도우

윈도우에서는 chrom.cmd 파일을 생성한 후, 다음의 스크립트를 복사한다. chrome.cmd 를 이용하여 크롬을 실행시킨다.

```
chrome.exe --disable-web-security --allow-file-access-from-files
```

맥과 리눅스

맥과 리눅스에서는 chrome.sh를 생성한 후, 다음 스크립트를 복사한다. chrome.sh를 이용하여 크롬을 실행시킨다.

```
open "/Applications/Google Chrome.app" --args --disable-web-security -?allow-file-access-from-files
```

chrome.sh 스크립트를 실행시킬 수 있도록 퍼미션을 수정한다.

```
$>chmod +x chrome.sh
```

터미널에서 다음을 실행시킨다.

```
$>./chrome.sh
```

리플 사용

이제 리플을 어떻게 사용하고, 리플에서 폰갭 앱을 실행시키기 위해 수정해야 할 사항들에 대해서 알아보자.

다음은 리플에서 폰갭을 실행시키기 위한 전제 조건이다.

1 폰갭 애플리케이션은 플러그인을 사용하지 않고 작성한 순수 폰갭 애플리케이션이어
   야 한다.

2 모든 HTML 파일에서 폰갭 자바스크립트 참조를 제거한다.

리플에 맞도록 앱 수정

2장에서 다룬 예제 코드를 살펴 보자.

나침반 앱 예제를 이용하여 보자. http://beginingphonegap.googlecode.com/files
/compass.png에서 나침반 이미지를 내려받는다(그림 7-7).

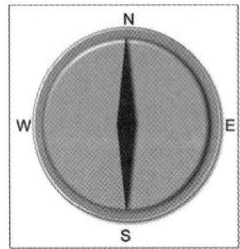

그림 7-7 폰갭 애플리케이션에서 사용할 나침반 이미지

이제 아래와 같이 index.html을 수정해보자. 리플을 사용하려면 phonegap.js의 모든
참조를 제거하였다. 이러한 제한을 제거하기 위해 리플과 폰갭이 같이 고민하고 있으며,
다음 릴리즈에서는 이러한 제약 사항이 없어지길 바란다.

```
<!DOCTYPE HTML>
<html>

    <head>
```

```html
<title>
    PhoneGap
</title>
<script type="text/javascript">
        /** Called when phonegap javascript is loaded */

function onDeviceReady() {
    var button = document.getElementById("capture");
    var compassOptions = {
        frequency: 1000
    };
    navigator.compass.watchHeading(onSuccess, onError, compassOptions);
};

function onSuccess(heading) {
    var image = document.getElementById('compass');
    var headingDiv = document.getElementById('compassHeading');
    headingDiv.innerHTML = heading;
    var reverseHeading = 360 - heading;
    image.style.webkitTransform = "rotate(" + reverseHeading + "deg)";
}

function onError(error) {
    alert('code: ' + error.code + '\n' + 'message: ' + error.message + '\n');
}

 /** Called when browser load this page*/

function init() {
    document.addEventListener("deviceready", onDeviceReady, false);
}
</script>
</head>

<body onLoad="init()">
    <h1>
```

```
            Compass
        </h1>
        <table>
            <tr>
                <td>
                    Compass Heading
                </td>
                <td>
                    <div id="compassHeading">
                        ....
                    </div>
                </td>
                <td>
                    Degrees
                </td>
            </tr>
        </table>
        <img id="compass" src="compass.png" style="width:400px;height:400px;margin-
left:auto;margin-right:auto;auto;display:block">
        </img>
    </body>
</html>
```

이 앱의 디렉터리는 그림 7–8과 같이 HTML, 자바스크립트, CSS 파일을 포함하고 있다.

그림 7-8 나침반 앱의 디렉터리

특별 플래그로 크롬 구동시키기

앞에서 다룬 것과 같이 특별한 플래그를 이용하여 크롬을 실행시키자.

--disable-web-security --allow-file-access-from-files 플래그를 이용하여 크롬을 구동시킨다.

크롬이 구동되면 Window -> Extensions를 선택한 후, 그림 7-9에서 보이는 것처럼 Ripple Mobile Environment Emulator를 찾아서, Allow access to file URLs을 체크한다.

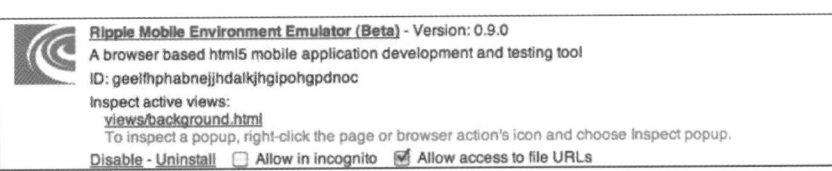

그림 7-9 리플 확장 툴을 위한 파일 URL 접근 허용

크롬에서 앱 실행

이제 크롬에서 나침반 애플리케이션을 실행시켜 보자. 크롬의 오른쪽 위에 보면 리플 아이콘이 나타난다. 이 리플 아이콘을 클릭하면, 그림 7-10에서 보이는 것처럼 리플이 활성화될 것이다.

앞에서 언급한 데로 특별 플래그로 크롬을 실행하였기 때문에, 로컬 파일 시스템에서 HTML 파일을 실행시킬 수 있는 것이다. 또한 크롬에서 단일 출처 정책을 비활성화했기 때문에 폰갭 애플리케이션에서 Ajax를 이용하여 데이터를 불러오는 것이 가능하다.

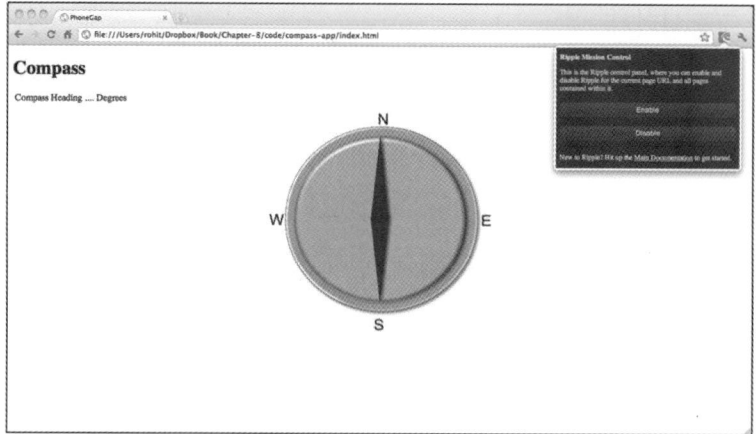

그림 7-10 크롬 브라우저에서 나침반 앱 실행시키기

리플 활성화

처음 리플을 활성화시키면 그림 7-11과 같은 화면이 나타난다. 이 화면에서 폰갭 옵션을
선택한다.

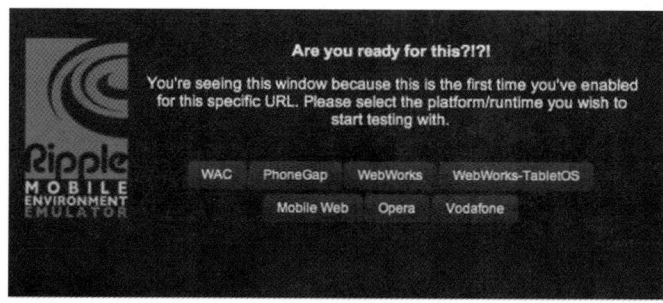

그림 7-11 나침반 앱을 위한 리플 활성화

리플 설정하기

리플을 활성화시키면 웹페이지가 변한 것을 볼 수 있다. 전체 화면을 채우던 애플리케이션이 다르게 보일 것이다. 이제 리플이 메인 애플리케이션이기 때문에, 리플이 나침반 애플리케이션을 iframe에 불러들여 폰갭 환경을 에뮬레이팅한다. 리플은 메인 페이지에서 폰갭을 에뮬레이팅을 위해 디바이스의 상태나 프로퍼티를 변경할 수 있는 컨트롤을 제공한다(그림 7-12).

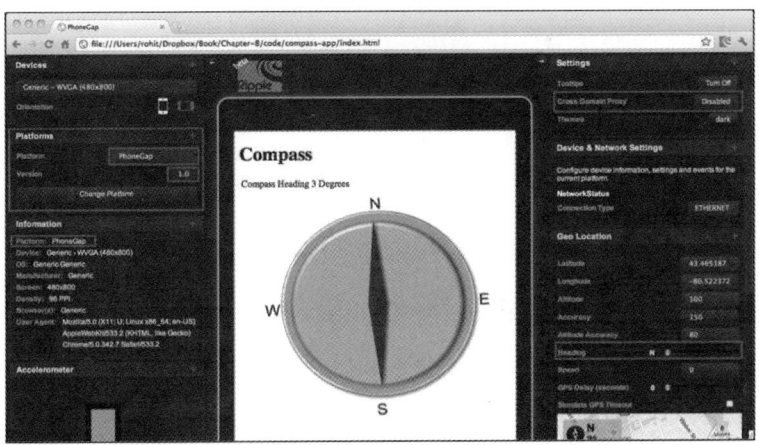

그림 7-12 리플을 활성화시킨 크롬 브라우저에서 실행 중인 나침반 애플리케이션

리플로 애플리케이션 테스트하기

나침반 애플리케이션을 테스트하기 위해서 오른쪽 아래에 빨간색으로 표시된 위치와 나침반 컨트롤을 이용할 것이다(그림 7-12). 나침반 컨트롤의 방향을 바꿔서 사용자가 실제 디바이스의 방향을 움직인 것과 같은 효과를 얻을 수 있다.

그림 7-13에서 보이는 것처럼 나침반 컨트롤의 방향을 바꾸면 나침반 이미지가 움직이는 것을 확인할 수 있다.

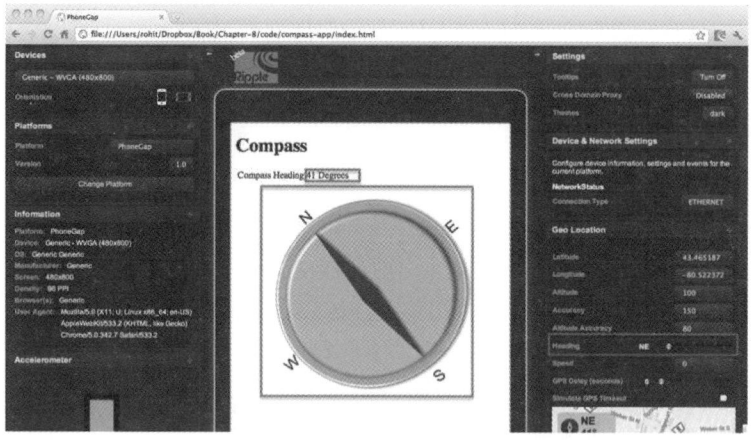

그림 7-13 리플을 이용한 폰갭 지가기 API 에뮬레이션

폰갭 에뮬레이팅은 리플의 기능 중 일부일 뿐이다. 개발자는 리플을 이용하여 일반 브라우저에서 애플리케이션의 DOM과 CSS를 디버깅할 수 있다. 그림 7-14에 보면 이미지를 오른쪽 클릭했을 때의 Inspect Element를 볼 수 있다. 이를 통해 개발자는 해당 DOM 엘리먼트(이 경우 HTML img)의 CSS 스타일을 확인할 수 있다.

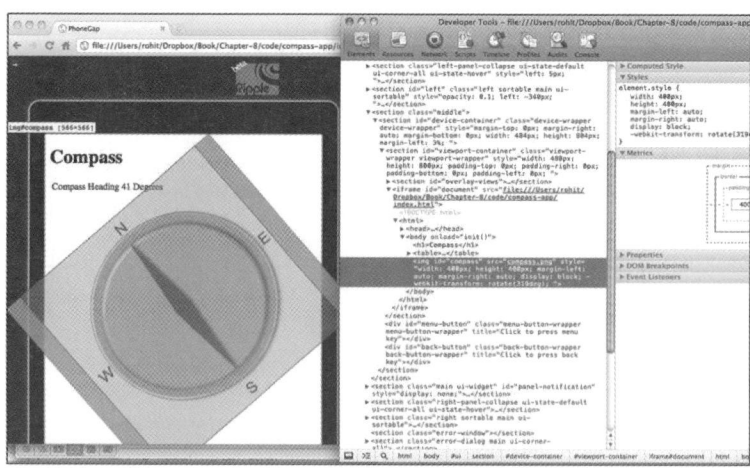

그림 7-14 크롬 개발자 툴을 이용한 HTML DOM 변화 확인

원격 디버깅(http://debug.phonegap.com)

리플을 이용하여 폰갭 애플리케이션을 에뮬레이팅하고, 테스트할 수 있지만, 실제 에뮬레이터나 디바이스에서 디버깅하는 것과는 차이가 있다.

폰갭 애플리케이션이 실행되는 webkit 웹뷰는 독립된 모듈이기 때문에 외부에서 접근할 수 없어 실제 에뮬레이터나 디바이스에서 디버깅을 하기가 어렵다. 크롬, 파이어폭스, 사파리와 같은 브라우저에서는 HTML 엘리먼트를 확인해 볼 수 있지만, 웹뷰에서 실행되는 폰갭 애플리케이션(HTML/자바스크립트)은 확인이 불가능하다.

이러한 문제점을 해결하기 위해 원격 디버깅이 필요하다. 그림 7-15를 통해 원격 디버깅에 대한 개념을 좀 더 이해해보자. 기본 개념은 폰갭 애플리케이션에 디버그 자바스크립트를 추가하는 것이다. 이렇게 추가된 디버그 자바스크립트는 debug.phonegap.com 서버와의 채널을 열고, 개발자는 브라우저를 통해 debug.phonegap.com 사이트에 접속하여 디바이스나 에뮬레이터에서 실행 중인 폰갭 애플리케이션을 확인할 수 있게 되는 것이다.

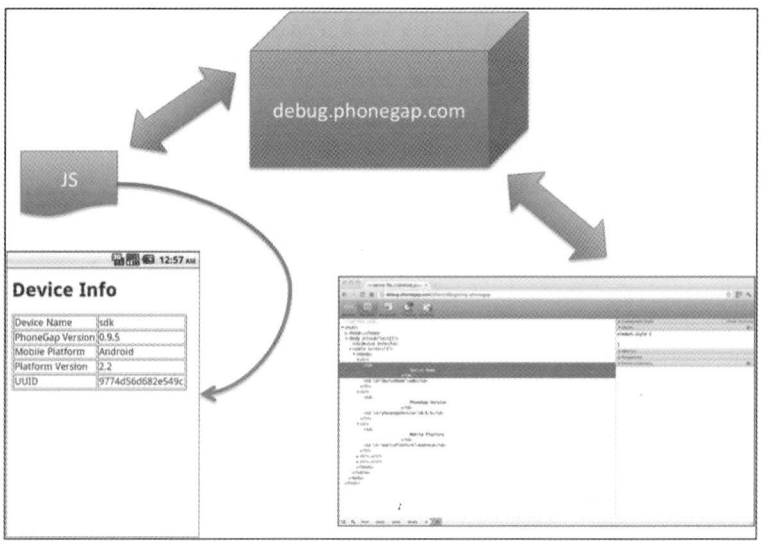

그림 7-15 원격 디버깅 아키텍처

원격 디버깅 설정

원격 디버깅을 위해 먼저 브라우저에서 http://debug.phonegap.com을 열어보자. 여기
서 guid를 입력하거나 서버에서 무작위로 할당한 guid를 사용할 수 있다.

그림 7-16 폰갭 애플리케이션 디버깅을 위해 debug.phonegap.com 이용

폰갭 애플리케이션에 원격 디버깅 추가하기

다음으로 http://debug.phonegap.com에서 알려준 자바스크립트를 복사하여 폰갭 애
플리케이션에 추가해 보자. 코드는 아래와 같다.

```
<!DOCTYPE HTML>
<html>
  <head>
      <title>PhoneGap</title>
      <script type="text/javascript" src="phonegap.1.1.0.js">
      </script>
      <script type="text/javascript">

          /** Called when phonegap javascript is loaded */
          function onDeviceReady(){
             document.getElementById("deviceName").innerHTML = device.name;
```

```
            document.getElementById("phoneGapVersion").innerHTML = device.phonegap;
            document.getElementById("mobilePlatform").innerHTML = device.platform;
            document.getElementById("platformVersion").innerHTML = device.version;
            document.getElementById("uuid").innerHTML = device.uuid;
        }

        /** Called when browser load this page*/
        function init(){
            document.addEventListener("deviceready", onDeviceReady, false);
        }
    </script>
    <script src="http://debug.phonegap.com/target/target-script-
min.js#begining-phonegap">
    </script>
  </head>
  <body onLoad="init()">
    <h1>Device Info</h1>
    <table border="1">
        <tr>
            <td>
                Device Name
            </td>
            <td id="deviceName">
            </td>
        </tr>
        <tr>
            <td>
                PhoneGap Version
            </td>
            <td id="phoneGapVersion">
            </td>
        </tr>
          <tr>
              <td>
```

```
                    Mobile Platform
            </td>
            <td id="mobilePlatform">
            </td>
        </tr>
        <tr>
            <td>
                Platform Version
            </td>
            <td id="platformVersion">
            </td>
        </tr>
        <tr>
            <td>
                UUID
            </td>
            <td id="uuid">
            </td>
        </tr>
    </table>
  </body>
</html>
```

DOM 엘리먼트의 디버깅과 수정

이제 폰갭 애플리케이션을 에뮬레이터나 디바이스에서 실행시킨다. 애플리케이션이 실
행되면 추가한 자바스크립트가 debug.phonegap.com 서버와 통신을 할 것이다. 이제
원격 디버깅을 위한 준비가 다 되었다(그림 7-17).

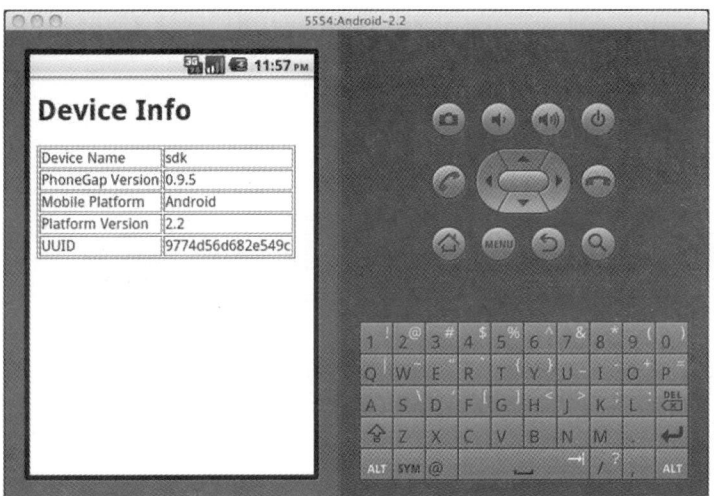

그림 7-17 안드로이드 에뮬레이터에서 실행시킨 디바이스 정보 애플리케이션

브라우저에서 http://debug.phonegap.com 웹사이트에서 알려준 http://debug
.phonegap.com/client/#begining-phonegap 주소를 연다(그림 7-18).

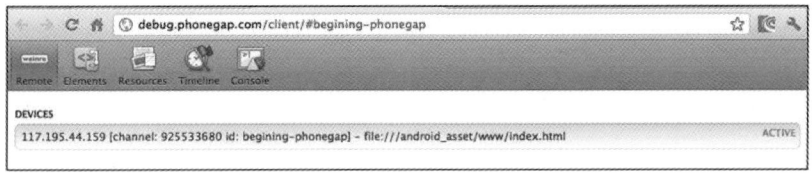

그림 7-18 안드로이드 애플리케이션이 http://debug.phonegap.com에 접속되었다는 로그 메시지

이제 엘리먼트 탭으로 이동하여 폰갭 애플리케이션의 DOM 엘리먼트를 볼 수 있다(그림 7-19).

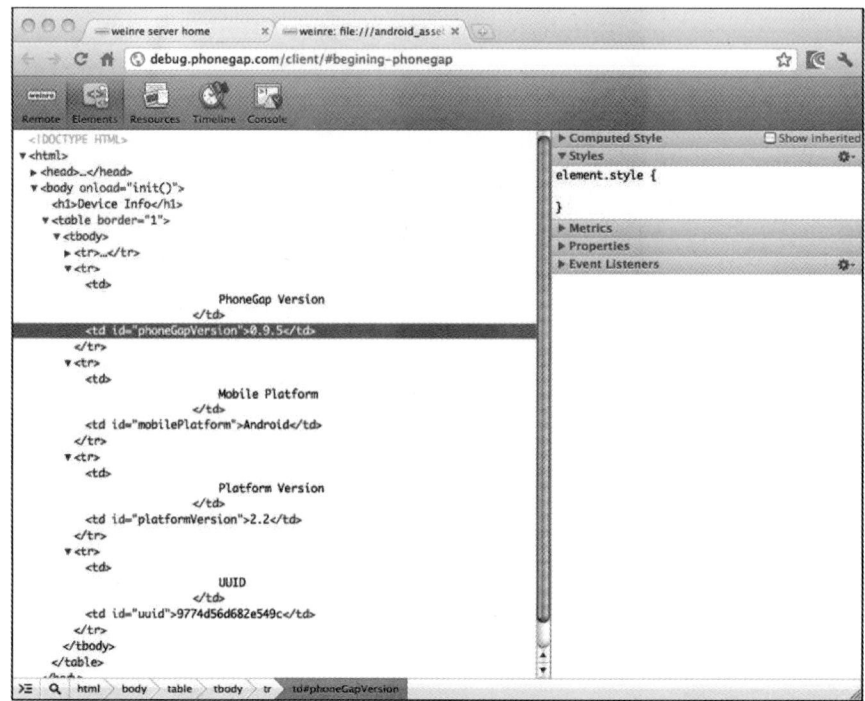

그림 7-19 http://debug.phonegap.com에서 DOM 확인

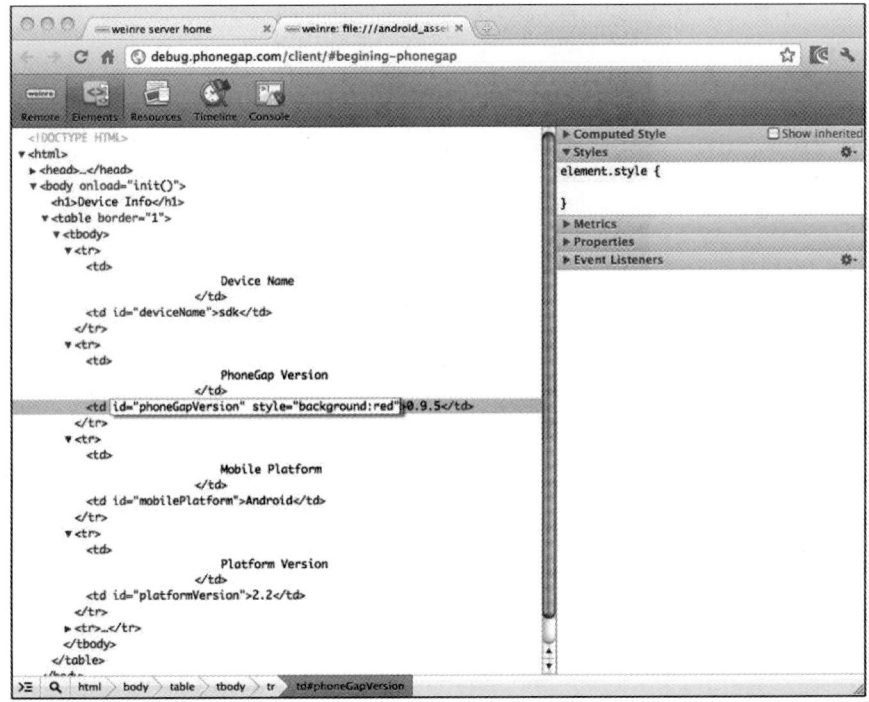

그림 7-20에서 볼 수 있는 것처럼 DOM 엘리먼트를 수정해 보자. 이를 위해 DOM 엘리먼트(여기서는 td)를 더블클릭하여 스타일을 직접 수정해보자. "0.9.5" 텍스트가 포함된 td에 "style='background:red'"를 추가하게 되면, 안드로이드 에뮬레이터에서 실행 중인 폰갭 애플리케이션에 수정 사항이 적용되는 것을 확일할 수 있을 것이다.

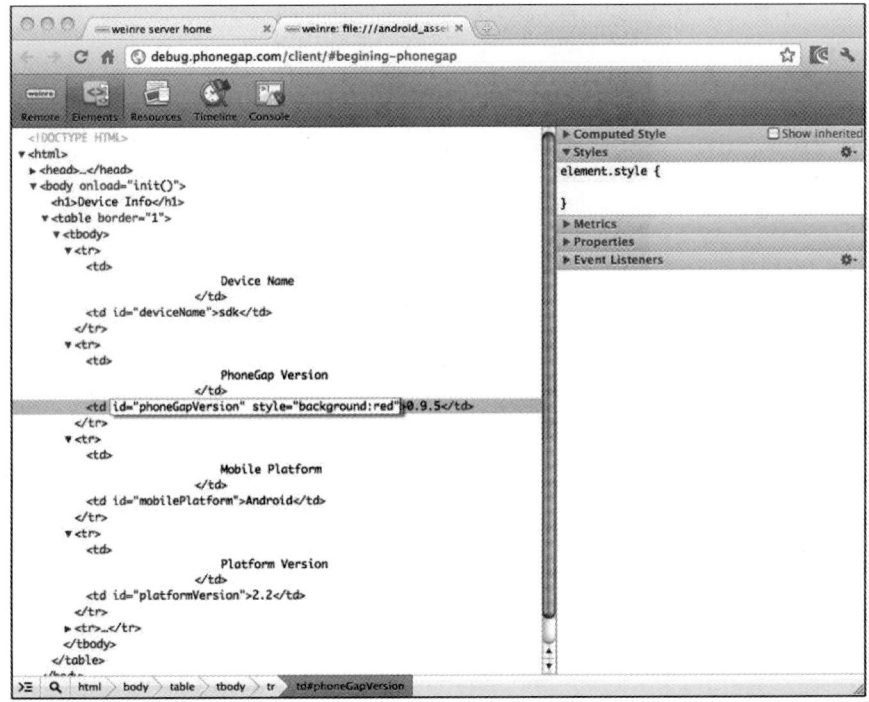

그림 7-20 http://debug.phonegap.com에서 DOM 수정

이제 "0.9.5"가 포함된 td 엘리먼트의 배경색이 빨간색으로 변경되었다(그림 7-21). 이
러한 디버깅은 개발자가 디바이스나 에뮬레이터 실행 중인 애플리케이션의 실시간 디버
깅을 도와준다.

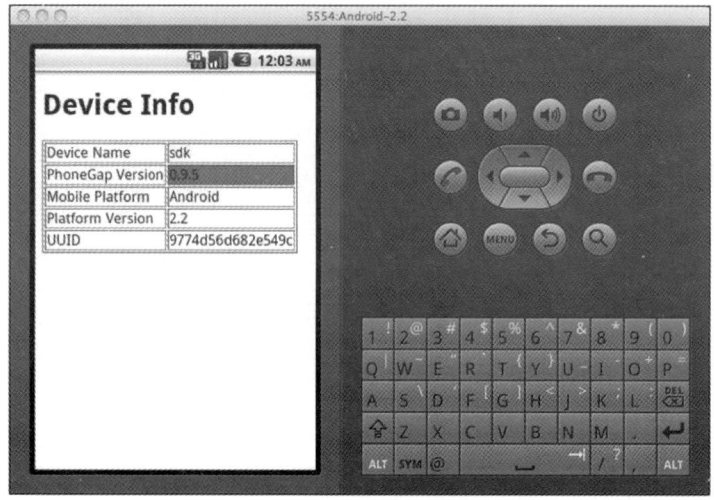

그림 7-21 http://debug.phonegap.com의 수정 사항이 적용된 안드로이드 에뮬레이터

debug.phonegap.com의 문제점

지금까지 살펴본 것처럼 http://debug.phonegap.com을 이용한 실시간 디버깅은 개발에
상당히 도움이 된다. 하지만 다음 두 가지 이유로 실제로 이 방법을 사용하지는 않을 것이다.

1 개발 중에 외부 서버를 사용하지 싶지 않다.

2 대역폭 사용을 줄이고, 디버깅 속도를 높이고 싶다.

debug.phonegap.com은 Weinre(web inspector remote) 서버를 사용하고 있다. 폰갭
을 개발자들이 Weinre 역시 개발하였고, Weinre는 문서화가 상당히 잘 되어 있다.

로컬 debug.phonegap.com 설치하기

Weinre의 설치는 이 책의 범위를 벗어나지만, Weinre를 로컬에 설치하는 방법을 간단하게 설명하겠다.

Weinre는 문서화가 상당히 잘 되어 있고, 이 문서를 따라서 로컬에 Weinre를 설치하면 별문제가 없을 것이다.

http://phonegap.github.com/weinre/Installing.html을 방문하여 설치 문서를 열어보자(그림 7-22).

그림 7-22 Weinre의 설치 문서

http://phonegap.github.com/weinre/Running.html을 방문하여 실행 방법을 살펴보자(그림 7-23).

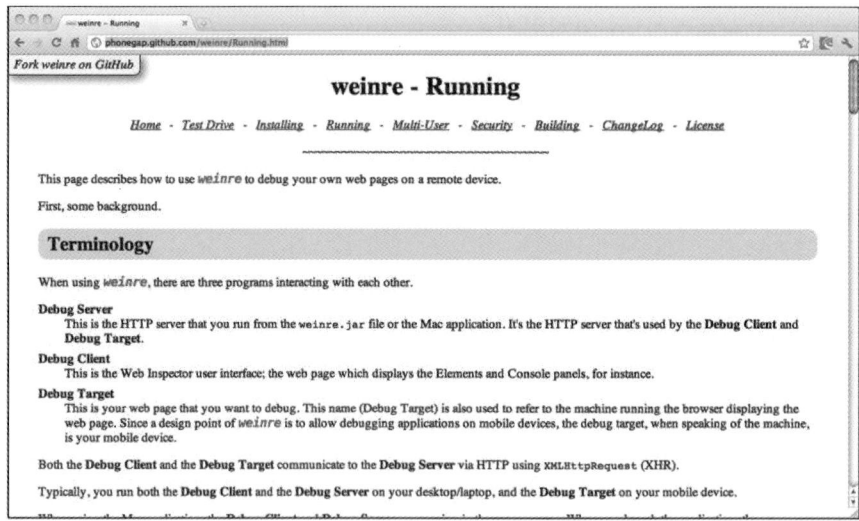

그림 7-23 Weinre의 실행 문서

결론

아이폰/안드로이드 에뮬레이터를 이용하여 폰갭 애플리케이션을 개발하면 너무 많은 시간과 노력이 소요된다. 이를 줄이려면 리플 폰갭 에뮬레이터를 이용하여야 한다. 크롬의 개발 툴을 이용하면 개발 시간을 단축시킬 수 있다. 원격 디버깅을 위해서는 http://debug.phonegap.com을 사용하거나 로컬에 설치된 Weinre 서버를 사용한다. 이를 통해 아이폰/안드로이드 에뮬레이터나 실제 디바이스에서 애플리케이션이 실행 중일 때, HTML DOM을 확인할 수 있다.

폰갭 플러그인 사용하기

Using PhoneGap Plug-Ins

CHAPTER 08

폰갭은 다중 플랫폼을 지원하는 애플리케이션을 개발할 수 있도록 카메라, 스토리지, 주소록, 위치 정보 등의 네이티브 기능을 사용할 수 있는 API를 제공한다. 폰갭 API의 범주를 넘어서는 기능을 사용하려면 폰갭 플러그인을 이용해야 한다.

어떤 기술이든 이미 테스트된 기존 기능을 활용하는 것은 당연한 일이다. 폰갭에는 페이스북에 접근하기 위한 인증 메커니즘이나 모바일 푸시 알림 서드 파티 서비스 등의 중요한 서드 파티 플러그인이 있다.

폰갭 플러그인

폰갭은 기능을 확장하기 위해 플러그인을 제공한다. 폰갭 플러그인은 휴대폰의 일부 기능에 접근한다. 폰갭 플러그인은 디바이스의 네이티브 기능에만 접근하는 기능을 제공하기도 하고, 클라우드 서비스에 접근하는 기능을 제공하기도 한다.

모든 폰갭 플러그인은 최소한 다음 두 가지를 포함한다.

- **자바스크립트 파일**
- **네이티브 언어 파일**

플러그인의 자바스트립트 파일은 폰갭 애플리케이션과 폰갭 플러그인 사이의 인터페이스 역할을 한다. 플러그인의 기능은 자바스크립트 파일에서 함수를 이용하여 사용할 수 있다.

네이티브 언어 파일은 폰갭 프레임워크가 디바이스의 네이티브 기능에 접근하는 데 사용된다. 폰갭 플러그인을 사용하려면 이 네이티브 코드를 프로젝트 구조에 포함해야 한다. 이번 장에서는 플러그인을 이용하여 프로젝트를 설정하는 방법에 대하여 자세히 알아보자.

페이스북 인증과 친구 목록 가져오기

폰갭 플러그인을 이용하여 페이스북에 로그인하고, 친구 목록을 가져오는 간단한 애플리케이션을 만들어보자.

이 폰갭 애플리케이션은 페이스북-폰갭 플러그인을 통해 네이티브 페이스북 애플리케이션을 이용하여 단일 사인 온(SSO)을 수행한다.

안드로이드 환경 설정

우선 안드로이드용 폰갭 프로젝트를 설정해 보자. 2장을 참고하여 안드로이드용 프로젝트 설정을 진행한다. 안드로이드 프로젝트는 그림 8-1과 같다.

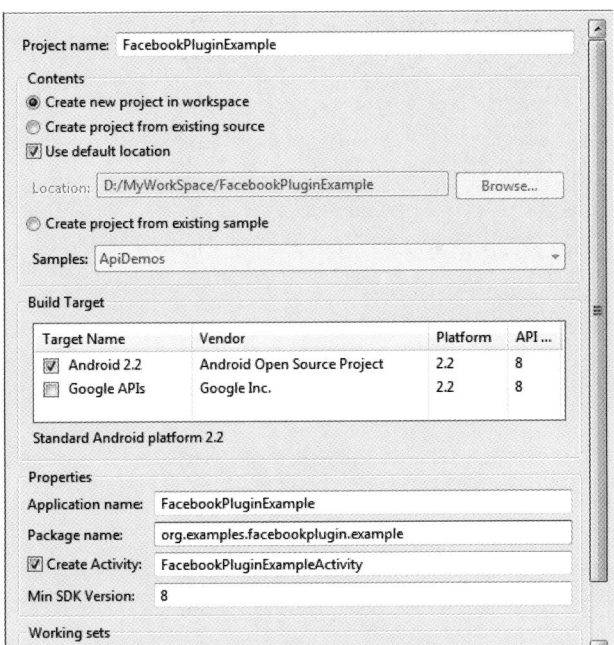

그림 8-1 이클립스 안드로이드 프로젝트 설정

https://github.com/davejohnson/phonegap-plugin-facebook-connect/downloads
에서 페이스북 연결 플러그인을 다운로드한다.

페이스북 연결 플러그인은 압축 파일이다. 이 파일의 압축을 해제하면 그림 8-2와 같은
구조를 확인할 수 있다.

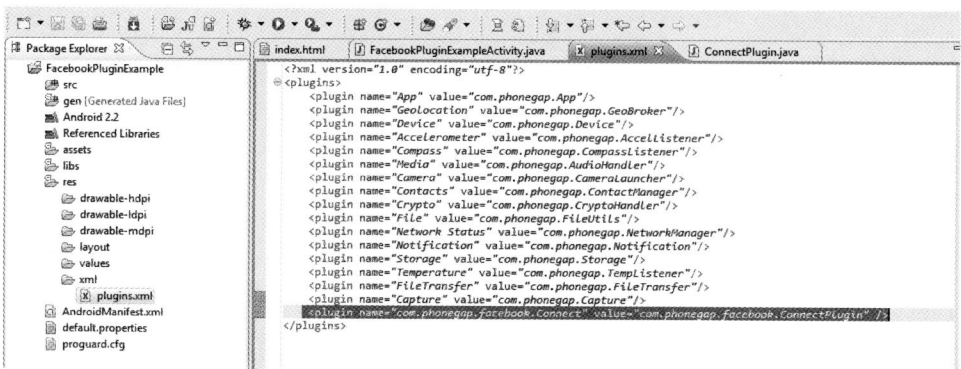

그림 8-2 페이스북 연결 플러그인 디렉터리 구조

이제 다음 설치 과정을 진행해보자.

1 페이스북 플러그인 등록

그림 8-3에서 보이는 것처럼 plugins.xml 파일의 plugins 엘리먼트 밑에 다음의
XML 엘리먼트를 추가한다.

```
<plugin name="com.phonegap.facebook.Connect" value="com.phonegap.facebook
.ConnectPlugin" />
```

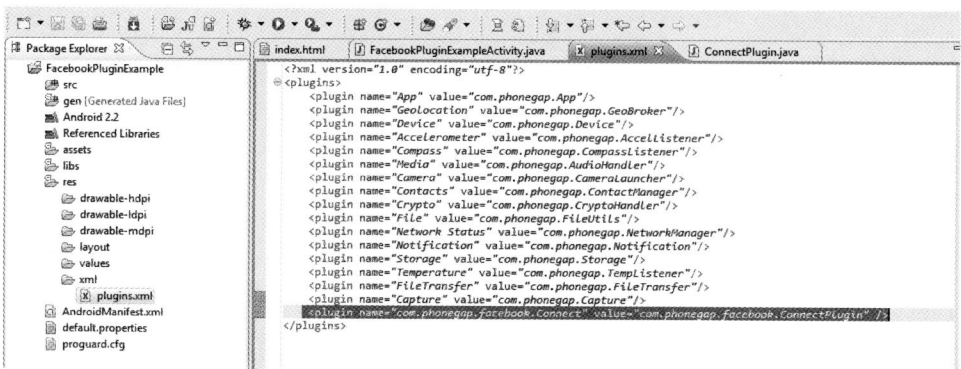

그림 8-3 페이스북 플러그인 등록

2 프로젝트에 플러그인의 네이티브 부분을 포함시킨다. 페이스북 연결 플러그인 디렉터리의 libs와 src 디렉터리(그림 8-4)를 복사하여 폰갭 애플리케이션 루트 디렉터리(FaceBookPluginExample)에 복사한다.

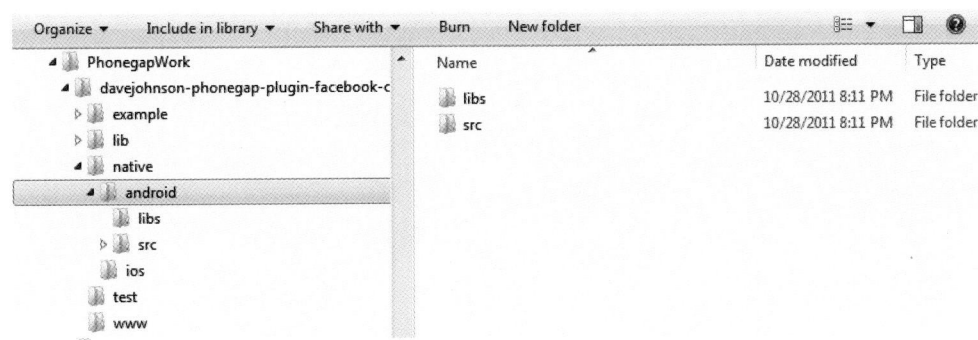

그림 8-4 안드로이드용 페이스북 연결 플러그인의 네이티브 디렉터리

3 프로젝트에 플러그인의 자바스크립트를 추가한다.
페이스북 연결 플러그인에서 프로젝트에 복사할 자바스크립트 파일은 다음 두 가지이다.

```
/www/pg-plugin-fb-connect.js
```

pg-plugin-fb-connect.js 파일은 페이스북 플러그인의 www 디렉터리에 있다. 이를 프로젝트의 assets/www 디렉터리에 복사한다.

```
/lib/facebook_js_sdk.js
```

facebook_js_sdk.js 파일은 페이스북 플러그인의 lib 폴더에 있다. 이를 프로젝트의 assets/www 디렉터리에 복사한다.

위의 세 단계를 모두 거치면 FaceBookPluginExample 프로젝트의 디렉터리 구조는 그림 8-5와 같을 것이다.

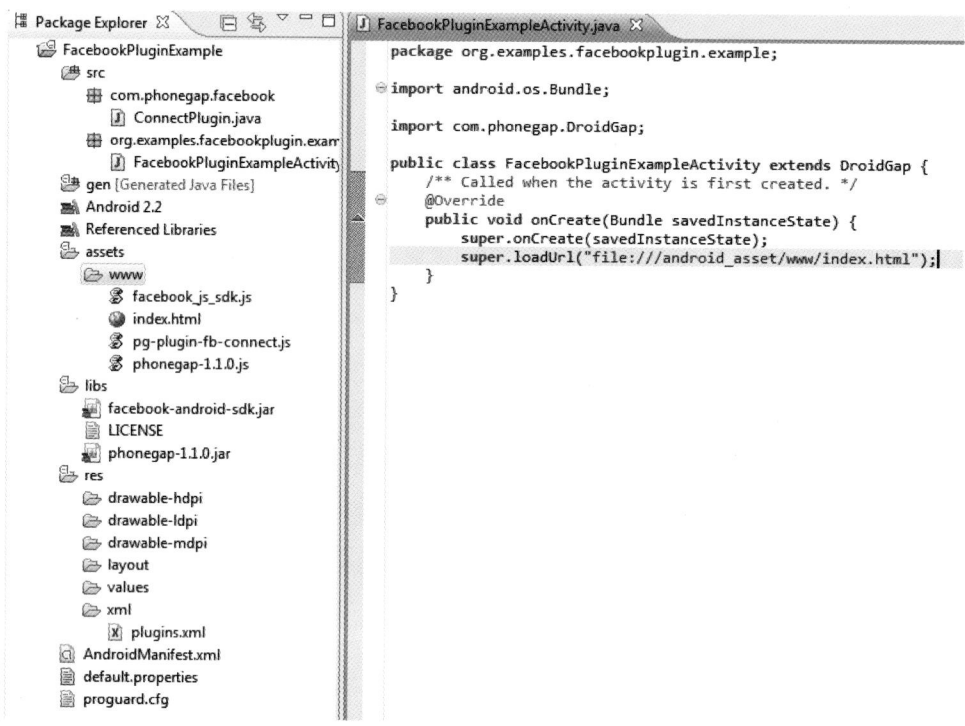

그림 8-5 FaceBookPluginExample 프로젝트 구조

페이스북 연결 플러그인 초기화

우선 index.html에 페이스북 연결 라이브러리, 폰갭 라이브러리가 포함되어 있고, CSS 가 연결되어 있는지 확인하자. 다음 자바스크립트 파일을 포함시켜 보자.

1. 폰갭 자바스크립트

2. 페이스북 플러그인 자바스크립트

3. 페이스북 SDK 자바스크립트

```
<html>
<head></head>
<body>
<div id="friends"></div>
<!--phonegap -->
<script src="phonegap-1.1.0.js"></script>
<!--phonegapfacebook plugin -->
<script src="pg-plugin-fb-connect.js"></script>
<!--facebookjssdk -->
<script src="facebook_js_sdk.js"></script>
</body>
</html>
```

이제 index.html 페이지에 페이스북에 로그인하고, 친구 목록을 가져오기 위한 자바스크립트 함수를 정의해보자. 다음은 로그인 함수의 일부분이다.

```
function login() {
    FB.login(function(response) {…},
                { perms: "email" }
        );
 }
```

login( ) 함수는 페이스북 SDK의 로그인 함수인 FB.login( )을 호출한다. 페이스북 FB.login( )은 두 인자 값을 갖는데, 그 중 첫 번째 인자 값은 자바스크립트 콜백 함수 (function(response))이고, 두 번째는 퍼미션을 명시한 JSON 개체('{perms: "email"}')이다. 페이스북의 FB.login( )은 사용자에게 로그인 화면을 보여주고, 로그인이 성공하면 자바스크립트 콜백을 호출한다. 자바스크립트 함수는 로그인 상태를 나타내는 response 개체를 전달받는다. perms는 사용자 퍼미션을 명시하는 데 사용된다. 페이스북 로그인 API 와 사용자 퍼미션에 대한 더 자세한 정보는 페이스북 개발자 사이트인 http://developers .facebook.com/docs/reference/api/permissions에서 확인할 수 있다.

다음으로, 친구 목록을 가져오는 코드를 살펴보자. 이를 위해 getFriendList( ) 자바스트립트 함수를 정의한다.

```
function getFriendList(){
    FB.api('/me/friends', function(response) {
        if (response.error) {
    alert(JSON.stringify(response.error));
        } else {
            var friends = document.getElementById('friends');
            response.data.forEach(function(item) {
            var d = document.createElement('div');
            d.innerHTML = item.name;
            data.appendChild(d);
                        });
        }
});
}
```

getFriendList( ) 함수에서 FB.api( )를 호출한다. 첫 번째 인자 값은 페이스북 그래프 API의 경로이다. 이 예제에서는 로그인한 사용자의 친구 목록을 얻기 위해 '/me/friends' 를 사용한다. 두 번째 인자 값은 결과를 받기 위한 자바스크립트 콜백 함수이다. 콜백 함수에서는 다음과 같은 작업이 수행된다.

1 response.error를 이용하여 성공 여부를 확인한다.

2 성공일 경우, 결과 데이터의 개별 데이터를 처리한다.

3 각 데이터 별로 div를 생성하여 index.html의 'friends' div에 붙인다.

다음으로 login( ) 함수를 수정하여 로그인 성공 시 getFriendList( )를 호출하도록 해 보자.

```
function login() {
FB.login(
function(response) {
        if (response.session) {
            getFriendList();
        } else {
            alert('not logged in');
        }
                },
{ perms: "email" }
    );
}
```

response.session을 이용하여 로그인 성공 여부를 확인하고, 성공 시 getFriendList( ) 함수를 호출한다.

이제 폰갭의 초기화 이벤트에 자바스크립트를 정의한다.

```
document.addEventListener('deviceready',
function() {
    try {
        /* 페이스북 플러그인을 초기화한다. app_id를 페이스북 app_id로 교체한다. */
        FB.init({ appId: "<app_id>", nativeInterface:PG.FB });
        document.getElementById('data').innerHTML = "";
        login();
    } catch (e) {
        alert(e);
    }
}, false);
```

마지막으로 애플리케이션의 실행을 위해 AndroidManifest.xml 파일에 페이스북의 app_secret 키를 추가한다(그림 8-6).

그림 8-6 페이스북 app_secret 키

페이스북의 app_id와 app_secret는 페이스북 개발자 사이트인 https://developers .facebook.com/apps에서 얻을 수 있다.

FacebookPluginExample을 에뮬레이터에서 안드로이드 애플리케이션으로 실행시켜 보자. 첫 번째 화면은 그림 8-7과 같이 페이스북 로그인 페이지이다.

그림 8-7 페이스북 로그인 스크린

로그인이 성공하면, 그림 8-8과 같이 친구 목록을 볼 수 있다.

그림 8-8 페이스북 친구 목록

페이스북 폰갭 플러그인과 jQuery 모바일이나 센차 터치를 이용해 멋진 페이스북 애플리케이션을 만들 수 있다. 페이스북 플러그인의 다른 그래프 API를 통해 더 많은 기능을 추가할 수도 있다.

모바일 푸시 알림을 위한 폰갭 C2DM 플러그인

푸시 알림 또는 서버 푸시는 서버에서 클라이언트에게 메시지를 보내기 위한 최신 기술이다. 구글의 Gmail 애플리케이션을 보면 새로운 메시지를 요청하고 서버에서 받기 위해 새로고침 버튼을 누를 필요가 없다.

최근까지도 새로운 정보를 확인하기 위한 방법으로 폴링이 많이 사용되었다. 폴링은 주기적으로 서버에 요청을 보내서 그 응답으로 UI를 갱신하는 방법이다. 폴링을 서버에 주기적으로 요청을 보내고 응답을 받는 백그라운드 프로세스 정도로 생각하면 될 것이다. 하지만, 폴링에는 여러 가지 알려진 단점이 있다. 폴링의 가장 큰 문제점은 요청을 보내는 적절한 간격을 정하는 것이다. 간격이 짧아지면 불필요한 요청을 보내게 되어 네트워크 대역폭과 서버의 리소스를 낭비할 수 있다. 반면 간격이 길어지면 새로운 응답을 받는 시간이 길어져서 본래의 역할을 못하게 될 수도 있다. 새로운 데이터가 없는 경우에는 폴링으로 인해 휴대폰의 베터리만 낭비할 수도 있다.

서버 푸시는 요청 없이 클라이언트에게 알림을 전달할 수 있도록 해준다. 푸시에서는 클라이언트에 정기적인 요청을 하는 백그라운드 프로세스가 있을 필요가 없다. 서버에 새로운 데이터가 있을 때마다, 등록된 모든 클라이언트에 메시지를 보낼 수 있다. 클라이언트가 모바일 애플리케이션일 경우, 이를 모바일 푸시라 부른다.

폰갭 애플리케이션 역시 폰갭 플러그인을 이용해 푸시 기술을 사용할 수 있다. C2DM 서비스에서 푸시 알림을 받는 간단한 안드로이드용 폰갭 애플리케이션을 만들어보자.

안드로이드 환경 설정

우선 2장에서 다룬 안드로이드용 프로젝트 설정을 참고하여 안드로이드용 폰갭 프로젝트를 설정해보자. 안드로이드 프로젝트 설정은 그림 8-9와 같다.

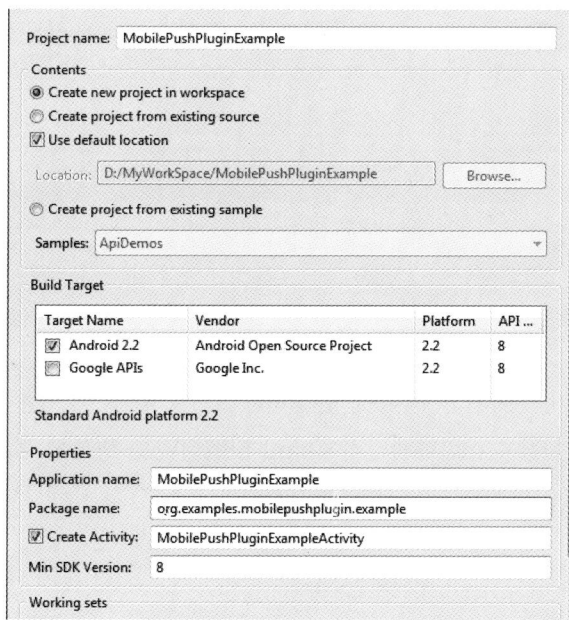

그림 8-9 이클립스 안드로이드 프로젝트 설정

푸시 알림을 위해 Android Cloud to Device Messaging(C2DM) 프레임워크를 이용해보자. C2DM의 자세한 내용은 http://code.google.com/android/c2dm/#intro에서 살펴볼 수 있다.

http://github.com/awysocki/C2DM-PhoneGap/downloads에서 C2DM 폰갭 플러그인을 다운로드한다. C2DM 폰갭 플러그인은 압축 파일이므로 원하는 디렉터리에 압축을 해제한다. 디렉터리의 구조는 그림 8-10과 같다.

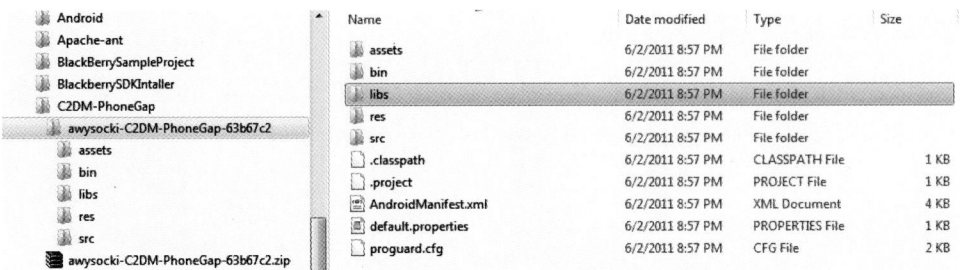

그림 8-10 C2DM 플러그인 디렉터리 구조

이제 다음 설치 과정을 진행해보자.

1 C2DM 플러그인 등록

그림 8-11에서 보이는 것처럼 plugins.xml 파일의 plugins 엘리먼트 밑에 다음
XML 엘리먼트를 추가한다. 필요한 경우 res 디렉터리에 xml 디렉터리를 생성한 후
폰갭 안드로이드 샘플 애플리케이션의 plugins.xml을 복사한다.

```
<plugin name="C2DMPlugin" value="com.plugin.C2DM.C2DMPlugin" />
```

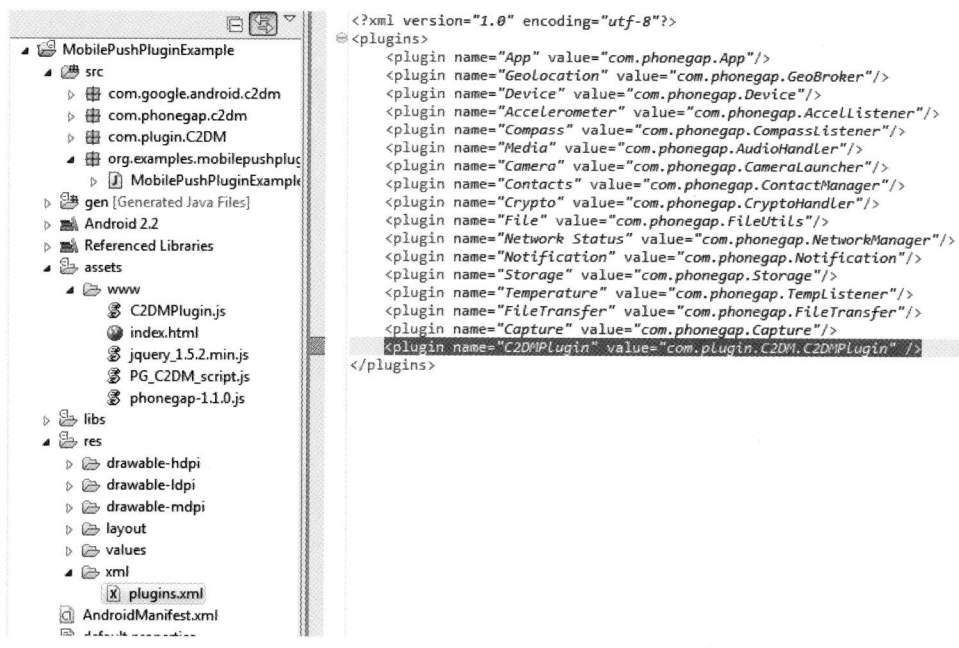

그림 8-11 플러그인 등록

2 프로젝트에 네이티브 파트를 포함한다.

C2DM 플러그인 디렉터리의 src 폴더를 폰갭 애플리케이션("MobilePushPlugin
Example")의 루트 디렉터리에 복사한다(그림 8-12).

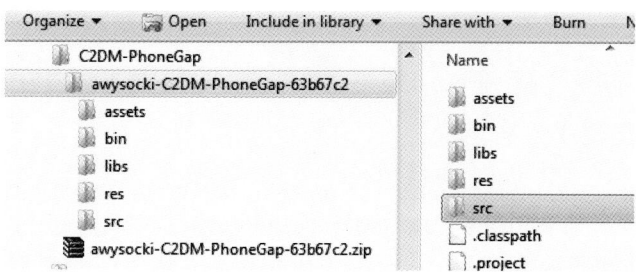

그림 8-12 C2DM 플러그인 네이티브 파트

3 플러그인의 자바스크립트를 프로젝트에 포함한다.

그림 8-13에 보이는 것처럼 C2DM 플러그인 디렉터리의 다음 파일을 애플리케이션의 assets 디렉터리에 복사한다.

- C2DMPlugin.js

- jquery_1.5.2.min.js

- PG_C2DM_script.js

- index.html

index.html은 플러그인의 일부는 아니지만 js 파일을 생성하고, 포함시키는 수고를 덜기 위해 이 파일을 사용한다.

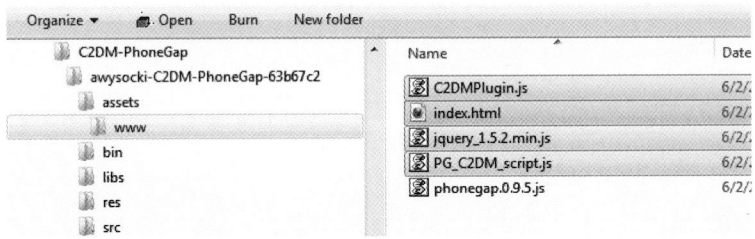

그림 8-13 플러그인의 자바스크립트 파트

프로젝트가 폰갭 1.1.0을 사용하기 때문에 phonegap.0.9.5.js를 포함시키지 않았다. 폰갭 1.1.0에서 필요한 수정을 할 것이다.

4 마지막으로 C2DM을 위해 필요한 퍼미션을 AndroidManiefest.xml에 추가한다. 매니페스트 파일은 다음과 같은 모습일 것이다.

```
<?xml version="1.0" encoding="utf-8"?>
<manifest xmlns:android="http://schemas.android.com/apk/res/android"
          package="org.examples.mobilepushplugin.example" android:versionCode="1"
          android:versionName="1.0">

    <uses-permission android:name="android.permission.CAMERA" />
    <uses-permission android:name="android.permission.VIBRATE" />
    <uses-permission android:name="android.permission.ACCESS_COARSE_LOCATION" />
    <uses-permission android:name="android.permission.ACCESS_FINE_LOCATION" />
    <uses-permission android:name="android.permission.ACCESS_LOCATION
    _EXTRA_COMMANDS" />
    <uses-permission android:name="android.permission.READ_PHONE_STATE" />
    <uses-permission android:name="android.permission.INTERNET" />
    <uses-permission android:name="android.permission.RECEIVE_SMS" />
    <uses-permission android:name="android.permission.RECORD_AUDIO" />
    <uses-permission android:name="android.permission.MODIFY_AUDIO_SETTINGS" />
    <uses-permission android:name="android.permission.READ_CONTACTS" />
    <uses-permission android:name="android.permission.WRITE_CONTACTS" />
    <uses-permission android:name="android.permission.WRITE_EXTERNAL_STORAGE" />
    <uses-permission android:name="android.permission.ACCESS_NETWORK_STATE" />

    <!-- START:C2DM messaging stuff -->
    <uses-library android:name="com.google.android.c2dm.C2DMessaging" />

    <permission android:name="org.examples.mobilepushplugin.example
                .permission.C2D_MESSAGE"
                android:protectionLevel="signature" />
    <uses-permission android:name="org.examples.mobilepushplugin.example
    .permission.C2D_MESSAGE" />

    <uses-permission android:name="com.google.android.c2dm.permission.RECEIVE" />

    <uses-permission android:name="android.permission.WAKE_LOCK" />
    <!-- END:C2DM messaging stuff -->
    <uses-sdkandroid:minSdkVersion="8" />

    <application android:icon="@drawable/icon" android:label="@string/app_name">
```

```xml
<activity android:name=".MobilePushPluginExampleActivity"
          android:label="@string/app_name">
    <intent-filter>
        <action
android:name="android.intent.action.MAIN" />
        <category
android:name="android.intent.category.LAUNCHER" />
    </intent-filter>
</activity>
<!-- START:C2DM messaging stuff -->
<service android:name=".C2DMReceiver" />

<!-- Only C2DM servers can send messages for the app. If
          permission is not set - any other app can
generate it -->
<receiver
android:name="com.google.android.c2dm.C2DMBroadcastReceiver"
          android:permission="com.google.android.c2dm.permission.SEND">
        <!-- Receive the actual message -->
        <intent-filter>
            <action
android:name="com.google.android.c2dm.intent.RECEIVE" />
            <category
android:name="org.examples.mobilepushplugin.example" />
        </intent-filter>
        <!-- Receive the registration id -->
        <intent-filter>
            <action
android:name="com.google.android.c2dm.intent.REGISTRATION" />
            <category
android:name="org.examples.mobilepushplugin.example" />
        </intent-filter>
</receiver>
<!-- END:C2DM messaging stuff -->
    </application>

</manifest>
```

앞의 세 단계를 모두 진행하면 MobilePushPluginExample 프로젝트의 구조는 그림 8-14와 같을 것이다.

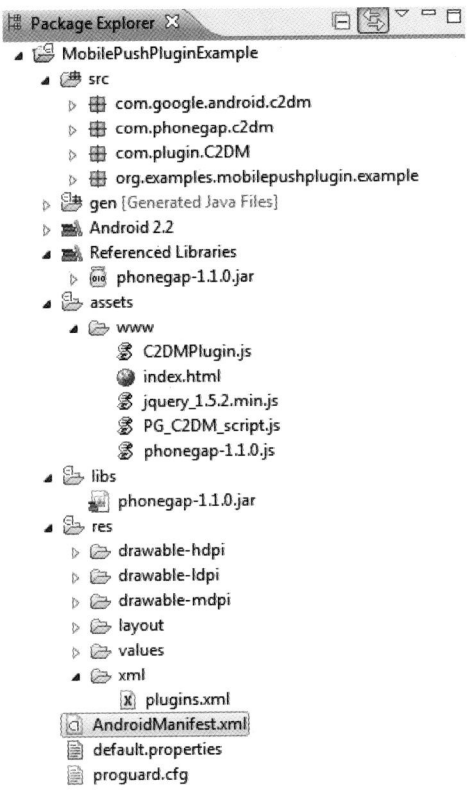

그림 8-14 MobilePushPluginExample 프로젝트 구조

플러그인을 폰갭 1.1.0에 맞도록 수정

이 책을 집필한 시점의 C2DM 플러그인은 폰갭 0.9.5에 맞게 작성되었다. 이 플러그인을 폰갭 1.1.0에서 사용하기 위해서는 몇 가지 수정을 해야 한다.

1 C2DMPlugin.js 파일

C2DMPlygin.js 파일을 열어서 다음 함수로 이동한다.

```
PhoneGap.addConstructor(function() {
    // 폰갭에 자바스크립트 플러그인을 등록한다.
    PhoneGap.addPlugin('C2DM', new C2DM());

    // 폰갭에 플러그인 네이티브 클래스를 등록한다.
    PluginManager.addService("C2DMPlugin",
"com.plugin.C2DM.C2DMPlugin");

    //alert( "added Service C2DMPlugin");
});
```

다음 라인을 삭제한다.

```
// 폰갭에 플러그인 네이티브 클래스를 등록한다.
PluginManager.addService("C2DMPlugin","com.plugin.C2DM.C2DMPlugin");
```

폰갭 1.1.0에서는 플러그인이 plugin.xml 파일에 등록되어야 한다. 폰갭 1.1.0에는 PluginManager가 더 이상 존재하지 않는다. plugin.xml 파일에는 이미 앞에서 등록해 놓았다.

수정된 함수는 다음과 같다.

```
PhoneGap.addConstructor(function() {
    // 폰갭에 자바스크립트 플러그인을 등록한다.
    PhoneGap.addPlugin('C2DM', new C2DM());

    //alert( "added Service C2DMPlugin");
});
```

2 C2DMReceiver.java 이동

C2DMReceiver.java를 com.phonegap.c2dm 패키지에서 드래그한 후, 애플리케이션 프로젝트 패키지인 org.examples.mobilepushplugin.example에 드롭하여 패키지를 이동시킨다(그림 8-15).

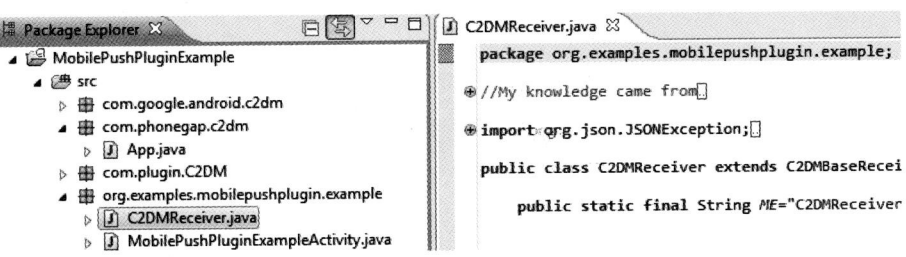

그림 8-15 C2DMReceiver.java 위치

플러그인 디렉터리에서 복사한 index.html 파일의 phonegap.0.9.5.js를 phonegap-1.1.0으로 수정하여 폰갭 버전을 맞춘다.

C2DM 서비스 가입

http://code.google.com/android/c2dm/signup으로 가서 발신자 등록을 위한 서식을 작성한다. 안드로이드 애플리케이션의 패키지 이름, 발신 계정 이메일과 다른 정보를 작성해야 한다. 이 예제를 위해 패키지 이름은 org.examples.mobilepushplugin.example으로 작성하고, 구글 계정을 발신자 이메일로 작성한다. 폰갭 애플리케이션에서 알림을 받기 위해서는 발신자 이메일 id를 사용해야 한다.

폰갭에서 C2DM 발신자 계정 사용

C2DM 플러그인은 미리 만들어진 폰갭 deviceready 구현을 포함하고 있다. 알림을 위한 디바이스 정보 등록을 위해 C2DM 발신자 계정을 사용하여야 한다.

PG_C2DM_script.js 파일을 열어 폰갭 deviceready 이벤트 구현부를 찾는다. 그림 8-16
과 같이 your_c2dm_account@gmail.com을 등록한 C2DM 발신자 계정으로 수정한다.

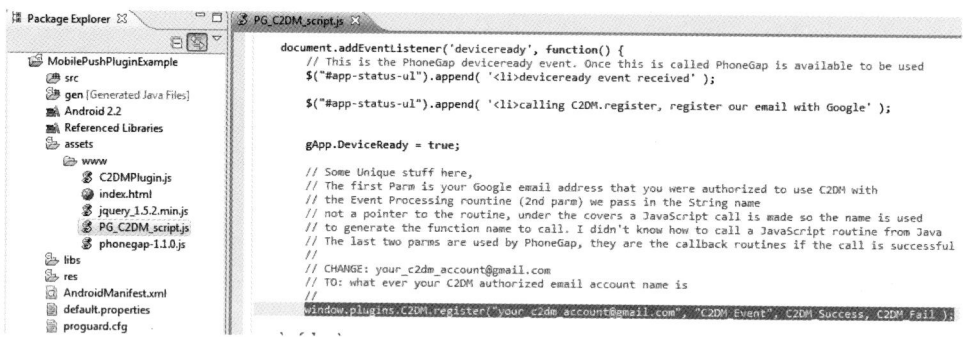

그림 8-16 C2DM 발신자 계정으로 애플리케이션 등록

C2DM 가능 서비스를 위한 안드로이드 에뮬레이터

C2DM 가능 안드로이드 애플리케이션을 위해 Google API(Google Inc.) – API Level 8
을 타깃으로 AVD(Android Virtual Device)를 만들어야 한다. 2장 안드로이드 SDK와
AVD 매니저를 참조하여 새로운 AVD를 만든다.

그림 8-17에서 보이는 것처럼 에뮬레이터를 실행시키고, 설정을 열어서 에뮬레이터에
구글 계정을 추가한다.

그림 8-17 안드로이드 설정 옵션

Account & Sync로 가서 계정 추가를 클릭한 후, 구글 계정 아이디와 비밀번호를 입력한다. 여기에서 계정은 C2DM 발신 계정이 아닌 안드로이드폰에서 이메일과 다른 것들을 확인하기 위한 사용자의 구글 계정이다.

이제 C2DM 플러그인을 테스트하기 위한 모든 준비가 끝났다. MobilePushPlugin Example을 안드로이드 애플리케이션으로 실행시킨다. 타깃 에뮬레이터가 구글 API에 뮬레이터임을 유의하자. 에뮬레이터에서 그림 8-18과 같은 화면을 볼 수 있다.

그림 8-18 에뮬레이터에서의 MobilePushPluginExample

화면에 출력된 결과를 이해하기 위해 PG_C2DM_script.js 파일의 deviceready 이벤트 콜백 함수를 살펴보자.

window.plugins.C2DM.register( )는 플러그인의 메서드를 호출하여 디바이스나 에뮬레이터를 C2DM 서비스에 등록한다. 등록이 성공하면, C2DM 서버는 등록 ID(REGID)를 반환한다. 이 REGID가 알림 메시지에 사용된다. 하지만, 디바이스가 푸시 메시지를 보내는 것은 아니다 우선 모바일 디바이스에서 실행 중인 폰갭 애플리케이션과 구글에서 운영하고 있는 C2DM 서비스의 역할에 대해 알아보자.

예제를 이용하여 C2DM 푸시가 어떻게 동작하는지 알아보자. MobilePushPluginExample이 여러 안드로이드 디바이스에 설치되어 있다고 가정해보자. 각 디바이스는 C2DM 서비스로부터 고유한 REGID를 받는다. C2DM 서비스는 REGID를 보내기 전에 추후 알림을 보내기 위해 필요한 디바이스와 네트워크 정보를 저장해 둔다. 디바이스에 알림을 보내는 주체는 C2DM이다. 갱신할 정보가 있는지 확인하고, C2DM에게 실제 디바이스에게 알림을 보내달라고 요청하는 것은 중간 애플리케이션 서버의 역할이다. 이를 위해 애플리케이션 서버는 REGID를 알고 있어야 한다.

일반적으로 C2DM이 활성화된 모바일 애플리케이션이 REGID를 서버에 보낸다. 애플리케이션 서버는 애플리케이션이 구동 중인 모든 디바이스의 REGID를 모두 알고 있다. 서버가 알림을 보낼 필요가 있다고 판단될 때, REGID를 이용해 C2DM 서비스에 알림 메시지 전송을 요청한다.

그림 8-18에서 볼 수 있는 것처럼 C2DM 서비스로부터 REGID를 수신받았다. 이제 이 REGID를 이용해 푸시 알림을 보낼 수 있다. 자바 서블릿이나 PHP를 이용해 메시지를 보내는 서버 쪽 코드를 작성할 수 있다. 푸시 알림을 보내는 방법에 대한 더 자세한 정보는 안드로이드 C2DM 사이트(http://code.google.com/android/c2dm/index.html#push)에서 확인할 수 있다.

추가로, 서버를 에뮬레이트하는 커맨드라인 툴도 있다. http://curl.haxx.se/download.html에서 사용 중인 플랫폼에 맞는 curl 툴을 다운로드한다. 알림을 보내는 데는 두 가지 단계가 있다.

1 인증 키 받기
터미널에서 다음 커맨드를 실행시킨다.

```
D:\cURL>curl https://www.google.com/accounts/ClientLogin -d Email=<C2DM Sender
Account>-d "Passwd=<password>" -d accountType=GOOGLE -d source=org.examples.
mobilepushplugin.example -d service=ac2dm ?k
```

〈C2DM Sender Account〉와 〈password〉를 구글 계정과 비밀번호로 대체한다.

위 커맨드를 실행시킨 후, 아래와 유사한 인증 키를 받게 될 것이다.

```
Auth=DQAAAMEAAABrqkqH2KYjDfCD93tndEF7n81lKgf5vczCwELPSXgW6xm_9EACDu0lsJFGud7f
NBIHcRV1Q6zUmLwxFFJqosdn1nYYmGah0yu7fpT8vfjNLAVx8hs5aymz9OULg-pzKOyWWa1-
6BDci1TBCoP2q6ZwJqEjzH6rArHSlD9DhruEKBrogjfBAWyeIm2fs9THvEkilSMO2Q8utoqyfG0id
9keCQad5QPV7oOvNSe6urKOV4ZWEKxG7KAlXCsjW18u_m2Az6jj7DlUoVD89MeLvX0W
```

2 에뮬데이터에서 실행 중인 애플리케이션에 메시지 보내기

알림을 보내기 위해서 인증 키와 REGID를 이용해 다음의 curl 커맨드를 실행시킨다.

```
S:\cURL>curl --header "Authorization: GoogleLoginauth=<Auth Key>"
"https://android.apis.google.com/c2dm/send" -d registration_id=<REGID>-d
"data.message=This is a test message" -d "data.msgcnt=1" -d collapse_key=0 ?k
```

〈Auth Key〉에 첫 번째 단계에서 얻은 인증 키를 넣고, 〈REGID〉에는 에뮬레이터의 애플리케이션에서 획득한 REGID를 넣는다. "This is a test message"라는 메시지가 에뮬레이터에게 푸시 알림으로 전달될 것이다.

에뮬레이터에서 실행 중인 애플리케이션에서 수신한 알림은 그림 8-19와 같다.

그림 8-19 에뮬레이터에서의 푸시 메시지

아이폰-폰갭 애플리케이션에서 푸시 알림을 사용하기 위한 폰갭 플러그인은 https://github.com/urbanairship/ios-phonegap-plugin에서 확인할 수 있다. 이 서비스에서는 푸시 모바일 알림을 위해 Urban Airship 서비스를 이용한다.

결론

폰갭 플러그인은 폰갭 애플리케이션으로는 할 수 없는 기능을 동적으로 확장시켜주는 역할을 한다. 폰갭 애플리케이션은 플러그인을 이용하여 네이티브 기능 대부분을 이용할 수 있다.

플러그인은 폰갭의 좋은 친구와 같지만, 커뮤니티의 플러그인 지원은 아직 시작 단계이다. 동시에 폰갭 단체에서는 많이 사용되는 플러그인을 공식화하려고 하고 있다. 하지만, 폰갭 플러그인은 아직 갈 길이 멀다. 한 예로 아이폰에서 폰갭 1.1.0과 페이스북 플러그인을 이용해 페이스북 연결 애플리케이션을 작성하려고 했지만 동작하지 않았다. 또한 플러그인을 사용하는 방법이 매우 번거로웠다. 예상하기에는 다음 버전의 폰갭에서는 플러그인 지원이 향상되어 폰갭 애플리케이션에서 플러그인을 사용하는 것이 훨씬 수월할 것이다.

폰갭 확장하기

Extending PhoneGap

CHAPTER 09

지금까지 폰갭의 두 파트에 대해서 살펴보았다.

1. 폰갭 애플리케이션에서 호출하는 자바스크립트 파트

2. 휴대폰의 네이티브 기능을 사용하기 위해 폰갭 프로젝트에 포함시키는 네이티브 파트

이 두 파트는 아래와 같이 일반적인 휴대폰의 기능을 사용하는 시나리오에서 사용된다.

1. 카메라

2. 가속 센서

3. 파일 시스템

4. 위치 정보

5. 스토리지 서비스

하지만, 이러한 기능 범위를 넘어서는 경우가 자주 발생한다.

자바스크립트의 한계

지난 10년간 자바스크립트의 성능은 많은 발전을 이뤄왔다. 5년 전에 비하면 100배 이상 빠른 속도를 낸다. 하지만, 이것이 사실이라 하더라도 백그라운드에서 작업을 하거나 복잡한 연산을 하는 애플리케이션은 성능을 위해 네이티브 코드로 작성하는 것이 가장 좋다.

예를 들어 멀티파트 파일을 내려받는 경우, 병렬적으로 여러 파트를 내려받고, 체크섬을 확인해야 한다. 이러한 부분은 안드로이드에서는 자바로, 아이폰에서는 Objective-C로 작성하는 것이 가장 좋다.

해결책

1장을 되새겨보면, 폰갭은 자바스크립트와 네이티브를 연결해주는 역할을 한다고 했다. 폰갭 전체 프레임워크는 플러그인 구조를 기반으로 하고 있다. 폰갭은 자바스크립트 함수(인자 값, 반환 타입, 콜백)를 네이티브 코드에 맵핑하는 방법을 제공한다.

네이티브 코드를 폰갭 애플리케이션에 추가한 후, 자바스크립트를 통해 쉽게 제공할 수 있다. 이를 위해서는 다음 두 파트가 필요하다.

1. 복잡한 작업을 수행하는 네이티브 코드

2. 네이티브 코드를 노출시키기 위한 자바스크립트 코드

이 두 파트는 폰갭 프레임워크를 통해 연결되어 있다.

구조

폰갭의 구조는 그림 9-1과 같다. 보이는 것처럼 폰갭은 폰갭 자바스크립트 엔진과 폰갭 네이티브 엔진으로 이루어져 있다. 네이티브 코드는 폰갭 네이티브 엔진에 플러그인 형태로 붙고, 자바스크립트 코드는 폰갭 자바스크립트 엔진에 플러그인 형태로 붙게 된다.

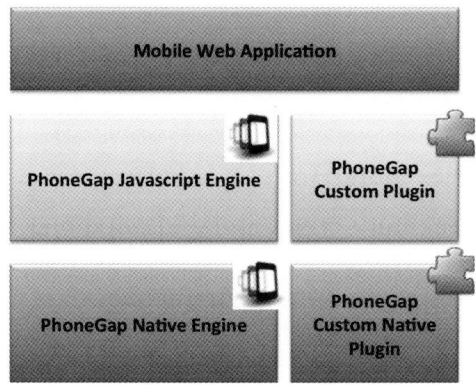

그림 9-1 폰갭 구조

범위

이번 장은 네이티브 코드를 외부로 노출하여 폰갭의 기능을 확장시키는 방법에 대하여 살펴볼 것이다.

하지만, 폰갭 플러그인을 작성하더라도 그 플러그인을 추가하는 방법은 플러그인 소소를 프로젝트에 직접 추가하는 방법뿐이다. 현재는 플러그인을 패키지 형태로도 빌드하여 폰갭 프로젝트에 추가하는 방법이 없다. 이러한 제약이 폰갭 플러그인 사용을 제한한다.

이번 장에서는 아주 간단한 플러그인을 다룰 것이다. helloworld라는 플러그인은 이름을 전달하면, "Hello 〈name〉! The time now is 〈Current Time〉"이라는 문자열을 반환한다.

이를 통해 플러그인의 연결고리 부분을 좀 더 자세히 살펴보자.

안드로이드용 폰갭 확장

안드로이드 폰갭 애플리케이션의 하나로 플러그인을 만들고, 그 플러그인을 내보내기 한다. 다음의 이유로 이러한 과정을 거쳐야 한다.

1 플러그인은 폰갭 jar가 있어야 한다.

2 플러그인을 테스트할 수 있다.

플러그인은 폰갭 프레임워크의 두 파트에 대응하는 네이티브 파트(플러그인을 상속받은 클래스)와 폰갭 자바스크립트 프레임워크을 이용한 자바스크립트 파일로 이루어져 있다.

우선 2장에서 살펴본 데로 안드로이드 폰갭 프레임워크를 만들어보자(그림 9-2).

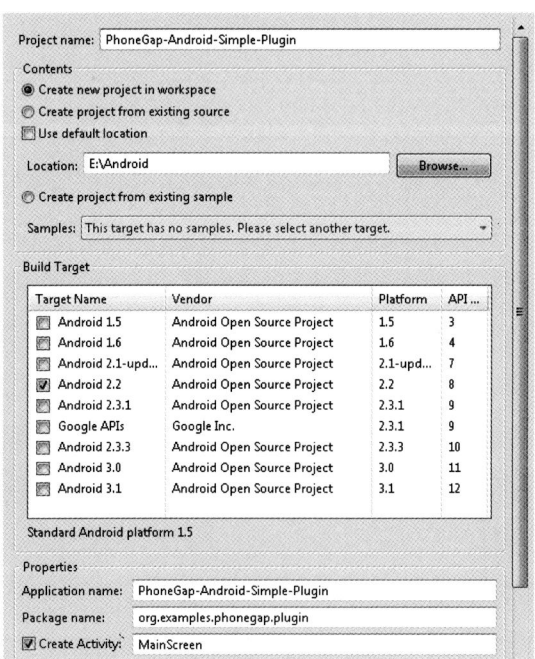

그림 9-2 새로운 안드로이드 프로젝트

이제 안드로이드 프로젝트를 폰갭용으로 설정해보자.

1 메인 스크린을 DroidGap을 상속받은 클래스로 수정한다.

2 폰갭 jar를 클래스 경로에 추가한다.

3 assets/www 디렉터리에 폰갭 자바스크립트 라이브러리를 추가한다.

설정된 안드로이드 프로젝트는 그림 9-3과 같을 것이다.

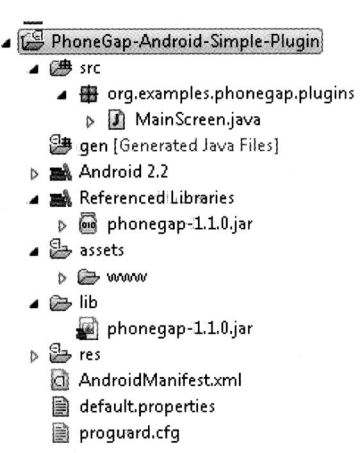

그림 9-3 안드로이드 프로젝트 구조

플러그인의 네이티브 파트 정의

org.examples.phonegap..plugins.simpleplugin과 같이 적당한 플러그인용 패키지를 추가한 후, com.phonegap.api.Plugin 클래스를 상속받은 SimplePlugin 클래스를 정의한다(그림 9-4).

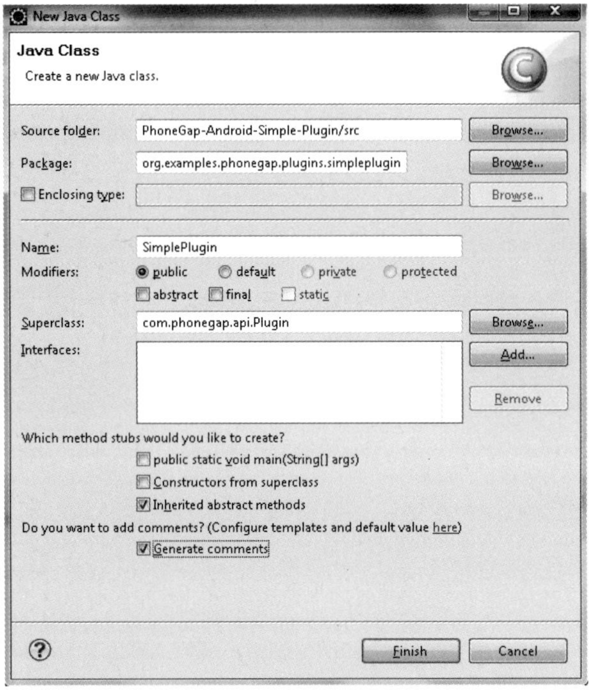

그림 9-4 플러그인의 네이티브 파트 정의

Finish 버튼을 누르면 다음과 같은 코드를 확인할 수 있다.

```java
package org.examples.phonegap.plugins.simpleplugin;

import org.json.JSONArray;

import com.phonegap.api.Plugin;
import com.phonegap.api.PluginResult;

/**
 * @author rohit
 *
 */
public class SimplePlugin extends Plugin {
```

```
/* (non-Javadoc)
 *    @see    com.phonegap.api.Plugin#execute(java.lang.String,
org.json.JSONArray, java.lang.String)
 */
@Override
public PluginResult execute(String action, JSONArray data, String
callbackId) {
    // TODO Auto-generated method stub
    return null;
}

}
```

com.phonegap.api.Plugin을 상속받은 클래스는 execute 메서드를 구현해야 한다. execute 메서드는 다음과 같은 인자 값을 갖는다.

1 Action: 수행해야 할 액션. 파일 기반의 플러그인일 경우 열기, 닫기, 읽기, 쓰기 등이 이에 해당한다.

2 Data: 플러그인의 자바스크립트 파트에서 전달된 데이터. 폰갭의 자바스크립트 애플리케이션에서 네이티브 코드로 전달하는 데이터를 뜻한다. 파일 기반의 플러그인일 경우 파일 이름이나 데이터 등이 이에 해당한다.

3 CallbackId: 이 id는 자바스크립트 함수를 콜백으로 호출할 때 사용된다.

execute의 반환 타입은 PluginResult이다. PluginResult는 일반적으로 Status enum 과 원인을 나타내거나 추가적인 정보를 제공하는 값을 갖는다. PluginResult의 가장 기본적인 예는 다음과 같다.

```
new PluginResult(Status.OK);
```

Status enum은 아래와 같은 값들을 가진다(각 값의 의미는 이름에 잘 나타나 있다).

1. NO_RESULT

2. OK

3. CLASS_NOT_FOUND_EXCEPTION

4. ILLEGAL_ACCESS_EXCEPTION

5. INSTANTIATION_EXCEPTION

6. MALFORMED_URL_EXCEPTION

7. IO_EXCEPTION

8. INVALID_ACTION

9. JSON_EXCEPTION

10. ERROR

다음은 이름을 받아 Hello ⟨name⟩! The time is ⟨time⟩을 반환하는 hello 플러그인의
코드이다.

```
package org.examples.phonegap.plugins.simpleplugin;

import java.util.Date;

import org.json.JSONArray;
import org.json.JSONException;

import com.phonegap.api.Plugin;
import com.phonegap.api.PluginResult;
import com.phonegap.api.PluginResult.Status;

/**
```

```java
 * @author rohit
 *
 */
public class SimplePlugin extends Plugin {

    public static String ACTION_HELLO="hello";

    /*
     * (non-Javadoc)
     *
     * @see com.phonegap.api.Plugin#execute(java.lang.String,
     * org.json.JSONArray, java.lang.String)
     */
    @Override
    public PluginResult execute(String action, JSONArray data, String callbackId) {
        PluginResult pluginResult = null;
        if (ACTION_HELLO.equals(action)) {

            String name = null;
            try {
                name = data.getString(0);

                String result = "Hello " + name + "! The time is "
                        + (new Date()).toString();

                pluginResult = new PluginResult(Status.OK, result);

                return pluginResult;
            } catch (JSONException e) {
                pluginResult = new PluginResult(Status.JSON_EXCEPTION, "missing
argument name");
            }
        } else {
            pluginResult = new PluginResult(Status.INVALID_ACTION,
                    "Allowed actions is hello");
        }
        return pluginResult;
    }

}
```

앞 코드를 보면 요청을 수행하기 전에 명시적으로 액션을 확인하는 것을 볼 수 있다. 액션이 이 플러그인에서 수행하는 액션이 아닐 경우 Status.INVALID_ACTION을 반환한다. 다음으로, 확인할 것은 인자 값이다. 첫 번째 인자 값을 문자열로 가져오는 과정에서 JSON 예외가 발생하면 Status.INVALID_JSON을 반환한다.

액션과 인자 값이 맞는다면, "Hello ⟨name⟩! The time is ⟨time⟩" 문자열을 만들어 Status.OK와 함께 반환한다.

폰갭이 내부적으로 모든 처리를 담당하기 때문에, 이 메서드에서는 스레드를 생성할 필요도 없고, 전체 메서드가 동기화되어도 상관없다. 이 때문에 자바스크립트에 성공과 실패 콜백이 있는 것이다.

플러그인의 자바스크립트 파트 정의

이 플러그인의 자바스크립트 파트는 simpleplugin.js로 정의한다. 플러그인의 자바스크립트 파트를 정의하는 데는 다음 세 단계가 필요하다.

1 플러그인 등록

폰갭 플러그인의 자바스크립트 파트는 폰갭에서 플러그인을 추가하는 함수의 호출에서 시작된다.

```
PhoneGap.addConstructor(function() {
    // Register the Javascript plug-in with PhoneGap
    PhoneGap.addPlugin('SimplePlugin', new SimplePlugin());
});
```

플러그인은 /res/xml/plugins.xml 파일에 등록된다. 다음 XML 엘리먼트를 plugins.xml 파일의 plugins 엘리먼트에 추가한다.

```
<plugin name="SimplePlugin"
value="org.examples.phonegap.plugins.simpleplugin.SimplePlugin" />
```

여기서 다음 두 가지 작업이 이루어진다.

> **a.** 자바스크립트 객체를 SimplePlugin이라는 이름으로 등록한다.

> **b.** 폰갭 자바 클래스를 SimplePlugin이라는 이름의 서비스로 등록한다. 이는 org.examples.phonegap.plugins.simpleplugin.Simple Plugin의 또 다른 이름으로 생각할 수도 있다.

2 자바스크립트 객체인 SimplePlugin을 생성한다.

다음의 자바스크립트 함수를 정의하여 객체를 생성할 수 있다.

```
var SimplePlugin = function() {
}
```

3 플러그인 함수를 추가한다.

이번에는 자바스크립트에서 호출할 플러그인 함수를 추가해보자. 다음 함수에서는 네이티브 폰갭에 함수 호출을 전달하고, 실제로 org.examples.phonegap.plugins .simpleplugin.SimplePlugin 클래스인 SimplePlugin 서비스에 최종적으로 그 호출 이 전달된다. 또한 성공했을 때 호출되는 콜백과 실패 시에 호출되는 콜백을 등록하 고, 실행하기 원하는 액션을 정의한다. 앞에서 살펴봤듯이 이 플러그인 클래스에서는 "hello" 액션을 처리할 수 있다. 마지막으로 플러그인 클래스의 execute 메서드는 인 자 값으로 JSONArray를 받기 때문에 name이라는 이름으로 인자 값을 전달한다.

```
SimplePlugin.prototype.hello = function(name, successCallback, failureCallback) {

    PhoneGap.exec(
successCallback, // Success Callback
failureCallback, // Failure Callback
'SimplePlugin', // Registered plug-in name
'hello', // Action
[name] //Argument passed in
);
    };
```

전체 simpleplugin.js 자바스크립트 파일은 아래와 같다.

```
/**
 *
 * @return Instance of SimplePlugin
 */
var SimplePlugin = function() {

}

/**
 * @param name
 *              전달된 이름
 * @paramsuccessCallback
 *              SimplePlugin이 성공적으로 실행되었을 때 호출될 콜백
 * @paramfailureCallback
 *              SimplePlugin의 실행어 실패했을 때 호출될 콜백
 */
SimplePlugin.prototype.hello = function(name, successCallback, failureCallback) {
  PhoneGap.exec(successCallback, // Success Callback
                failureCallback, // Failure Callback
                'SimplePlugin',   // Registered Plug-in name
                'hello',          // Action
                [ name ]);        // Argument passed in
};

/**
 * <ul>
 * <li>SimplePlugin 자바스크립트 플러그인 등록</li>
 * </ul>
 */
PhoneGap.addConstructor(function() {
   // Register the Javascript plug-in with PhoneGap
   PhoneGap.addPlugin('SimplePlugin', new SimplePlugin());
});
```

플러그인 호출

이제 플러그인을 테스트해볼 차례이다. 이를 위해서는 아래의 파일이 필요하다.

1. HTML 파일

2. 폰갭 js 파일

3. 플러그인 js 파일

4. 플러그인 java 파일

안드로이드 프로젝트는 그림 9-5와 같을 것이다.

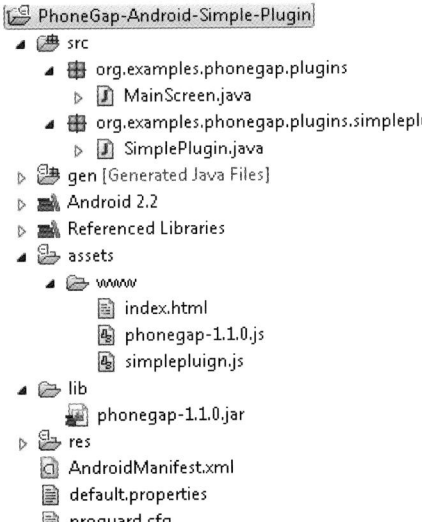

그림 9-5 안드로이드 폰갭 플러그인 프로젝트 구조

index.html 파일은 아래와 같다.

```html
<!DOCTYPE HTML>
<html>

   <head>
      <title>PhoneGap</title>
         <script type="text/javascript" charset="utf-8" src="phonegap-
1.1.0.js"></script>
                  script type="text/javascript" charset="utf-8"
src="simpleplugin.js"></script>
         <script type="text/javascript" charset="utf-8">
         document.addEventListener('deviceready', function() {
      var btn = document.getElementById("hello");
      var textbox = document.getElementById("name");
      var output = document.getElementById("output");

      btn.addEventListener('click', function() {

          var text = textbox.value;

          window.plugins.SimplePlugin.hello(text,
          //success callback

          function(result) {
              output.innerHTML = result;
          }
          //failure callback,
          , function(err) {
              output.innerHTML = "Failed to invoke simple plugin";
          });
      });

   }, true);
      </script>
   </head>
```

```html
<body>
    <h1>
        Simple Plugin Demo
    </h1>
    <table border="1">
        <tr>
            <td>
                Enter Name
            </td>
            <td>
                <input type="text" name="name" id="name">
                </input>
            </td>
        </tr>
        <tr>
            <td>
                <b>
                    Output:
                </b>
            </td>
            <td>
                <div id="output">
                </div>
            </td>
        </tr>
        <tr>
            <td colspan="2">
                <button id="hello">
                    Say Hello
                </button>
            </td>
        </tr>
    </table>
</body>

</html>
```

플러그인은 아래와 같이 실행된다. 우선 이름을 포함한 텍스트를 전달하고, 성공과 실패 콜백을 등록한다.

```
window.plugins.SimplePlugin.hello(
    text,
    //success callback
    function (result) {
        output.innerHTML = result;
    },
    //failure callback
    function (err) {
        output.innerHTML = "Failed to invoke simple plugin";
    }
);
```

마직막으로 안드로이드 프로젝트를 실행시키면 그림 9-6과 같은 결과를 확인할 수 있다.

그림 9-6 안드로이드용 폰갭 플러그인 실행 결과 화면

안드로이드 폰갭 플러그인 공유

폰갭 프레임워크 버전 1.1.0(이 책이 쓰였을 때의 버전)을 고려하면, 플러그인을 패키지화하고, 공유하는 것이 불가능하다.

플러그인을 공유하는 유일한 방법은 아래와 같다.

1. 자바스크립트 파일 공유

2. 자바스크립트 소스 파일 공유

3. 플러그인을 어떻게 사용하는지가 담겨있는 Readme 파일

폰갭 플러그인은 일반적으로 https://github.com/phonegap/phonegap-plugins에 업로드된다. 작성한 플러그인을 공유하고 싶다면, 이 저장소에 해당 플러그인을 추가할 수 있도록 폰갭 개발팀에 문의해야 한다.

아이폰용 폰갭 확장

폰갭은 폰갭 기반 애플리케이션 개발을 위한 Xcode용 플러그인을 지원한다. 이 책이 집필될 당시 폰갭 버전이 0.9.5에서 1.1.0으로 업그레이드되었고, 플러그인 프레임워크에도 몇 가지 변화가 있었다. 이번 장에서는 폰갭 1.1.0 플러그인 개발을 살펴보자.

Xcode용 폰갭 1.1.0 설치 과정은 다음과 같다.

1 폰갭 1.1.0 압축 파일을 내려받아서 압축을 해제한다.

2 iOS 폴더에 있는 PhoneGapInstaller.pkg를 설치한다.

Xcode에 폰갭 1.1.0을 설치한 후, 그림 9-7, 9-8에 보이는 것처럼 폰갭 애플리케이션을 생성한다.

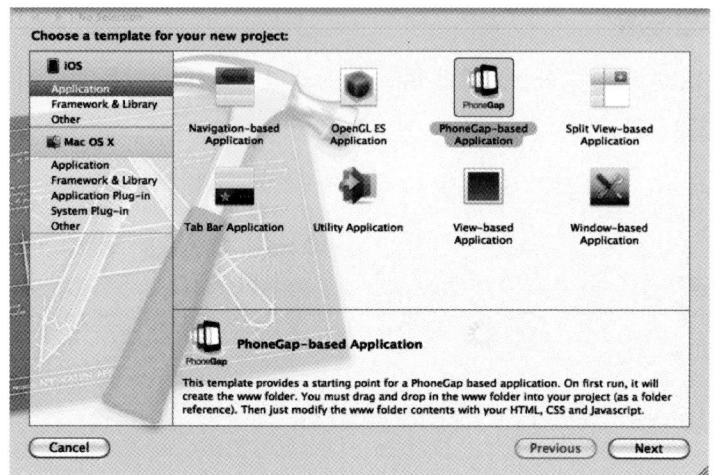

그림 9-7 새로운 iOS 폰갭 프로젝트 생성

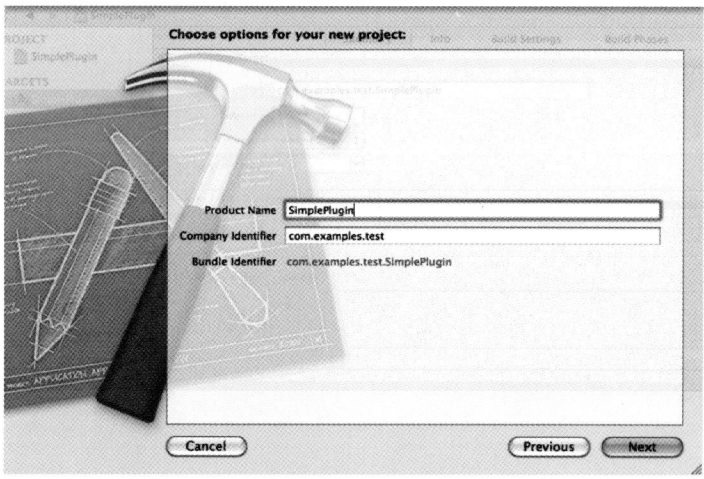

그림 9-8 새로운 iOS 폰갭 프로젝트 생성

3장에서 살펴본 것과 같이, 프로젝트에 www 디렉터리를 추가한 후, 아이폰용 폰갭 애플리케이션이 정상적으로 동작하는지 확인한다.

플러그인의 네이티브 파트 정의

폰갭 1.1.0 플러그인의 네이티브 파트는 그림 9-9처럼 플러그인 폴더에 추가되어야 한다.

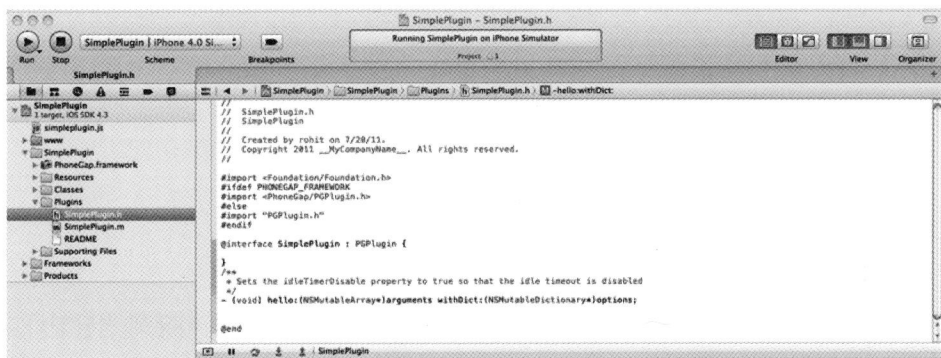

그림 9-9 아이폰 플러그인 네이티브 파트

플러그인 폴더에 PGPlugin을 확장한 Objective-C 클래스인 SimplePlugin을 생성한다. SimplePlugin.h 파일은 아래와 같다.

```
#import <Foundation/Foundation.h>
#ifdef PHONEGAP_FRAMEWORK
#import <PhoneGap/PGPlugin.h>
#else
#import "PGPlugin.h"
#endif

@interface SimplePlugin :PGPlugin {

}
/**
 * Sets the idleTimerDisable property to true so that the idle timeout is disabled
 */
- (void) hello:(NSMutableArray*)arguments withDict:(NSMutableDictionary*)options;

@end
```

이름이 hello인 함수를 다음과 같이 정의한다.

```
(void) hello:(NSMutableArray*)arguments withDict:(NSMutableDictionary*)options;
```

이 함수는 다음 두 인자 값을 받고, 반환 값은 없다.

1. arguments

2. options

플러그인의 인자 값이나 입력 값(이 예제의 경우 이름)은 arguments를 이용해 전달된다.

이제 SimplePlugin의 hello 함수를 구현해 보자. 첫 번째 버전에서는 플러그인에서 "hello world" 문자열을 반환할 것이다. 전달받은 인자 값에 접근하는 방법과 성공 실패 콜백을 호출하는 방법에 대해서도 살펴보자.

자바스크립트에서 아래와 같은 방법을 통해 플러그인을 호출한다.

```
window.plugins.SimplePlugin.hello(
    "Bob",
//success callback
function(result){
    alert("plugin returned "+result);
},
//failure callback,
function(err){
    alert("got error when invoking the plugin");
  }
);
```

다음은 플러그인 메서드 기반 코드이다.

플러그인은 인자 값 개체에서 입력 인자 값(이 예제의 경우 "Bob")을 얻을 수 있다. 인자 값 배열의 첫 번째 개체는 자바스크립트 콜백 함수를 호출하기 위한 콜백 ID여야 한다. 실제 인자 값(이 예제의 경우 "Bob")은 인덱스 1에서 얻을 수 있다.

```
NSString * name = [arguments objectAtIndex:1];
```

또 다른 인자 값이 있을 경우, 인덱스 2에서 얻을 수 있다.

이제 자바스크립트의 성공, 실패 콜백 함수를 호출하는 방법에 대해서 살펴보자. 우선 PluginResult 객체를 생성한다. PluginResult 객체 생성은 콜백 ID 객체와 실제 콜백을 호출하기 위해 HTML 페이지에 포함될 자바스크립트 문자열의 생성 이후에 이루어진다.

```
NSString* jsString = nil;
NSString* callbackId = [arguments objectAtIndex:0];
```

성공과 실패 조건에 따른 다음의 코드를 살펴보자.

작업이 성공한 경우, PGCommandStatus_OK 상태 값으로 객체를 생성한다. 콜백 ID 를 이용해 결과에서 jsString을 생성한 후, [self writeJavascript:jsString]을 이용해 실제 성공 콜백을 호출하는 자바스크립트를 작성한다.

실패한 경우, PGCommandStatus_OK 이외의 상태 값으로 PluginResult을 생성한다. 에러/실패 콜백용 jsString을 생성한 후, [self writeJavascript:jsString]으로 에러/실패 콜백을 호출한다.

```
PluginResult* result=nil;
NSString* jsString=nil;
NSString* callbackId=[argumentsobjectAtIndex:0];

if(success){
result=[PluginResultresultWithStatus:PGCommandStatus_OK];
    jsString=[resulttoSuccessCallbackString:callbackId];
}
else{
result=[PluginResultresultWithStatus:PGCommandStatus_ILLEGAL_ACCESS_EXCEPTION
];
    jsString=[resulttoErrorCallbackString:callbackId];
}

[selfwriteJavascript:jsString];
```

성공이나 실패 콜백에 데이타를 전달하고 싶을 때는, 추가 인자 값을 이용해 PluginResult 객체를 생성하면 된다. PluginResult의 resultWithStatus: messageAsString 함수를 이용하면 문자열을 전달할 수 있다.

```
result = [PluginResultresultWithStatus:PGCommandStatus_OK messageAsString:@"Hello
World"];
```

SimplePlugin의 전체 소스는 다음과 같다. 다음 소스에는 실패에 대한 처리는 없기 때문에, 성공 콜백을 위한 jsString만을 생성한다.

```
#import "SimplePlugin.h"

@implementation SimplePlugin
- (void) hello:(NSMutableArray*)arguments withDict:(NSMutableDictionary*)options
{
```

```
    PluginResult* result = nil;
    NSString* jsString = nil;
    NSString* callbackId = [arguments objectAtIndex:0];
    NSString* name = [arguments objectAtIndex:1];
    NSDate* date = [NSDate date];
    NSDateFormatter* formatter = [[[NSDateFormatteralloc] init] autorelease];

    //Set the required date format

    [formatter setDateFormat:@"yyyy-MM-ddhh:mm:ss"];

    //Get the string date

    NSString* dateStr = [formatterstringFromDate:date];


    NSString* returnStr = [NSStringstringWithFormat:@"Hello %@.The time is  %@!",
name,dateStr];

        result  =  [PluginResultresultWithStatus:PGCommandStatus_OK
messageAsString:returnStr];
    jsString = [result toSuccessCallbackString:callbackId ];

    [selfwriteJavascript:jsString];
}
@end
```

Plugins 디렉터리에 플러그인용 .h와 .m 파일을 생성하여 추가하는 것으로 끝나는 것
이 아니다. 폰갭 프레임워크에 SimplePlugin을 등록해야 한다. 그림 9-10에서 볼 수 있
는 것처럼 Supporting Files 디렉터리의 PhoneGap.plist 파일에 엔트리를 추가하여 등
록 작업을 수행할 수 있다.

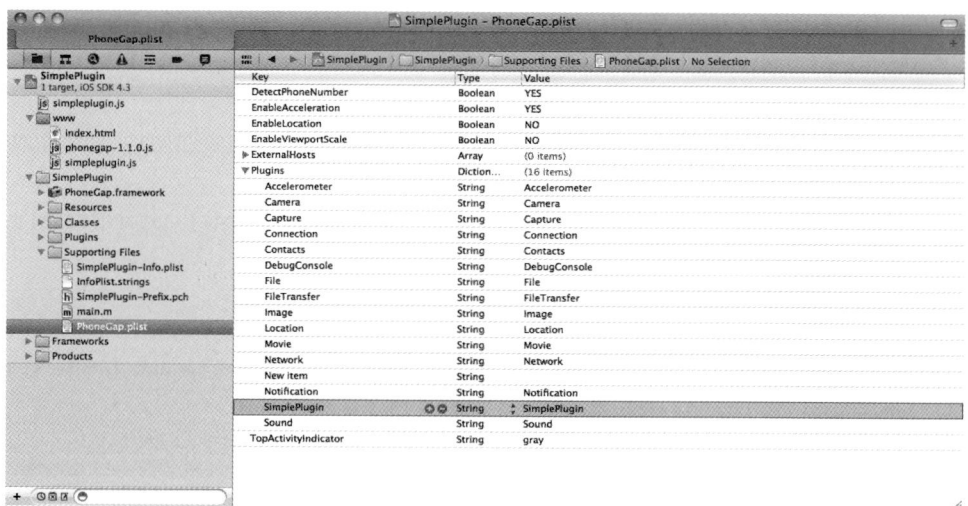

그림 9-10 . 폰갭 플러그인 등록

플러그인의 자바스크립트 파트 정의

아이폰용 플러그인의 자바스트립트 파트는 안드로이용과는 차이가 있다.

아이폰용 플러그인 정의는 다음 두 단계로 이루어져 있다.

1 SimplePlugin이라는 이름의 클래스를 선언한 후, 메서드(이 예제의 경우 "hello")를 추가한다. hello 함수에서 자바스크립트 인자 값을 Objective-C 플러그인 클래스와 메서드에 매칭시킨다.

2 다음은 SimplePlugin에 install 메서드를 생성한 후, PhoneGap.addConstructur (SimplePlugin.install);을 이용해 자바스크립트 플러그인을 등록한다.

우선 플러그인의 hello 함수를 살펴보자. PhoneGap.exec 함수는 플러그인 내부에서 호출된다.

다음은 PhoneGap.exec의 선언문이다.

```
PhoneGap.exec(<<successCallback>>,<<failureCallback>>,<<Plugin
Name>>,<<Action Name>>,<<Arguments Array>>)
```

hello 함수의 첫 번째 인자 값인 "name"을 인자 값 배열로 어떻게 전달하는지 확인해 보자. 성공 콜백과 실패 콜백은 PhoneGap.exec 함수의 첫 번째와 두 번째 인자 값이 된다. 플러그인 클래스와 메서드 이름은 세 번째와 네 번째 인자 값이 된다.

```
SimplePlugin.prototype.hello = function(name,successCallback, errorCallback)
{
    PhoneGap.exec(
        successCallback,
        errorCallback,
    "SimplePlugin",
    "hello",
    [name]);
};
```

자바스크립트 파트의 전체 코드는 아래와 같다.

```
if (!PhoneGap.hasResource("simpleplugin")) {
    PhoneGap.addResource("simpleplugin");

    /**
     * @returns instance of powermanagement
     */

    function SimplePlugin() {};

    /**
     *
```

```
    * @param name 주어진 이름, successCallback은 "Hello 〈name〉! The time is 〈time〉."을 전달 받는다.
    * @paramsuccessCallback SimplePlugin이 성공적으로 호출되었을 때 호출될 함수
    * @paramerrorCallback SimplePlugin의 성공이 실패했을 때 호출될 함수
    */
    SimplePlugin.prototype.hello = function (name, successCallback, errorCallback) {
        PhoneGap.exec(successCallback, errorCallback, "SimplePlugin", "hello",
[name]);
    };




    /**
     * Register the plug-in with PhoneGap
     */
    SimplePlugin.install = function () {
        if (!window.plugins) window.plugins = {};

        window.plugins.SimplePlugin = new SimplePlugin();

        return window.plugins.SimplePlugin;
    };

    PhoneGap.addConstructor(SimplePlugin.install);
}
```

플러그인 호출

플러그인을 테스트하기 위해 폰갭 애플리케이션을 만들어서 플러그인을 호출해보자. 이 부분은 안드로이드용 플러그인 테스트와 동일하다.

플러그인 테스트는 다음 세 단계로 이루어져 있다.

1 PhoneGap 1.1.0 js 파일을 포함시킨다.

2 simpleplugin.js 파일을 포함시킨다.

3 플러그인 호출을 위한 버튼 클릭 이벤트를 등록하다.

4 결과를 보여주기 위하 성공 콜백을 등록한다.

index.html의 전체 코드는 다음과 같다.

```html
<!DOCTYPE HTML>
<html>

    <head>
        <title>PhoneGap</title>
        <script type="text/javascript" charset="utf-8" src="phonegap-1.1.0.js">
</script>
        <script type="text/javascript" charset="utf-8" src="simpleplugin.js">
</script>
        <script type="text/javascript" charset="utf-8">
        document.addEventListener('deviceready', function() {
        var btn = document.getElementById("hello");
        var textbox = document.getElementById("name");
        var output = document.getElementById("output");

        btn.addEventListener('click', function() {

            var text = textbox.value;

            window.plugins.SimplePlugin.hello(text,
            //success callback

            function(result) {
                output.innerHTML = result;
```

```
            }
            //failure callback,
            , function(err) {
                output.innerHTML = "Failed to invoke simple plugin";
            });
        });

    }, true);


        </script>
    </head>

    <body>
        <h1>
            Simple Plugin Demo
        </h1>
        <table border="1">
            <tr>
                <td>
                    Enter Name
                </td>
                <td>
                    <input type="text" name="name" id="name">
                    </input>
                </td>
            </tr>
            <tr>
                <td>
                    <b>
                        Output:
                    </b>
                </td>
                <td>
                    <div id="output">
                    </div>
```

```
                    </td>
                </tr>
                <tr>
                    <td colspan="2">
                        <button id="hello">
                            Say Hello
                        </button>
                    </td>
                </tr>
            </table>
        </body>

</html>
```

폰갭 예제를 실행하면 그림 9–11과 같은 애플리케이션 화면을 볼 수 있다.

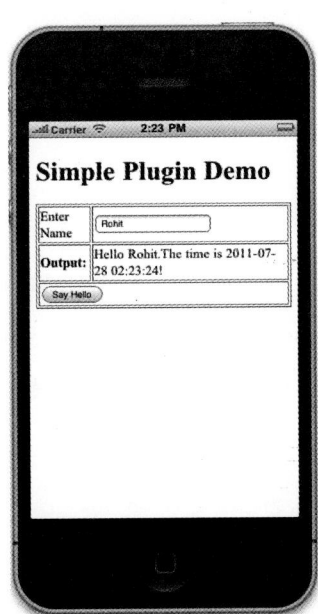

그림 9-11 폰갭 플러그인 결과 화면

아이폰용 폰갭 플러그인 공유

아이폰용 플러그인을 공유하려면 다음 세 파일을 공유해야 한다.

1. SimplePlugin.h

2. SimplePlugin.m

3. simpleplugin.js

위 파일을 플러그인 문서에 추가하고, 자바스크립트에서 플러그인을 호출하는 방법을 기술한다.

블랙베리용 폰갭 확장

블랙베리용 폰갭 플러그인은 안드로이드와 유사하게 폰갭 프레임워크의 두 파트에 대응하는 네이티브 파트(폰갭의 플러그인 클래스를 확장한 클래스)와 폰갭의 자바스크립트 프레임워크를 이용하는 자바스크립트 파트로 이루어져 있다.

이 예제에서는 블랙베리 WebWorks SDK 버전 1.5 이상을 사용한다.

블랙베리 WebWorks SDK가 C:\BBWP에 설치되어 있고, 자바 SDK 1.5과 Ant 설치되어 패스에 추가되어 있다고 가정한다. 개발 디렉터리는 D:\PhoneGap-Plugin이고, 폰갭 SDK는 D:\PhoneGap-plugin\PhoneGap-1.1.0 디렉터리로 가정한다. 블랙베리용 폰갭 개발 환경 설정은 3장을 참고한다.

블랙베리용 폰갭 플러그인을 만들고 테스트하는 방법은 다음과 같다.

1 플러그인 자바 파일을 생성한 후, 폰갭 SDK 프레임워크에 추가한다.

2 플러그인을 테스트하기 위해 블랙베리 폰갭 프로젝트를 생성한다.

3 폰갭 SDK 프레임워크 디렉터리에 추가한 플러그인 자바 파일을 컴파일하기 위해 블랙베리 폰갭 프로젝트를 컴파일한다. 컴파일 에러가 있을 경우 2번에서 생성한 프로젝트를 삭제한 후, 자바 파일을 수정하고 2번을 다시 수행한다.

4 플러그인 자바 파일이 에러 없이 컴파일되면, 자바스크립트 플러그인 파일을 추가한 후, 플러그인을 사용하기 위한 HTML 페이지를 작성한다.

플러그인의 네이티브 파트 정의

블랙베리 플러그인 클래스는 안드로이드 플러그인 클래스와 매우 유사하다. 블랙베리 플러그인 클래스는 폰갭 1.1.0을 사용하기 때문에 안드로이드와 약간 다르다.

다음은 블랙베리 플러그인 클래스의 기반 코드이다.

```
package com.phonegap.plugins;

import com.phonegap.api.Plugin;
import com.phonegap.api.PluginResult;


import java.util.Date;
import com.phonegap.json4j.JSONArray;

public class HelloWorldPlugin extends Plugin {

    private static final String ACTION_HELLO="hello";

    /**
     * 요청한 액션을 수행하고 PluginResult를 수행한다.
     *
     * @param action        수행할 액션
     * @paramcallbackId 액션 수행 완료 시에 호출될 콜백 ID
```

```
 * @paramargs  액션 수행시 필요한 JSONArray 인자 값
 * @return              상태와 메시지가 포함된 PluginResult
 */
public PluginResult execute(String action, JSONArray data, String callbackId) {
   return null;
}

/**
 * Called when the plug-in is paused.
 */
public void onPause() {

}

/**
 * Called when the plug-in is resumed.
 */
public void onResume() {

}

/**
 * Called when the plug-in is destroyed.
 */
public void onDestroy() {

}
}
```

플러그인 클래스는 프로젝트 디렉터리가 아닌 폰갭 SDK 디렉터리에 추가된다. 그림 9-
12를 보면 플러그인 클래스가 어디에 복사되는지 알 수 있다. 필요하다면 plugins 디렉
터리를 생성한다.

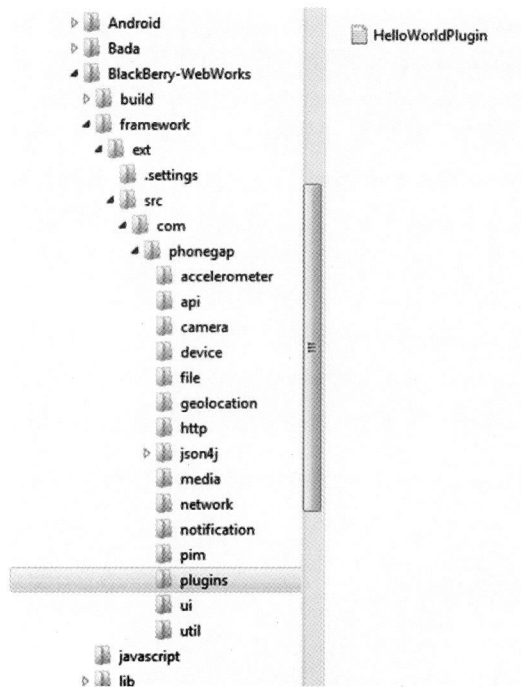

그림 9-12 플러그인의 네이티브 파트

여기서 중요한 점은 앞으로의 단계를 진행하기 전에 위 디렉터리에 적절한(컴파일 가능한) 자바 플러그인 파일이 있어야 한다는 것이다.

이제 블랙베리 WebWorks 폰갭 프로젝트를 생성한다.

```
$>D:
$>cd d:\PhoneGap-plugin\phonegap-1.1.0
$>ant create -Dproject.path=D:\PhoneGap-Plugin\BB-Plugin-Test
```

그림 9-13과 같은 디렉터리를 구조를 확인할 수 있을 것이다.

Name	Date modified	Type	Size
lib	11/2/2011 1:49 AM	File folder	
www	11/2/2011 1:49 AM	File folder	
build.xml	11/2/2011 12:59 AM	XML Document	11 KB
project.properties	11/2/2011 1:02 AM	PROPERTIES File	2 KB

그림 9-13 폰갭 블랙베리 프로젝트 구조

이제 플러그인 클래스가 컴파일되는지 확인해보자.

```
$>cd D:\PhoneGap-Plugin\BB-Plugin-Test
$>ant build
```

만약 위 명령어 실행 중에 HelloWorldPlugin에서 에러가 발생한다면 다음 과정을 수행한다.

1 에러를 수정한다.

2 D:\PhoneGap-Plugin\BB-Plugin-Test에 있는 프로젝트를 삭제한다.

3 Ant create –Dproject.path=D:\PhoneGap-Plugin\BB-Plugin-Test를 이용해 프로젝트를 다시 생성한다.

4 "ant build"를 통해 컴파일되는지 다시 확인한다.

비어 있는 자바 플러그인의 컴파일은 확인되었다. 이제 코드를 추가해보자.

다음은 플러그인 클래스의 전체 코드이다(이 코드는 안드로이드 플러그인 코드와 상당히 유사하다). 액션 이름으로 "hello"를 정의한다. "hello"라는 액션이름과 "Rohit"이라는 이름으로 플러그인을 호출하면, "Hello Rohit! The time is 〈current time〉."이라는 문자열을 반환한다.

```java
package com.phonegap.plugins;

import com.phonegap.api.Plugin;
import com.phonegap.api.PluginResult;


import java.util.Date;
import com.phonegap.json4j.JSONArray;

public class HelloWorldPlugin extends Plugin {

    private static final String ACTION_HELLO="hello";

    /**
    * 요청한 액션을 수행하고 PluginResult를 수행한다.
    *
    * @param action        수행할 액션
    * @paramcallbackId 액션 수행 완료 시에 호출될 콜백 ID
    * @paramargs 액션 수행시 필요한 JSONArray 인자 값
    * @return              상태와 메시지가 포함된 PluginResult
    */
public PluginResult execute(String action, JSONArray data, String callbackId) {
    PluginResult pluginResult=null;
    if (ACTION_HELLO.equals(action)) {

        String name;
        try {
            name = data.getString(0);
            String result = "Hello " + name
                                + "! The time is "
                        + (new Date()).toString();
            pluginResult =
                        new PluginResult(PluginResult.Status.OK, result);
            returnpluginResult;
        } catch (Exception e) {
            pluginResult =
```

```
                                new
PluginResult(PluginResult.Status.JSONEXCEPTION,
                                "missing argument name");
        }

      } else {
        pluginResult =
                          new
PluginResult(PluginResult.Status.INVALIDACTION,
                                "Allowed actions is hello");
      }
    return pluginResult;
   }

   /**
    * Called when the plug-in is paused.
    */
   public void onPause() {

   }

   /**
    * Called when the plug-in is resumed.
    */
   public void onResume() {

   }

   /**
    * Called when the plug-in is destroyed.
    */
   public void onDestroy() {

   }
 }
```

그림 9-13에서 본 것처럼 HelloWorldPlugin.java 또한 폰갭 플러그인 디렉터리에 추가해야 한다. 테스트를 위해 프로젝트 또한 Ant create −Dproject.path=D:\PhoneGap-Plugin\BB-Plugin-Test를 이용해 삭제 후 다시 생성한다.

플러그인의 자바스크립트 파트 정의

플러그인의 자바스크립트 파트 또한 안드로이드의 자바스크립트 파트와 상당히 유사하다. 이번에는 함수 선언문에 모든 것을 정의하고, 이를 호출해보자.

```
(function () {
    var HelloWorld = function () {
            return {
                hello: function (message, successCallback, errorCallback) {
                    PhoneGap.exec(successCallback, errorCallback, 'HelloWorldPlugin',
'hello', [message]);
                }
            }
        };

    PhoneGap.addConstructor(function () {
        // add the plug-in to window.plugins
        PhoneGap.addPlugin('simpleplugin', new HelloWorld());

        // register the plug-in on the native side
        phonegap.PluginManager.addPlugin('HelloWorldPlugin', 'com.phonegap
.plugins.HelloWorldPlugin');
    });
})();
```

첫 번째 단계는 HelloWorld라는 이름의 자바스크립트 객체를 생성하고, 그 객체 내에 hello라는 이름의 함수를 정의하는 것이다. 이 함수는 내부적으로 폰갭에 등록된 서비스를 호출하여 실제 네이티브 클래스를 호출한다.

HTML 페이지에서 호출할 객체는 생성되었고, 이제 폰갭 자바스크립트를 등록할 차례이다. 또한 HelloWorldPlugin이라는 이름의 서비스를 com.phonegap.plugins.Hello WorldPlugin이라는 이름의 클래스에 매칭시켜야 한다. 이 모든 것은 PhoenGap.add Constructor()에서 수행된다.

simpleplugin이라는 이름을 자바스크립트 플러그인 객체에 매칭시키기 위해 PhoneGap .addPlugin()을 이용한다. 이를 통해 플러그인은 windows.plugins.simpleplugin으로 외부에 노출된다.

phonegap.PluginManager.addPlugin()을 통해 서비스 이름을 실제 자바 클래스에 매칭시킨다.

앞의 단계를 모두 수행하면, 플러그인의 자바스크립트 파트가 완성된다. 완성된 자바스크립트는 프로젝트의 www 디렉터리에 추가한다.

플러그인 호출

플러그인을 호출하기 위해서는 프로젝트의 www 디렉터리에 있는 index.html 파일을 수정해야 한다.

이 부분은 안드로이드와 아이폰에서 다룬 것과 매우 유사하다.

다음은 플러그인을 호출하는 코드의 일부이다.

```
window.plugins.simpleplugin.hello(
    document.getElementById("name").value,
    //success callback
    function (message) {
        document.getElementById("output").innerHTML = message;
    },
    //failure callback
    function () {
```

```
        log("Call to plugin failed");
    }
);
```

앞에서와 마찬가지로 플러그인에 이름을 인자 값으로 전달한다. 이번 예제에서는 입력 타입 텍스트 엘리먼트에서 이름을 입력받았다. 이름과 함께, 성공 콜백과 실패 콜백을 인자 값으로 전달한다. 성공 콜백에서 결과 값을 id가 output인 div에 설정한다.

다음은 index.html의 전체 소스 코드이다.

```
<!DOCTYPE html PUBLIC "-//W3C//DTD HTML 4.01 Transitional//EN"
"http://www.w3.org/TR/html4/loose.dtd">
<html>

    <head>
        <meta http-equiv="Content-Type" content="text/html; charset=UTF-8">
         <meta name="viewport" id="viewport" content="initial-scale=1.0,user-
scalable=no">
        <script src="json2.js" type="text/javascript">
        </script>
        <script src="phonegap-1.1.0.min.js" type="text/javascript">
        </script>
        <script src="helloworld.js" type="text/javascript">
        </script>
        <script type="text/javascript">
        function log(message) {
        document.getElementById("log").innerHTML = document.getElementById("log")
.innerHTML + "<br>" + message;
    }

    function onDeviceReady() {
        }

    function sayHello() {
```

```
        window.plugins.simpleplugin.hello(document.getElementById("name").value,
        //success callback

        function(message) {
            document.getElementById("output").innerHTML = message;
        },
        //failure callback

        function() {
            log("Call to plugin failed");
        });


    }

    // register PhoneGap event listeners when DOM content loaded

    function init() {
        document.addEventListener("deviceready", onDeviceReady, true);
    }


    </script>
  </head>

  <body onload="init()">
    <h1>
        Simple Plugin Demo
    </h1>
    <table border="1">
        <tr>
            <td>
                Enter Name
            </td>
            <td>
```

```
                <input type="text" name="name" id="name">
                </input>
            </td>
        </tr>
        <tr>
            <td>
                <b>
                    Output:
                </b>
            </td>
            <td>
                <div id="output">
                </div>
            </td>
        </tr>
        <tr>
            <td colspan="2">
                <button id="hello" onclick="sayHello();">
                    Say Hello
                </button>
            </td>
        </tr>
    </table>
    <div id="log">
        ...
    </div>
</body>

</html>
```

마지막으로 블랙베리 WebWorks 프로젝트를 실행시켜보자. 터미널에서 프로젝트 디렉
터리로 이동 후, 다음 명령어를 실행시킨다.

```
$>ant build load-simulator
```

블랙베리 에뮬레이터가 실행되고, 애플리케이션이 에뮬레이터 내에서 실행될 것이다. 텍스트 박스에 값을 입력한 후, 버튼을 클릭하면, 그림 9-14와 같이 결과를 화면에서 볼 수 있을 것이다.

그림 9-14 폰갭 플러그인 결과 화면

블랙베리용 폰갭 플러그인 공유

플러그인을 공유하려면 다음 두 파일을 공유해야 한다.

1. helloworldplugin.java

2. helloworld.js

공유 문서에 위 파일을 추가하고, 자바스크립트에서 플러그인을 호출하는 방법을 기술한다.

결론

자바스크립트는 다중 모바일 플랫폼을 지원하는 애플리케이션을 개발하기 위한 유연하고 빠른 언어이지만, 복잡한 연산이나 백그라운드 작업을 구현하는 데는 한계를 가지고 있다. 이런 경우에는 성능을 위해 네이티브 코드를 사용해야만 한다.

폰갭은 구조적으로 플러그인을 확장하여 폰갭 애플리케이션에서 네이티브 코드를 사용할 수 있도록 하고 있다.

ㄱ~ㄹ

가속(accelerometer) 센서	6
구글 웹 툴킷	291
단일 사인 온(SSO)	338
단일 출처 정책	18
리플	314, 320

ㅁ

매니페스트	38
메시업	19
모바일 애플리케이션	3
미고	1

ㅂ

바다	1
브라우저	145
블랙베리	1
블랙베리 SDK	121
비동기 함수	58
비즈니스 로직	22

ㅅ

사용자 경험	12
사용자 인터렉션	6
서식 엘리먼트	165
센차 터치	237
스키마	145
스토리지	49
심비안	2
심비안 s60 SDK	125

ㅇ

아이폰	1
안드로이드	1
에뮬레이터	42
원격 디버깅	327
웹뷰	16, 327
웹서비스	3
웹킷	327
웹OS	2
위치 인식	8
윈도우폰 7	1
이클립스	293

ㅈ~ㅌ

자바스크립트	2
지자기(compass) 센서	6
클라우드	130
키스토어	136
테마	145

ㅍ~ㅎ

파편화	9
폰갭	3
폰갭 아키텍처	22
폴링	348
푸쉬 알림	8
풋터 바	163
프레임워크	22
프로비저닝 프로파일	137
플러그인	337
헤더 바	163

A~B

acceleration	100
accelerometerOptions	100
addToFavorite( )	208
ADT	28
Ajax	146
ant	121
API 키	193, 223
app_id	346
app_secret	346
assets	35
AVD	29
bind	177

C

C2DM	348
cameraOptions	110
CIT 빌드	142
compassOptions	107
contactError	57
contactField	57
contactfindOptions	57
contactSuccess	57
CSS	150
CSS3	18
Cygwin	125

D

data-role	156
detailClickHandler	251

device.name	50
device.phonegap	50
device.platform	50
device.uuid	50
device.version	50
directoryEntry	68
DOM	148, 326
DroidGap	39

E

each( )	152
el	251
Ext.Map	252
Ext.setup( )	242

F~H

FB.api( )	344
FB.login( )	343
fetchDetails( )	206
fieldset	165
FileEntry	68
FileWriter	68
git 저장소	131
Google Places	203
HTML5	18

I~O

id	194
isFav( )	255
jQuery	146
jQuery 모바일	146

jQuery 셀렉터	148
JSNI	292
JSON	194, 203
Latitude	193
li	175
Longitude	193
MVC 프레임워크	235
Name	193
onDeviceReady( )	190

P

pagebeforecreate	184
pagebeforehide	184
pagebeforeshow	184
pagecreate	184
pagehide	184
pageshow	184
PhoneGapAvailableHandler	299
PhoneGapTimeoutHandler	299
PluginResult	385
Position	97
position.coords.accuracy	97
position.coords.altitude	97
position.coords.altitudeAccuracy	97
position.coords.heading	97
position.coords.latitude	97
position.coords.longitude	97
position.coords.speed	97
position.timestamp	97

R

Radius	193
reference	194
REGID	361
removeFromFavorite( )	208
RESTful	3
RPC 컴포넌트	298

S

scrollstart	183
scrollstop	183
SD 카드	62
successCallbackWithResultSet	83
Swipe	178
Swipeleft	178
Swiperight	178

T~X

Tap	178
Taphold	178
Types	193
UI 프레임워크	146
ul	175
USB debugging	46
W3C	1
WebWorks SDK	394
Weinre	334
Wi-Fi	93
www	35
Xcode	313
Xcode4	115